暗号技術を支える数学

The Mathematics behind Cryptography

第 2 版

Second Edition

長瀬　智行・吉岡　良雄・別宮　耕一　共著

まえがき

　インターネットやＳＮＳ（Social Networking Service），電子マネーなどの普及により，情報漏えいや情報窃盗などの不正行為が頻繁に発生している。これらに対応するためには，情報を保護するための暗号や著作権保護が欠かせない。特に，電子マネーでは，コピーや変更などの不正行為ができないような工夫が必要である。つまり，情報ネットワークなどを経由して，電子マネー発行機関での認証システムや機密性の高い暗号が必須となる。

　これらの暗号には整数論（数論ともいう）が必須である。この整数論は，整数演算や素数など古くから研究されており，初等整数論，代数的整数論，解析的整数論などのように分類される。初等整数論とは小学生の段階から学ぶ最大公約数を求める互除法，数列，素因数分解，素数定理などである。代数的整数論は，群・環・体（初等代数学または抽象代数学），群論，ガロア理論などの分野であり，解析的整数論は，π や e などの超越数，不定方程式などの分野である。本書の内容はこの中でも代数的整数論が主であり，群・環・体が概念が基礎となっている。

　そこで，本書は以下のような章立てを行う。すなわち，第 1 章は本書を学ぶために必要な事項や構成などについて述べる。第 2 章，第 3 章，第 6 章は代数学（代数的整数論）の範疇である群・環・体（抽象代数学），ガロア体 $GF(m)$ や代数拡大体 $F(2^n)$，楕円曲線群 $EG\{F(m)\}$ について述べる。第 4 章，第 5 章，第 7 章，第 8 章は可逆的な暗号技術の理論と実際について，第 9 章～第 11 章は暗号学的ハッシュ関数およびデジタル署名について述べる。第 12 章は著作権保護の手法について述べる。第 13 章では量子コンピュータが実用化された場合の新たな計算アルゴリズムについて説明する。第 14 章は本書のまとめである。

　初版との違いは次のとおりである。第 3 章において代数拡大体 $F(2^n)$ について理解しやすいように加筆するとともに，一般的な代数拡大体 $F(p^n)$ を追加した。また，第 4 章の楕円曲線群を第 7 章の楕円曲線暗号の前に移した。初版の第 5 章および第 6 章を公開鍵暗号および共通鍵暗号に分けて第 4 章および第 5 章とした。そして，第 4 章に新たに代数拡大体 $F(p^n)$ による共通鍵交換方式および格子暗号（LWE 公開鍵暗号）を追加した。このように章編成を見直して理解しやすいような章立てとした。さらに，付録 E に掲載したプログラム例において，一般的な代数拡大体 $F(p^n)$ に対応できるように変更した。さらに，文中で重要と思われる専門用語を太字とし，その専門用語のみを索引に掲載

し，できるだけ英語名を付けた。

　本書は，初心者にも情報セキュリティの分野を理解し易いように文書表現を行なうとともに，具体的例を数多く取り入れて説明した。本書が暗号技術などの情報セキュリティに携わる学生や技術者などに役立てば幸いである。

2021 年 2 月　著者

本書を含め，数学書でよく利用するギリシャ文字とその読みは以下のようになる。

小文字	大文字	スペル	読み	小文字	大文字	スペル	読み
α	A	alpha	アルファ	μ	M	mu	ミュー
β	B	beta	ベータ	ν	N	nu	ニュー
γ	Γ	gamma	ガンマ	π	Π	pi	パイ
δ	Δ	delta	デルタ	ρ	P	rho	ロー
ϵ	E	epsilon	イプシロン	σ	Σ	sigma	シグマ
η	H	eta	イータ	τ	T	tau	タウ
θ	Θ	theta	シータ	ϕ	Φ	phi	ファイ
κ	K	kappa	カッパ	χ	X	chi	カイ
λ	Λ	lambda	ラムダ	ω	Ω	omega	オメガ

目 次

目 次

目 次

第1章　基本事項と本書の構成

　本書で取り扱う暗号技術では，整数の範囲内での演算を取り扱う。いわゆる，**整数論**（Number Theory）である。すなわち，第 3 章で示すガロア体（有限体）は，有限個の整数だけで四則演算が定義された空間を構成している。そこで，本章では，以降の章で学ぶために必要な基本事項および本書の目的や構成について述べることにする。

1.1　定義（Definition）

　我々は，子供のころから，"足し算や掛け算はこのように計算するんですよ" と教えられてきた。しかし，よく考えると足し算や掛け算は計算する方法であり，**定義**（Definition）である。引き算や割り算においても同じである。数学，特に代数学においては，計算の方法，いわゆる定義によって議論を展開する。例えば，0 と 1 だけ許された空間において四則演算である加算・減算・乗算・除算を定義すると以下のようになる。

$$加算：\quad 0+0=0, \qquad 0+1=1, \qquad 1+0=1, \qquad 1+1=0$$

$$減算：\quad 0-0=0, \qquad 0-1=1, \qquad 1-0=1, \qquad 1-1=0$$

$$乗算：\quad 0\times0=0, \qquad 0\times1=0, \qquad 1\times0=0, \qquad 1\times1=1$$

$$除算：\quad 0\div0=不定, \quad 0\div1=0, \qquad 1\div0=不定, \quad 1\div1=1$$

加算と減算の結果は同じであり，**排他的論理和**（Exclusive OR）である。また，乗算は **論理積**（ＡＮＤ）である。除算は分母がゼロの場合不定とする以外は乗算と同じである。この計算方法はコンピュータなどの回路を構成する 2 進法の基礎となっている。

　第 2 章に示す群・環・体，第 3 章のガロア体，第 6 章の楕円曲線群においても，有限個の要素からなる決められた空間内だけの計算方法を定義して議論を展開する。特に，**群**（**群論**，Group Theory）では非常に興味ある空間を実現でき，暗号を含め，各所に応用されている。なお，有限個からなる空間では次に示す **剰余演算** の考え方が活躍する。

1.2　剰余演算（Modulo）

　剰余演算（Modulo，**法**（Modulus））とは，整数 a を自然数 m で割った **余り**（Remainder，剰余）r のことであり，$a \,(\textbf{mod}\, m) = r$ で表す。例えば，$a = 125$，$m = 7$ の場合，

$a = 125 = 17 \times 7 + 6$ となり，7 で割ると余りが 6 となる。従って，$125 \,(\mathbf{mod}\ 7) = 6$ と表す。また，a が負の -15 である場合，$a = -15 = -3 \times 7 + 6$ となり，7 で割った余りが 6 となる。従って，$-15 \,(\mathbf{mod}\ 7) = 6$ と表す。さらに，a および b を m で割った余りがともに等しい場合，$a \equiv b \,(\mathbf{mod}\ m) = r$ で表す。ここで，記号 $\equiv$ は **合同**（Congruence）を意味する。例えば，$a = 125$ および $b = -15$ を 7 で割った余りはともに 6 になる。従って，$125 \equiv -15 \,(\mathbf{mod}\ 7) = 6$ と表す。一般的に，$a = k_1 \cdot m + r$，$b = k_2 \cdot m + r$ となる絶対値が最小の整数 k_1，k_2 が求まれば，$a \equiv b \,(\mathbf{mod}\ m) = r$ となる。

　このような剰余演算は，特に有限個からなる空間内の演算方法に用いられ，第 3 章で示すガロア体 $GF(m)$ や第 6 章で示す楕円曲線群 $EG\{F(p)\}$ の基礎となっている。このため，この演算方法に慣れておく必要がある。

1.3　既約多項式（Irreducible Polynomial）

　0 と 1 だけ許された空間における数値（n ビットの 2 進数表現）$(a_{n-1}, a_{n-2}, \cdots, a_1, a_0)_2$ を次の多項式で表す。

$$f(x) = a_{n-1} \cdot x^{n-1} + a_{n-2} \cdot x^{n-2} + \cdots + a_1 \cdot x^1 + a_0$$

例えば，8 ビットの数値 $(10000011)_2$ では $f(x) = x^7 + x + 1$ のように表される。そして，これより低い次数の多項式 $g(x) = x^2 + x + 1$ での除算は以下のように行う（定義）。

$$
\begin{array}{r}
x^5 + x^4 \quad + x^2 + x \\
\hline
x^2 + x + 1 \,)\ x^7 \qquad\qquad\qquad\ + x + 1 \\
-)\ \underline{x^7 + x^6 + x^5} \\
x^6 + x^5 \qquad\quad + x + 1 \\
-)\ \underline{x^6 + x^5 + x^4} \\
x^4 \qquad\quad + x + 1 \\
-)\ \underline{x^4 + x^3 + x^2} \\
x^3 + x^2 + x + 1 \\
-)\ \underline{x^3 + x^2 + x} \\
1
\end{array}
$$

従って，商の多項式 $h(x)$ および余りの多項式 $r(x)$ はそれぞれ $h(x) = x^5 + x^4 + x^2 + x$ および $r(x) = 1$ となる。これから元の多項式 $f(x)$ は以下のように表される。

$$f(x) = h(x) \times g(x) + r(x) = (x^5 + x^4 + x^2 + x) \times (x^2 + x + 1) + 1$$

または，剰余演算（**mod**）を用いて $f(x) \equiv r(x) \pmod{g(x)}$ のように表される。同様に，他の多項式 $g(x)$ での除算は以下のようになる。

$$
\begin{aligned}
f(x) &= h(x) &\times\quad g(x)\quad &+\quad r(x) \\
&= (x^4 + x^2 + x + 1) &\times\quad (x^3 + x + 1)\quad &+\quad x \\
&= (x^3 + 1) &\times\quad (x^4 + x + 1)\quad &+\quad x^3 \\
&= (x^4 + x^3 + x^2 + 1) &\times\quad (x^3 + x^2 + 1)\quad &+\quad x \\
&= (x^3 + x) &\times\quad (x^4 + x^2 + 1)\quad &+\quad 1 \\
&= (x^3 + x^2 + x + 1) &\times\quad (x^4 + x^3 + 1)\quad &+\quad x^2 \\
&= x^2 &\times\quad (x^5 + 1)\quad &+\quad x^2 + x + 1 \\
&= (x^2 + 1) &\times\quad (x^5 + x^3 + 1)\quad &+\quad x^3 + x^2 + x
\end{aligned}
$$

このように余りの多項式 $r(x)$ が 0 にならず $g(x)$ で割り切ることができない。このような多項式 $f(x)$ を **既約多項式**（Irreducible Polynomial）という。これに対して，余りの多項式 $r(x)$ が 0 となる多項式，すなわち因数分解できる多項式を **可約多項式**（Reducible Polynomial）という。ここで，既約多項式 $f(x)$ に x^k を掛けた多項式に余り $r(x)$ を加えた多項式 $f(x) \cdot x^k + r(x)$ は，多項式 $g(x)$ で割り切ることができる可約多項式となる。ここで，k は $r(x)$ の最上位次数に 1 を加えた次数である。この性質は巡回符号による誤り検出 CRC（Cyclic Redandancy Check）に利用されている。なお，2 進数の 10 進数表現は便宜上，多項式 $f(x)$ の x に 2 を代入して求めることができる。例えば，先の 2 進数 $(10000011)_2$ の 10 進数表現は $f(2) = 2^7 + 2 + 1 = 131$ となる。

1.4 素数（Prime Number）

素数は暗号には欠かせない自然数である。それもかなり大きな値の素数が必要である。素数とは，$2, 3, 5, 7, 11, 13, \cdots$ のように，1 および自分自身以外に約数を持たない自然数のことである。10 以下の素数は，$2, 3, 5, 7$ の 4 個であり，100 以下では次に示す 25 個である。

$$
\begin{array}{ccccccccccccc}
2, & 3, & 5, & 7, & 11, & 13, & 17, & 19, & 23, & 29, & 31, & 37, & 41, \\
43, & 47, & 53, & 59, & 61, & 67, & 71, & 73, & 79, & 83, & 89, & 97 &
\end{array}
$$

さらに，1000 以下の素数は 168 個，10000 以下の素数は 1229 個，100000 以下の素数は 9592 個などである。桁数を増やすと個数は増え，無限個存在する。そこで，x 以下の自然数のうち，素数の数を $\pi(x)$ とおけば次の関係が成立する。

$$
\lim_{x \to \infty} \frac{\pi(x)}{\frac{x}{\log_e x}} = 1
$$

1.4 素数（*Prime Number*）

この関係を **素数定理**（Prime Number Theory）という。

　素数が無限個存在するという証明はいくつも存在するが，有限個であると仮定して矛盾することを示せば十分である。すなわち，m 個の素数 $p_1 = 2$, $p_2 = 3$, $p_3 = 5$. $p_4, \cdots, p_m$ のみであると仮定すれば，これらをすべて掛け合わせた数に 1 を加算または減算した数

$$p_1 \times p_2 \times p_3 \times \cdots \times p_m \, \pm \, 1$$

は仮定した m 個の素数のいずれでも割り切ることはできない。従って，この数も素数となる。これから，素数が m 個であるという仮定は棄却され，素数は無限に存在することになる。この関係を利用すれば，$2 \times 3 + 1 = 7$, $2 \times 3 - 1 = 5$, $2 \times 3 \times 5 + 1 = 31$, $2 \times 3 \times 5 - 1 = 29$, $2 \times 3 \times 5 \times 7 + 1 = 211$ など，最初の素数 $p_1 = 2$ から順番に素数を掛け会わせて 1 を加算または減算してかなり大きな素数を見つけることができる。ただし，この数は p_m より大きな素数どうしの積になっている場合があるので，素因数分解ができないことを確認する必要がある（問題 1.5）。さらに拡張して，最初の素数 $p_1 = 2$ から順番に並ぶ m 個の素数において，ある素数 p_k を除いて掛け合わせた数に除いた p_k を加算または減算してより大きな素数を見つけることもできる。すなわち，次式である。

$$p_1 \times p_2 \times p_3 \times \cdots \times p_{k-1} \times p_{k+1} \times \cdots \times p_m \, \pm \, p_k$$

例えば，$3 \times 5 + 2 = 17$, $3 \times 5 - 2 = 13$, $2 \times 5 + 3 = 13$, $2 \times 5 - 3 = 7$, $2 \times 3 \times 7 + 5 = 47$, $2 \times 3 \times 7 - 5 = 37$ などである。

　また，途中の素数を何乗かしても同様である。例えば，$3^2 \times 5 + 2 = 47$, $3^2 \times 5 - 2 = 43$, $2 \times 5^2 + 3 = 53$, $2 \times 5^2 - 3 = 47$, $2^2 \times 3 \times 7 + 5 = 89$, $2^2 \times 3 \times 7 - 5 = 79$ などである。なお，これらの数は素因数分解ができないこと（素数であること）を確認する必要がある。例えば，もっとも簡単な例である $2^n \pm 1 \, (17 \geq n)$ において，$n = 1$, $n = 2$, $n = 4$, $n = 8$, $n = 16$ の場合それぞれ $2^1 + 1 = 3$, $2^2 + 1 = 5$, $2^2 - 1 = 3$, $2^4 + 1 = 17$, $2^7 - 1 = 127$, $2^8 + 1 = 257$, $2^{13} - 1 = 8191$, $2^{16} + 1 = 65537$ となり素数であるが，他については素因数分解が可能である（問題 6.6）。

　このような素数を求める方法は種々考えられるが，**エラトステネスのふるい**（Sieve of Eratesthenes）が有名である。この方法は指定された自然数 x 以下の素数をすべて求めるアルゴリズムであり，コンピュータプログラミング演習の課題でよく取り上げられる。まず，最初の 2 を取り出しその倍数（偶数）の自然数すべてを排除する。次に，残った自然数のうち 3 を取り出しその倍数の自然数すべてを排除する。同様に，残った自然数のうち 5 を取り出しその倍数の自然数すべてを排除する。これを順次繰り返して，排除され

なかった自然数が素数となる。

例題 1.1　**エラトステネスのふるい** によって，10000 未満の素数を求めるプログラム例を示すと付録 E E.1 のようになる。このプログラムにおいて，配列 p[10000] に自然数を書き込み，最初 2 の倍数のところにゼロを書き込む。次に，3 を取り出し，その倍数のところにゼロを書き込む。次の 4 はゼロが入っているのでスキップする。これを繰り返して，10000 に達するまで行う。配列 p[10000] において，ゼロでないところが素数となる。

1.5　フェルマーの小定理

　フェルマーの小定理（Fermat's Little Theorem）とは，素数 p と任意の自然数 a が互いに素（自然数 a が p の倍数ではない）において，素数 p の剰余 $a^{p-1} \equiv 1 \pmod{p}$ が成立するというものである。そこで，a を p で割った余りである剰余は，$1, 2, 3, \cdots, (p-1)$ のいずれかである。また，a の整数倍 $a, 2a, 3a, \cdots, (p-1)a$ について，それぞれ p の剰余は，順番が異なるが $1, 2, 3, \cdots, (p-1)$ のいずれかであり，すべて異なる（例題 1.2 参照）。従って，それぞれの積から次式を得る。

$$a \times 2a \times 3a \times \cdots \times (p-1)a = (p-1)! \times a^{p-1} \equiv (p-1)! \pmod{p}$$

両辺を $(p-1)!$ で割ると **フェルマーの小定理** が得られる。

　また，**数学的帰納法**（Mathematical Induction）によって証明することもできる。すなわち，$a = 1$ の場合明らかに成立する。次に，a のとき $a^p \equiv a \pmod{p}$ が成立すると仮定し，$a+1$ は，2 項定理を利用して，次式のようになる。

$$
\begin{aligned}
(a+1)^p &= 1 + p \cdot a + \frac{p(p-1)}{2!} \cdot a^2 + \cdots + p \cdot a^{p-1} + 1 \cdot a^p \\
&= a^p + 1 + \left\{ a + \frac{(p-1)}{2!} \cdot a^2 + \cdots + a^{p-1} \right\} \cdot p \equiv a+1 \pmod{p}
\end{aligned}
$$

これから $a+1$ の場合が成立する。従って，$a^p \equiv a \pmod{p}$ が成立し，両辺を a で割ればフェルマーの小定理となる。

例題 1.2　a の整数倍 $a, 2a, 3a, \cdots, (p-1)a$ をそれぞれ p で割った剰余の順番を確認する。$p = 11$ および $a = 1, 2, 3, \cdots, 16$ について剰余を求めると表 1.1 のようになる。

この表から，$p > a$ においてすべて順番が異なっていることが分かる。また，$a = 11$（p の倍数）では 0 である。そして，$a > p$ においては，$p > a$ の値を繰り返している。

表 1.1　　$k\,a \pmod{11}$ $(k = 1, 2, 3, \cdots, 10)$ の順番

$a=1$	2	3	4	5	6	7	8	9	10	11	12	13	14	15	16
1	2	3	4	5	6	7	8	9	10	0	1	2	3	4	5
2	4	6	8	10	1	3	5	7	9	0	2	4	6	8	10
3	6	9	1	4	7	10	2	5	8	0	3	6	9	1	4
4	8	1	5	9	2	6	10	3	7	0	4	8	1	5	9
5	10	4	9	3	8	2	7	1	6	0	5	10	4	9	3
6	1	7	2	8	3	9	4	10	5	0	6	1	7	2	8
7	3	10	6	2	9	5	1	8	4	0	7	3	10	6	2
8	5	2	10	7	4	1	9	6	3	0	8	5	2	10	7
9	7	5	3	1	10	8	6	4	2	0	9	7	5	3	1
10	9	8	7	6	5	4	3	2	1	0	10	9	8	7	6

例題 1.3　　上で示したフェルマーの小定理の証明方法では，p は必ずしも素数である必要がない。そこで，素数以外においてもフェルマーの小定理が成立するか調べる。まず，a が $a = n\,p$ のとき，$a^{p-1} = (n\,p)^{p-1} = n^{p-1} \cdot p^{p-1} \equiv n^{p-1} \cdot 0 \pmod{p}$ となる。これは，例題 1.2 に示したとおり，a が p の倍数ですべてゼロとなることを示す。次に，a が p の整数倍以外の場合，たとえば $p = 15 = 3 \times 5$ の場合の計算を行うと，p の約数 3 と 5 の整数倍以外は成立している。

1.6　本書の目的および構成

　本書は，インターネット時代に必須の暗号や著作権保護の手法を中心に述べるものであるが，これらを理解するためには，**整数論**（Number Theory，単に**数論**ともいう）の概念が欠かせない。整数論は，整数に関する演算や大小関係，整数除算（整除という），素数など，古くから研究されている数学の一分野であり，**初等整数論**（Elementary Number Theory），**代数的整数論**（Algebraic Number Theory），**解析的整数論**（Analytic Number Theory）などのように分類される。ここで，初等整数論とは，小学生の段階から学ぶ最大公約数（Greatest Common Divisor, gcd）を求めるユークリッド互除法，数列，素因数分解，整除，素数定理，エラトステネスのふるい，フェルマーの小定理などである。また，

代数的整数論は群・環・体（初等代数学または抽象代数学），群論，ガロア理論や有限体などを，解析的整数論は π や e などの超越数（Transcendental Number），ゼータ関数，不定方程式，ABC 予想などを取り扱う。

　本書の内容は，整数論の中でも代数的整数論の分野（ガロア理論等）が主であり，群・環・体（抽象代数学）の概念が基礎となっている。そこで，第 2 章では抽象代数学の群・環・体について，第 3 章ではガロア体・代数拡大体について，第 6 章では楕円曲線群について示す。第 4 章，第 5 章，第 7 章，第 8 章は情報保護のための復元可能な暗号技術について述べる。復元可能であるためには，第 2 章，第 3 章，第 6 章で示す代数学のアルゴリズムが必要となる。次に，第 9 章〜第 11 章はハッシュ関数暗号などによる認証技術について示す。第 12 章は著作権保護の手法について述べる。第 13 章では量子コンピュータが実用化された場合の新たな計算アルゴリズムについて述べる。付録には，本文を理解するために必要な確率分布や離散コサイン変換などを掲載するとともに，本文の具体的な代数計算や暗号・復号などのプログラム例をできるだけ数多く載せた。これらの関係は図 1.1 に示すようになる。

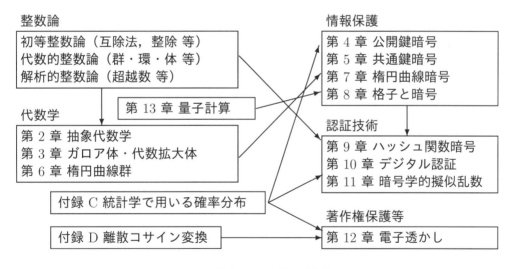

図 1.1　本書の構成

　初版との違いは次のとおりである。第 3 章において代数拡大体 $F(2^n)$ についてより理解しやすいように加筆するとともに，一般的な代数拡大体 $F(p^n)$ を追加した。また，第 4 章の楕円曲線群を第 7 章の楕円曲線暗号の前に移し，理解しやすいようにした。初版の第 5 章および第 6 章を公開鍵暗号（第 4 章）および共通鍵暗号（第 5 章）に分けて編成

し直すとともに，第 4 章に新たに代数拡大体 $F(p^n)$ による共通鍵交換方式および格子暗号（LWE 公開鍵暗号）を追加した。さらに，付録 E に掲載したプログラム例において，一般的な代数拡大体 $F(p^n)$ に対応できるように変更した。従って，本書は，初心者にも情報セキュリティの分野をより一層理解し易いように文書表現や具体例を工夫した。

練習問題

問題 1.1　次の剰余値を求めなさい。

(1)　$-3 \,(\mathbf{mod}\, 11)$　　　(2)　$111 \,(\mathbf{mod}\, 11)$　　　(3)　$-30 \,(\mathbf{mod}\, 7)$

問題 1.2　次の 2 進数表現を多項式で表しなさい。さらに，10 進数で表しなさい。

(1)　$(100110011001)_2$　　(2)　$(101010101010)_2$　　(3)　$(110011001100)_2$

問題 1.3　次の多項式について既約多項式かどうか調べなさい。

(1)　$f(x) = x^4 + x^2 + x + 1$　　　　(2)　$f(x) = x^4 + x^3 + x^2 + 1$

(3)　$f(x) = x^4 + x + 1$　　　　　　(4)　$f(x) = x^7 + x^3 + x + 1$

問題 1.4　$0 \sim 50000,\ 50000 \sim 100000,\ 100000 \sim 150000,\ 150000 \sim 200000,\ \cdots,$ $950000 \sim 1000000$ の素数の度数分布表を作成しなさい。

問題 1.5　2 から順番に素数を掛け合わせて 1 を加算または減算した値が素数でない例を 1000000 以下から求めなさい。また，2，3，5，7 を除いて順番に素数を掛け合わせ，除いた素数を加算および減算した値が素数でない例を 7000000 以下から求めなさい。

第2章　抽象代数学

(Abstruct Algebra)

第 3 章のガロア体（Galois Field）や第 6 章の楕円曲線群（Elliptic Curve Group）を理解するためには，**抽象代数学**（Abstruct Algebra，または初等代数学（Elementary Algebra））の範疇である **群**（Group）・**環**（Ring）・**体**（Field）を学ぶ必要がある。特に，群（**群論**（Group Theory）という）は，興味深い例が多く，情報圧縮や暗号など種々の方面に応用されている。そこで，以降において，群の定義から述べることにする。

2.1　群（Group）の定義

集合 G の 2 つの要素（**元**（Element or Member）という）の二項演算 "$\circ$"（一般的には，加算または乗算）において，次の条件を満たす集合 G を **群**（Group）という。

(1)　$a, b \in G$ において，$a \circ b \in G$ である。

(2)　$a, e \in G$ において，$a \circ e = e \circ a = a$ となる e（**単位元**）が存在する。

(3)　$a, b \in G$ において，$a \circ b = e$ となる $b = a^{-1}$（**逆元**）が存在する。

(4)　$a, b, c \in G$ において，$(a \circ b) \circ c = a \circ (b \circ c)$（**結合法則**）が成立する。

なお，$a, b \in G$ において，$a \circ b = b \circ a$（**交換法則，可換**（Commutative Property）という）が成立する場合，**可換群**（**アーベル群**，Abelian Group）という。

2.2　群（Group）の例

以降において，群の例とその具体的な例を取り上げ説明する。

(1)　**クラインの四元群**（Klein's Quaternion Group）：　$e, i, j, k \in G$ において，$i \circ j = k$, $j \circ k = i$, $k \circ i = j$, $i \circ i = j \circ j = k \circ k = e$（**単位元**，Identity Element）となる集合 G のことである。ここで，**逆元**（Inverse Element）はそれぞれ $i^{-1} = i$, $j^{-1} = j$, $k^{-1} = k$ であり，$e \circ i = i \rightarrow e \circ i \circ i = e \circ e = e$ となる。

例題 2.1　四元数（Quaternion）で用いられる 3 次元虚数 i, j, k による集合 $G = \{e = -1, i, j, k\}$ は群となりえるか調べる。まず，$i \cdot i = j \cdot j = k \cdot k = -1 = e$ である。これから，i, j, k の逆元はそれぞれ i, j, k である。次に，$i \cdot j = k$, $j \cdot k = i$,

$k \cdot i = j$ であり，以下のような性質がある。

$$i \cdot j = k \;\rightarrow\; i \cdot (i \cdot j) = (i \cdot i) \cdot j = e \cdot j = i \cdot k \;\;\rightarrow\;\; i \cdot k = -j$$

$$j \cdot k = i \;\rightarrow\; j \cdot (j \cdot k) = (j \cdot j) \cdot k = e \cdot k = j \cdot i \;\;\rightarrow\;\; j \cdot i = -k$$

$$k \cdot i = j \;\rightarrow\; k \cdot (k \cdot i) = (k \cdot k) \cdot i = e \cdot i = k \cdot j \;\;\rightarrow\;\; k \cdot j = -i$$

従って，群の定義を満たさないが，$e \cdot e = e$ と定義すれば，群の定義を満たす。

例題 2.2 上の 3 次元虚数を拡大して n 次元虚数（**多元数** (Multiple Number) という）の集合 $G = \{e = -1, x_1, x_2, \cdots, x_n\}$ が群となるか調べる。すなわち，$x_1 \cdot x_2 = x_3, \cdots, x_{k-1} \cdot x_k = x_{k+1}, \cdots, x_n \cdot x_1 = x_2$，および $x_k \cdot x_k = e \; (k = 1, 2, \cdots, n)$ である。この場合，上と同じように，x_k の逆元は x_k である。従って，例題 2.1 と同様，$e \cdot e = e$ と定義すれば，群の定義を満たす。

---

(2) **巡回群**（Cyclic Group）： n 個の要素 $1, a, a^2, a^3, \cdots, a^{n-1}$ からなる集合において $a^i \cdot a^j = a^{i+j} = a^k$ であり，単位元 e は $e = a^n = a^0 = 1$，a^i の逆元は a^{n-i} である集合 G のことである。ここで，k は $(i + j)$ を n で割った余り（剰余）であり，$k = i + j \,(\mathbf{mod}\, n)$ である。この群を n を **法**（Modulus）とする **巡回群** という。また，n は **要素数**（The Number of Elements）であり **位数**（Order）という。本書では要素数に統一する。

例題 2.3 $x^n = 1$ の n 個の解からなる集合 G は乗算（Multiplication）で定義された **巡回群** であるか調べる。まず，$x^n = 1$ の一つの解 a は $a = x_1 = e^{i\frac{2\pi}{n}}$ であり、$x_k = a^k = e^{i\frac{2k\pi}{n}} \; (k = 0, 1, 2, \cdots, (n-1))$ である。従って，単位元 e は $e = a^n = e^{i\frac{2n\pi}{n}} = 1$，$a^i$ の逆元は $a^{n-i} = e^{i\frac{2(n-i)\pi}{n}} = e^{-i\frac{2i\pi}{n}}$ である。従って，巡回群となっている。この場合，$x_i \cdot x_j = x_j \cdot x_i$ となるので，**可換群** である。

例題 2.4 $x^3 = 1$ の 3 つの解 a, b, c において，演算 $(-a) + (-b) = c$ で定義された集合 G は巡回群となるか調べる。すなわち，$a = 1$（単位元），$b = -\frac{1}{2} + i\frac{\sqrt{3}}{2}$，$c = -\frac{1}{2} - i\frac{\sqrt{3}}{2}$ とすれば以下となる。

$$(-a) + (-b) = (-1) + \left(\frac{1}{2} - i\frac{\sqrt{3}}{2}\right) = -\frac{1}{2} - i\frac{\sqrt{3}}{2} = c$$

$$(-b) + (-c) = \left(\frac{1}{2} - i\frac{\sqrt{3}}{2}\right) + \left(\frac{1}{2} + i\frac{\sqrt{3}}{2}\right) = 1 = a \;\;\rightarrow\;\; b^{-1} = c$$

$$(-c) + (-a) \;=\; \left(\frac{1}{2} + i \frac{\sqrt{3}}{2} \right) + (-1) = -\frac{1}{2} + i \frac{\sqrt{3}}{2} = b$$

従って，巡回群となっている。

---

(3) **剰余群**（Remainder Group）： 整数を自然数 m で割った余り (剰余) の m 個の要素 $0, 1, 2, \cdots, m-1$ で作る集合 G において，加算（Addition）で定義されている場合 $(i+j)\,(\mathbf{mod}\,m) \in G$ であり，単位元は 0，$i\,(\in G)$ の逆元は $m-i$ である。また，$i, j \in G$ に対して $(i+j) \equiv (j+i)\,(\mathbf{mod}\,m)$ が成立するので，**可換群** である。

例題 2.5 $x^n = 1$ の解 $x_1 = e^{i \frac{2\pi}{n}}$ において，$a_k = \log(x_1)^k = k \cdot \log(x_1)$ で作る集合 G は剰余群であるか調べる。すなわち，演算 $a_i + a_j = (i+j) \cdot \log(x_1) = k \cdot \log(x_1) = a_k,\ (k = (i+j)\,\mathbf{mod}\,n)$ が定義されていれば，**剰余群** となる。

---

(4) **無限群**（Infinite Group）： 整数 a, b の演算 $a+b-k$（k は定数）で定義された集合 G は **群** となる。この場合以下のようになる。

$$\text{単位元} \quad e \qquad a+e-k=a \quad \rightarrow \quad e=k$$
$$a\,\text{の逆元}\ a^{-1} \quad a+a^{-1}-k=e \quad \rightarrow \quad a^{-1}=2k-a$$

さらに，実数 a, b の演算 $ab-a-b+2$ で定義された集合 G はある一つの要素を除けば **群** となる。この場合以下のようになる。

$$\text{単位元} \quad e \qquad ae-a-e+2=a \quad \rightarrow \quad e=\frac{2\,a-2}{a-1}=2 \quad (a \neq 1)$$
$$a\,\text{の逆元}\ a^{-1} \quad a\,a^{-1}-a-a^{-1}+2=e \quad \rightarrow$$
$$a^{-1}=\frac{a+e-2}{a-1}=\frac{a}{a-1}$$

ここで，G から取り除く要素は 1 である。

例題 2.6 実数 a, b の演算 $k\,ab$（k は 0 でない定数）で定義された集合 G が **群** となる条件を求める。すなわち，以下のようになる。

$$a\,\text{の逆元}\ a^{-1}: \quad k\,a\,a^{-1}=k\,e=e \quad \rightarrow \quad k=1,\ a^{-1}=\frac{1}{a}$$
$$\text{単位元} \quad e \quad : \quad k\,ae=a \quad \rightarrow \quad e=\frac{1}{k}=1$$

ここで，G から取り除く要素は 0 である。

2.3　環（**Ring**）の定義

逆元 および 単位元 を含むとともに，加法および乗法における次の 結合法則（Associative Law），分配法則（Distributive Law）および**交換法則**（Commutative Law）が定義されている集合 R を 環（Ring）という。

(1)　結合法則（Associative Law）：　$a, b, c \in R$ において，
$$a + (b + c) = (a + b) + c \ (\in R), \qquad a \cdot (b \cdot c) = (a \cdot b) \cdot c \ (\in R)$$

(2)　分配法則（Distributive Law）：　$a, b, c \in R$ において，
$$a \cdot (b + c) = a \cdot b + a \cdot c \ (\in R), \qquad (b + c) \cdot a = b \cdot a + c \cdot a \ (\in R)$$

(3)　交換法則（Commutative Law）：　$a, b, c \in R$ において，
$$a + b = b + a \ (\in R), \qquad a \cdot b = b \cdot a \ (\in R)$$

2.4　体（**Field**）の定義

環 が 0 以外の要素（元）を少なくとも一つ持ち，$a\,x = b,\ y\,a = b\ (a \neq 0)$ は解を持つ集合 F を 体（Field）という。すなわち，**四則演算**（Four Arithmetic Operation）が定義されている。なお，我々が無意識に演算を行っている実数全体および複素数全体はともに体 を構成している。また，有限個（m 個）の要素からなる 体 $F(m)$ を 有限体（Finite Field）という。特に，0 と 1 のみの要素からなる有限体 $F(2)$ における四則演算は，第 1 章 1.1 節でも述べたように，以下のようになる。

加算：　　$0 + 0 = 0$,　　　$0 + 1 = 1$,　　　$1 + 0 = 1$,　　　$1 + 1 = 0$

減算：　　$0 - 0 = 0$,　　　$0 - 1 = 1$,　　　$1 - 0 = 1$,　　　$1 - 1 = 0$

乗算：　　$0 \times 0 = 0$,　　　$0 \times 1 = 0$,　　　$1 \times 0 = 0$,　　　$1 \times 1 = 1$

除算：　　$0 \div 0 = $ 不定,　$0 \div 1 = 0$,　　　$1 \div 0 = $ 不定,　$1 \div 1 = 1$

ここで，加算と減算の結果は同じであり，**排他的論理和**（Exclusive OR）である。また，乗算は **論理積**（ＡＮＤ）である。除算は分母がゼロの場合不定とする以外は乗算と同じである。この性質を利用してさらに興味ある群（第 6 章の楕円曲線群 $EG\{F(2^n)\}$）や体（第 3 章の代数拡大体 $F(2^n)$）を構成することができる。

例題 **2.7**　コンピュータ工学には三値論理 T（True, 真），F（False, 偽），I（Indeterminate, 不定）がある。この三値をそれぞれ $\{1, -1, 0\}$ とおき，この四則演算（体）を定義する。すなわち，以下のようになる。

A	B	加算 $A+B$	減算 $A-B$	乗算 $A \times B$	割算 $A \div B$
1	1	-1	0	1	1
1	-1	0	-1	-1	-1
1	0	1	1	0	不定
-1	1	0	1	-1	-1
-1	-1	1	0	1	1
-1	0	-1	-1	0	不定
0	1	1	-1	0	0
0	-1	-1	1	0	0
0	0	0	0	0	不定

この定義は **有限体** $F(3)$ の 2 を -1 とおいた場合である。

2.5　離散対数問題（Discrete Logarithm Problem）

　まず，巡回群 G の要素（元）が $g = r^k \pmod{p} = A$ で定義されているとする。ここで，p は素数であり，r（**生成元** (Generator) という）は正整数である。また，巡回群 G の要素数 n は r によって変わる。さらに，A を要素（元）とする群を $(Z/pZ)^*$ と表し，素数 p を法とする合同類からなる **既約剰余類群**（Irreducible Residue Class Group）という。このような群において，p, r, k が既知であれば容易に A を求めることができる。しかし，逆に A が与えられ，k を求める場合，容易に求めることができない。これを **離散対数問題**（Discrete Logarithm Problem）という。具体的に，$p = 13$, $r = 2$ とおいて $r^k \pmod{p} = A$ を計算すると以下のようになる。

$$
\begin{array}{llll}
2^0 = 1 & \pmod{13} = 1, & 2^1 = 2 & \pmod{13} = 2, \\
2^2 = 4 & \pmod{13} = 4, & 2^3 = 8 & \pmod{13} = 8, \\
2^4 = 16 & \pmod{13} = 3, & 2^5 = 32 & \pmod{13} = 6, \\
2^6 = 64 & \pmod{13} = 12, & 2^7 = 128 & \pmod{13} = 11, \\
2^8 = 256 & \pmod{13} = 9, & 2^9 = 512 & \pmod{13} = 5, \\
2^{10} = 1024 & \pmod{13} = 10, & 2^{11} = 2048 & \pmod{13} = 7, \\
2^{12} = 4096 & \pmod{13} = 1, & 2^{13} = 8192 & \pmod{13} = 2, \\
2^{14} = 16384 & \pmod{13} = 4, & 2^{15} = 32768 & \pmod{13} = 8, \\
2^{16} = 65536 & \pmod{13} = 3, & 2^{17} = 131072 & \pmod{13} = 6,
\end{array}
$$

2.5 離散対数問題（*Discrete Logarithm Problem*）

A を要素とする既約剰余類群 $(Z/13\,Z)^*$ も $2^0 \equiv 2^{12}\,(\mathbf{mod}\,13) = 1$ となり，要素数が $n = 12$ の巡回群となっている。このような既約剰余類群 $(Z/13\,Z)^*$ において，$A = 3$ として k を求めることを考える。すなわち，$r\,(= 2)$ および $p\,(= 13)$ が既知であれば，$2^4\,(\mathbf{mod}\,13) = 3$ が求まり $2^k = 2^{4+12\times m} \equiv 3 \times 1^m\,(\mathbf{mod}\,13)$ となり，$k = 4 + 12 \times m \equiv 4\,(\mathbf{mod}\,12)$ と表される。しかし，p または r が未知の場合，$A = 3$ から $k = 4 + 12 \times m$ を求めることはできない。ここで，$n = 12$ は既約剰余類群 $(Z/13\,Z)^*$ における $r = 2$ の場合の要素数である。

一方，$p = 13$，$r = 3$ とおいて $r^k\,(\mathbf{mod}\,p)$ を計算すると以下のようになる。

$$3^0 = 1 \quad (\mathbf{mod}\,13) = 1, \qquad 3^1 = 3 \quad (\mathbf{mod}\,13) = 3,$$
$$3^2 = 9 \quad (\mathbf{mod}\,13) = 9, \qquad 3^3 = 27 \quad (\mathbf{mod}\,13) = 1,$$
$$3^4 = 81 \quad (\mathbf{mod}\,13) = 3, \qquad 3^5 = 243 \quad (\mathbf{mod}\,13) = 9,$$

この場合，$3^0 \equiv 3^3\,(\mathbf{mod}\,13) = 1$ となり，要素数が $n = 3$ の巡回群となる。また，$r = 5$ とおいて $r^k\,(\mathbf{mod}\,p)$ を計算すると以下のようになる。

$$5^0 = 1 \quad\quad (\mathbf{mod}\,13) = 1, \qquad 5^1 = 5 \quad\quad (\mathbf{mod}\,13) = 5,$$
$$5^2 = 25 \quad\quad (\mathbf{mod}\,13) = 12, \qquad 5^3 = 125 \quad\quad (\mathbf{mod}\,13) = 8,$$
$$5^4 = 625 \quad\quad (\mathbf{mod}\,13) = 1, \qquad 5^5 = 3125 \quad\quad (\mathbf{mod}\,13) = 5,$$
$$5^6 = 15625 \quad (\mathbf{mod}\,13) = 12, \qquad 5^7 = 79125 \quad (\mathbf{mod}\,13) = 8,$$

この場合，$5^0 \equiv 5^4\,(\mathbf{mod}\,13) = 1$ となり，要素数が $n = 4$ の巡回群となる。このように，生成元 r によって巡回群の要素数が変わる。

練習問題

問題 2.1 4 つの要素 i, j, k, e（単位元）からなる集合 G において，2 つの要素の演算が $i \cdot j = j \cdot k = k \cdot i = e$ が定義されている場合，集合 G が群になる条件を求めなさい。

問題 2.2 実数 a, b の演算 $k_1 \cdot a + k_2 \cdot b$（$k_1$, k_2 はゼロでない実数定数）で定義された集合 G が群となる条件を示し，単位元と逆元を求めなさい。

問題 2.3 例題 2.7 に示す三値の四則演算以外の定義が可能か示しなさい。また，コンピュータ工学における三値論理との違いを示しなさい。

問題 2.4 $r^k\,(\mathbf{mod}\,11)$ で定義された巡回群 G において，生成元 $r = 2, r = 3, r = 5$ の場合の $r^k\,(\mathbf{mod}\,11) = A$ を計算しなさい。

第3章 ガロア体・代数拡大体

(Galois Field · Algebraic Extension Filed)

　有限個の要素で作る集合において **体** を構成するためには，剰余による集合 $\{0, 1, 2, \cdots,$ $m-1\}$，および巡回群に 0 を加えた集合 $\{0, 1, \alpha, \alpha^2, \cdots, \alpha^{m-1}\}$ が期待できる。これらの集合において，四則演算（特に除算）の方法を定義できれば，体を構成することができる。前者を，有限体（Finite Field）または **ガロア体**（Galois Field）という。また，後者を **代数拡大体**（Algebraic Extension Field）という。本章では，これらの **体** について，説明する。

3.1　ガロア体 $GF(m)$ の定義

　改めて，**剰余**（Remainder）で作る集合において，2 つの要素同士の四則演算が定義されている場合，**体** を構成する。これを **ガロア体**（Galois Field）とよび，$GF(m)$（または単に $F(m)$）で表す。また，$GF(m)$ の要素数は m 個の有限個であり，有限体（Finite Field）ともいう。従って，$a, b \in GF(m)$ に対して，四則演算は次のように定義されている。

(1)　加算：　　$(a + b)$　　　　$(\mathbf{mod}\, m)$　　　　$\in GF(m)$

(2)　減算：　　$(a - b)$　　　　$(\mathbf{mod}\, m)$　　　　$\in GF(m)$

(3)　乗算：　　$(a \times b)$　　　　$(\mathbf{mod}\, m)$　　　　$\in GF(m)$

(4)　除算：　　$(a \div b)$　　　　$(\mathbf{mod}\, m,\, b \neq 0)\ \in GF(m)$

ここで，加算（Addition）と乗算（Multiplication）については理解できるが，減算（Subtruction）および除算（Division）については次のように計算すればよい。

$$\{(k_1 \times m + a) - b\} \equiv c_m \qquad (\mathbf{mod}\, m) \qquad \in GF(m)$$
$$\frac{k_2 \times m + a}{b} \equiv c_d \qquad (\mathbf{mod}\, m,\, b \neq 0)\ \in GF(m)$$

ここで，k_1, k_2 は，c_m, c_d が $GF(m)$ の要素になるような絶対値が最小の整数である。また，除算において，分母の剰余が 1（単位元）になるような整数（乗算における逆元）k_3 を分母と分子に乗じて求める方法もある。すなわち，次のように計算する。

$$\frac{a \times k_3}{b \times k_3} = \frac{k_4 \times m + c}{k_5 \times m + 1} \equiv c \ (\mathbf{mod}\ m)\ \in GF(m)$$

ここで，自然数 m の中には **体** を構成できない場合が存在するので，一般的に **素数**（Prime Number）p や p^n（特に，2^n）が用いられる。

3.2 　ガロア体の具体的例 $GF(5)$

ガロア体の具体的例として $m = 5$ の $GF(5)$ を取り上げる。この場合，$GF(5)$ の要素は $0, 1, 2, 3, 4$ の 5 個であり，四則演算における計算は表 3.1 に示すようになる（付録 E E.2 のプログラムの実行結果）。

表 3.1　$GF(5)$ における四則演算

(a)	加算					(b)	乗算					(c)	減算					(d)	除算			
a	0	1	2	3	4	a	0	1	2	3	4	a	0	1	2	3	4	a	−	1	2	3	4
0	0	1	2	3	4	0	0	0	0	0	0	0	0	4	3	2	1	0	−	0	0	0	0
1	1	2	3	4	0	1	0	1	2	3	4	1	1	0	4	3	2	1	−	1	3	2	4
2	2	3	4	0	1	2	0	2	4	1	3	2	2	1	0	4	3	2	−	2	1	4	3
3	3	4	0	1	2	3	0	3	1	4	2	3	3	2	1	0	4	3	−	3	4	1	2
4	4	0	1	2	3	4	0	4	3	2	1	4	4	3	2	1	0	4	−	4	3	2	1

ここで，除算 $\frac{a}{b} = \frac{1}{2}$, $\frac{a}{b} = \frac{1}{3}$, $\frac{a}{b} = \frac{1}{4}$, $\frac{a}{b} = \frac{2}{3}$ および $\frac{a}{b} = \frac{3}{4}$ の場合，それぞれ以下のように計算する。

$$\frac{a}{b} = \frac{1}{2} \equiv \frac{1 \times 5 + 1}{2} = 3 \ (\mathbf{mod}\,5) \quad (k_2 = 1)$$

$$\frac{a}{b} = \frac{1}{3} \equiv \frac{1 \times 5 + 1}{3} = 2 \ (\mathbf{mod}\,5) \quad (k_2 = 1)$$

$$\frac{a}{b} = \frac{1}{4} \equiv \frac{3 \times 5 + 1}{4} = 4 \ (\mathbf{mod}\,5) \quad (k_2 = 3)$$

$$\frac{a}{b} = \frac{2}{3} \equiv \frac{2 \times 5 + 2}{3} = 4 \ (\mathbf{mod}\,5) \quad (k_2 = 2)$$

$$\frac{a}{b} = \frac{3}{4} \equiv \frac{1 \times 5 + 3}{4} = 2 \ (\mathbf{mod}\,5) \quad (k_2 = 1)$$

また，分母の剰余が 1（単位元）となるように，分母と分子に乗算における逆元を乗ずる方法では以下のように計算する。

$$\frac{a}{b} = \frac{1}{2} = \frac{1 \times 3}{2 \times 3} = \frac{3}{1 \times 5 + 1} \equiv 3 \ (\mathbf{mod}\,5) \quad (b^{-1} = 3)$$

$$\frac{a}{b} = \frac{1}{3} = \frac{1 \times 2}{3 \times 2} = \frac{2}{1 \times 5 + 1} \equiv 2 \ (\mathbf{mod}\,5) \quad (b^{-1} = 2)$$

$$\frac{a}{b} = \frac{1}{4} = \frac{1 \times 4}{4 \times 4} = \frac{4}{3 \times 5 + 1} \equiv 4 \ (\bmod\, 5) \quad (b^{-1} = 4)$$

$$\frac{a}{b} = \frac{2}{3} = \frac{2 \times 2}{3 \times 2} = \frac{4}{1 \times 5 + 1} \equiv 4 \ (\bmod\, 5) \quad (b^{-1} = 2)$$

$$\frac{a}{b} = \frac{3}{4} = \frac{3 \times 4}{4 \times 4} = \frac{2 \times 5 + 2}{3 \times 5 + 1} \equiv 2 \ (\bmod\, 5) \quad (b^{-1} = 4)$$

さらに，連立方程式を解く（問題 3.3）などの演算の結果 $\frac{A}{B} = \frac{k_1 \times m + a}{k_2 \times m + b}$ になる場合においても $\frac{A}{B} \equiv \frac{a}{b} \pmod{m} \in GF(m)$ となる。ここで，$a, b \in GF(m)$ である。

例題 3.1 $GF(5)$ において，$A = 47$, $B = -17$ の場合において，$\frac{47}{-17} \pmod{m} \in GF(m)$ を計算する。すなわち，次式となる。

(1) $\quad \dfrac{47}{-17} = \dfrac{9 \times 5 + 2}{(-4) \times 5 + 3} \equiv \dfrac{2}{3} \equiv \dfrac{2 \times 5 + 2}{3} \equiv 4 \ (\bmod\ 5)$

(2) $\quad \dfrac{47}{-17} = \dfrac{-47}{17} = \dfrac{(-10) \times 5 + 3}{3 \times 5 + 2} \equiv \dfrac{3}{2} \equiv \dfrac{1 \times 5 + 3}{2} \equiv 4 \ (\bmod\ 5)$

(3) $\quad \dfrac{47}{-17} = -\dfrac{47}{17} = -\dfrac{9 \times 5 + 2}{3 \times 5 + 2} \equiv -1 \equiv (-1) \times 5 + 4 \equiv 4 \ (\bmod\ 5)$

(4) $\quad \dfrac{47}{-17} = \dfrac{47 \times 2}{-17 \times 2} = \dfrac{94}{-34} \equiv \dfrac{18 \times 5 + 4}{-7 \times 5 + 1} = \dfrac{4}{1} \equiv 4 \ (\bmod\ 5)$

ここで，(4) の方法は分母の剰余が 1 になるように求めた場合である。

3.3　ガロア体の性質

次に，$a \in GF(m)$ において，$a^2 \pmod{m} \in GF(m)$, $a^3 \pmod{m} \in GF(m)$, $\cdots$, $a^n \pmod{m} \in GF(m)$ が成立することは明白であり，$\{a^i \pmod{m}\}^j \equiv \{a^j \pmod{m}\}^i \equiv a^{i \cdot j} \pmod{m} \in GF(m)$ も成立する。すなわち，$a = k \times m + r$ に対して，a^i, a^j はともに以下のように表すことができる。

$$a^i = k_1 \times m + r^i, \qquad a^j = k_2 \times m + r^j$$

従って，$(r^i)^j = (r^j)^i = r^{i \cdot j}$ となり，$(r^i)^j \equiv (r^j)^i \equiv r^{i \cdot j} \pmod{m}$ となる。例えば，$a = 4$, $i = 2$, $j = 3$ の場合，$a^i \pmod{m}$, $a^j \pmod{m}$ は次式となる。

$$a^i \ (\bmod\ m) = 4^2 \ (\bmod\ 5) = 16 \ (\bmod\ 5) = 1$$

$$a^j \ (\bmod\ m) = 4^3 \ (\bmod\ 5) = 64 \ (\bmod\ 5) = 4$$

さらに，$\{a^i \,(\mathbf{mod}\, m)\}^j \,(\mathbf{mod}\, m)$，$\{a^j \,(\mathbf{mod}\, m)\}^i \,(\mathbf{mod}\, m)$，$a^{i \times j} \,(\mathbf{mod}\, m)$ はそれぞれ次式となる。

$$\{a^i \,(\mathbf{mod}\, m)\}^j = \{4^2 \,(\mathbf{mod}\, 5)\}^3 \,(\mathbf{mod}\, 5) = 1^3 \,(\mathbf{mod}\, 5) = 1$$

$$\{a^j \,(\mathbf{mod}\, m)\}^i = \{4^3 \,(\mathbf{mod}\, m)\}^2 \,(\mathbf{mod}\, 5) = 4^2 \,(\mathbf{mod}\, 5) = 1$$

$$a^{i \times j} \,(\mathbf{mod}\, m) = 4^6 \,(\mathbf{mod}\, 5) = 4096 \,(\mathbf{mod}\, 5) = 1$$

従って，$\{4^2 \,(\mathbf{mod}\, 5)\}^3 \equiv \{4^3 \,(\mathbf{mod}\, 5)\}^2 \equiv 4^5 \equiv 1 \,(\mathbf{mod}\, 5)$ となる。後の章で示す公開鍵暗号ではこの性質を利用している。

3.4　代数拡大体 $F(2^n)$

　有限体 $F(2)$ の要素 0 または 1 を係数に持つ n 次多項式（n–th Oder Polynomial）のうち，因数分解ができない多項式を **既約多項式**（Irreducible Polynomial）といい，次式で表される。

$$f(x) = x^n + a_{n-1} \cdot x^{n-1} + a_{n-2} \cdot x^{n-2} + \cdots + a_1 \cdot x + 1$$

ここで，$a_k\,(k = 1, 2, \cdots, n-1)$ は有限体 $F(2)$ の要素（0 または 1）である。また，上式が偶数項であると $(x+1)$ の因子をもつので，既約多項式であるためには奇数項でなければならない。さらに，奇数項であっても因数分解が可能な場合があるので，奇数項の多項式はすべて既約多項式とは限らない。この具体的例については後で示すことにする。

　次に，n 次既約多項式において，$f(x) = 0$ の一つの解を α とする。ここで，この解 α は複素数であるが，意識する必要はない。そして，α^1, α^2, α^3, $\cdots$, α^{2^n-2} $(\alpha^{2^n-1} = a^0 = 1)$ がすべて異なる要素となる場合，$2^n - 1$ をもっとも長い **周期**（Period）N といい，このときの既約多項式を **原始多項式**（Primitive Polynomial）という。これらの要素を有限体 $F(2)$ に加えると要素は

$$0, \quad 1, \quad \alpha^1, \quad \alpha^2, \quad \alpha^3, \quad \cdots, \quad \alpha^{2^n-2} \qquad (\alpha^{2^n-1} = a^0 = 1)$$

となり，要素数は 2^n である。これらの要素からなる有限体を**代数拡大体**（Algebraic Extension Field）といい $F(2^n)$ と表す。次数 n に対する原始多項式の一例を表 3.2 に示す（付録 E E.3 を利用）。しかしながら，次数 n が大きくなると既約多項式を見つけ出すことが困難である。そこで，奇数項からなる多項式を原始多項式の候補とする方法をとる。また，一般的な次数 n について議論するのは困難であるため，4 次の多項式による代数拡大体 $F(2^4)$ についてさらに具体的に説明を加える。

まず，原始多項式の候補と成り得る 4 次（$n = 4$）多項式は $f(x) = x^4 + x + 1$，$f(x) = x^4 + x^2 + 1$，$f(x) = x^4 + x^3 + 1$，$f(x) = x^4 + x^3 + x^2 + x + 1$ の 4 式であり，それぞれの多項式で作る代数拡大体 $F(2^4)$ の要素は表 3.3 〜表 3.6 に示すようになる。これらの表から周期 N は，それぞれ $f(x) = x^4 + x + 1$ の場合 15，$f(x) = x^4 + x^2 + 1$ の場合 6，$f(x) = x^4 + x^3 + 1$ の場合 15，$f(x) = x^4 + x^3 + x^2 + x + 1$ の場合 5 となる。なお，多項式 $f(x) = x^4 + x^2 + 1$ は $f(x) = (x^2 + x + 1)^2$ となり，因数分解が可能である。従って，既約多項式は $f(x) = x^4 + x + 1$，$f(x) = x^4 + x^3 + 1$，$f(x) = x^4 + x^3 + x^2 + x + 1$ の 3 式である。そして，代数拡大体 $F(2^4)$ を構成する原始多項式と成り得る多項式は $f(x) = x^4 + x + 1$ および $f(x) = x^4 + x^3 + 1$ の 2 式である。すなわち，原始多項式は表 3.3 〜表 3.6 から分かるように一つとは限らない。この場合，**数値化** の順番が異なる。多項式による数値化と周期については付録 E E.4 のプログラムによって求めることができる。そこで，原始多項式 $f(x) = x^4 + x + 1$ を選び，さらに説明を加える。

表 3.2　原始多項式 $f(x)$ の例

次数 n	$F(2)$ 上の原始多項式	次数 n	$F(2)$ 上の原始多項式
1	$x + 1$	2	$x^2 + x + 1$
3	$x^3 + x + 1$	4	$x^4 + x + 1$
5	$x^5 + x^2 + 1$	6	$x^6 + x + 1$
7	$x^7 + x + 1$	8	$x^8 + x^4 + x^3 + x^2 + 1$
9	$x^9 + x^4 + 1$	10	$x^{10} + x^3 + 1$
11	$x^{11} + x^2 + 1$	12	$x^{12} + x^6 + x^4 + x + 1$
13	$x^{13} + x^4 + x^3 + x + 1$	14	$x^{14} + x^{10} + x^6 + x + 1$
15	$x^{15} + x + 1$	16	$x^{16} + x^{12} + x^3 + x + 1$
17	$x^{17} + x^3 + 1$	18	$x^{18} + x^7 + 1$
19	$x^{19} + x^5 + x^2 + x + 1$	20	$x^{20} + x^3 + 1$
21	$x^{21} + x^2 + 1$	22	$x^{22} + x + 1$
23	$x^{23} + x^5 + 1$	24	$x^{24} + x^7 + x^2 + x + 1$
25	$x^{25} + x^3 + 1$	26	$x^{26} + x^6 + x^2 + x + 1$
27	$x^{27} + x^5 + x^2 + x + 1$	28	$x^{28} + x^3 + 1$
29	$x^{29} + x^2 + 1$	30	$x^{30} + x^{23} + x^2 + x + 1$
31	$x^{31} + x^3 + 1$	32	$x^{32} + x^{22} + x^2 + x + 1$

3.4 代数拡大体 $F(2^n)$

表 3.3   多項式 $f(x) = x^4 + x + 1$ の場合の要素（$\alpha^k \bmod \alpha^4 + \alpha + 1$）

指数	α^k	$\alpha^k (\bmod \alpha^4 + \alpha + 1)$ の多項式	α^3	α^2	α^1	α^0	数値化	（10進）
―	0		0	0	0	0	0	(0)
0	α^0	1	0	0	0	1	1	(1)
1	α^1	α	0	0	1	0	2	(2)
2	α^2	α^2	0	1	0	0	4	(4)
3	α^3	α^3	1	0	0	0	8	(8)
4	α^4	$\alpha + 1$	0	0	1	1	3	(3)
5	α^5	$\alpha(\alpha + 1) = \alpha^2 + \alpha$	0	1	1	0	6	(6)
6	α^6	$\alpha(\alpha^2 + \alpha) = \alpha^3 + \alpha^2$	1	1	0	0	C	(12)
7	α^7	$\alpha(\alpha^3 + \alpha^2) = \alpha^4 + \alpha^3 = \alpha^3 + \alpha + 1$	1	0	1	1	B	(11)
8	α^8	$\alpha(\alpha^3 + \alpha + 1) = \alpha^4 + \alpha^2 + \alpha = \alpha^2 + 1$	0	1	0	1	5	(5)
9	α^9	$\alpha(\alpha^2 + 1) = \alpha^3 + \alpha$	1	0	1	0	A	(10)
10	α^{10}	$\alpha(\alpha^3 + \alpha) = \alpha^4 + \alpha^2 = \alpha^2 + \alpha + 1$	0	1	1	1	7	(7)
11	α^{11}	$\alpha(\alpha^2 + \alpha + 1) = \alpha^3 + \alpha^2 + \alpha$	1	1	1	0	E	(14)
12	α^{12}	$\alpha(\alpha^3 + \alpha^2 + \alpha) = \alpha^3 + \alpha^2 + \alpha + 1$	1	1	1	1	F	(15)
13	α^{13}	$\alpha(\alpha^3 + \alpha^2 + \alpha + 1) = \alpha^3 + \alpha^2 + 1$	1	1	0	1	D	(13)
14	α^{14}	$\alpha(\alpha^3 + \alpha^2 + 1) = \alpha^3 + 1$	1	0	0	1	9	(9)
15	α^{15}	$\alpha(\alpha^3 + 1) = \alpha^4 + \alpha = 1$	0	0	0	1	1	(1)
16	α^{16}	$\alpha(\alpha^3 + 1) = \alpha$	0	0	1	0	2	(2)
		以下繰り返す						

表 3.4   多項式 $f(x) = x^4 + x^2 + 1$ の場合の要素（$\alpha^k \bmod \alpha^4 + \alpha^2 + 1$）

指数	α^k	$\alpha^k (\bmod \alpha^4 + \alpha + 1)$ の多項式	α^3	α^2	α^1	α^0	数値化	（10進）
―	0		0	0	0	0	0	(0)
0	α^0	1	0	0	0	1	1	(1)
1	α^1	α	0	0	1	0	2	(2)
2	α^2	α^2	0	1	0	0	4	(4)
3	α^3	α^3	1	0	0	0	8	(8)
4	α^4	$\alpha^2 + 1$	0	1	0	1	5	(5)
5	α^5	$\alpha(\alpha^2 + 1) = \alpha^3 + \alpha$	1	0	1	0	A	(10)
6	α^6	$\alpha(\alpha^3 + \alpha) = \alpha^4 + \alpha^2 = 1$	0	0	0	1	1	(1)
7	α^7	α	0	0	1	0	2	(2)
		以下繰り返す						

表 3.5　多項式 $f(x) = x^4 + x^3 + 1$ の場合の要素（$\alpha^k \bmod \alpha^4 + \alpha^3 + 1$）

指数	α^k	$\alpha^k\,(\mathbf{mod}\,\alpha^4 + \alpha + 1)$ の多項式	α^3	α^2	α^1	α^0	数値化	（10進）
−	0		0	0	0	0	0	(0)
0	α^0	1	0	0	0	1	1	(1)
1	α^1	α	0	0	1	0	2	(2)
2	α^2	α^2	0	1	0	0	4	(4)
3	α^3	α^3	1	0	0	0	8	(8)
4	α^4	$\alpha^3 + 1$	1	0	0	1	9	(9)
5	α^5	$\alpha(\alpha^3 + 1) = \alpha^4 + \alpha = \alpha^3 + \alpha + 1$	1	0	1	1	B	(11)
6	α^6	$\alpha(\alpha^3 + \alpha + 1) = \alpha^3 + \alpha^2 + \alpha + 1$	1	1	1	1	F	(15)
7	α^7	$\alpha(\alpha^3 + \alpha^2 + \alpha + 1) = \alpha^2 + \alpha + 1$	0	1	1	1	7	(7)
8	α^8	$\alpha(\alpha^2 + \alpha + 1) = \alpha^3 + \alpha^2 + \alpha$	1	1	1	0	E	(14)
9	α^9	$\alpha(\alpha^3 + \alpha^2 + \alpha) = \alpha^2 + 1$	0	1	0	1	5	(5)
10	α^{10}	$\alpha(\alpha^2 + 1) = \alpha^3 + \alpha$	1	0	1	0	A	(10)
11	α^{11}	$\alpha(\alpha^3 + \alpha) = \alpha^3 + \alpha^2 + 1$	1	1	0	1	D	(13)
12	α^{12}	$\alpha(\alpha^3 + \alpha^2 + 1) = \alpha + 1$	0	0	1	1	3	(3)
13	α^{13}	$\alpha(\alpha + 1) = \alpha^2 + \alpha$	0	1	1	0	6	(6)
14	α^{14}	$\alpha(\alpha^2 + \alpha) = \alpha^3 + \alpha^2$	1	1	0	0	C	(12)
15	α^{15}	$\alpha(\alpha^3 + \alpha^2) = 1$	0	0	0	1	1	(1)
16	α^{16}	α	0	0	1	0	2	(2)
		以下繰り返す						

表 3.6　多項式 $f(x) = x^4 + x^3 + x^2 + x + 1$ の場合の要素

（$\alpha^k \bmod \alpha^4 + \alpha^3 + \alpha^2 + \alpha + 1$）

指数	α^k	$\alpha^k\,(\mathbf{mod}\,\alpha^4 + \alpha + 1)$ の多項式	α^3	α^2	α^1	α^0	数値化	（10進）
−	0		0	0	0	0	0	(0)
0	α^0	1	0	0	0	1	1	(1)
1	α^1	α	0	0	1	0	2	(2)
2	α^2	α^2	0	1	0	0	4	(4)
3	α^3	α^3	1	0	0	0	8	(8)
4	α^4	$\alpha^3 + \alpha^2 + \alpha + 1$	1	1	1	1	F	(15)
5	α^5	$\alpha(\alpha^3 + \alpha^2 + \alpha + 1) = 1$	0	0	0	1	1	(1)
6	α^6	α	0	0	1	0	2	(2)
		以下繰り返す						

原始多項式 $f(x) = x^4 + x + 1 = 0$ の一つの解を α とする。すなわち，$f(\alpha) = \alpha^4 + \alpha + 1 = 0$ である。従って，代数拡大体 $F(2^4)$ の要素は 0, 1, α, α^2, α^3, $\cdots$, α^{14}（すべて異な

3.4 代数拡大体 $F(2^n)$

る）の 16（$= 2^4$）個であり，周期は $N = 2^4 - 1 = 15$ である（表 3.3 参照）。そして，$\alpha^4 + \alpha + 1 = 0$ は $\alpha^4 = -\alpha - 1 = \alpha + 1$ となり，表 3.3 に示すように α^k は α の 3 次以下の多項式で表され，その係数を整数値（10 進数表現）で表すことができる。この整数値（数値化）は便宜上 α に 2 を代入して求められる。さらに，代数拡大体 $F(2^4)$ 上での四則演算は以下のようになる。

$$\text{加算} \quad \alpha^k + \alpha^k = 0, \quad \alpha^{k_1} + \alpha^{k_2} = a \cdot \alpha^3 + b \cdot \alpha^2 + c \cdot \alpha + d = \alpha^m$$

$$\text{減算} \quad \alpha^k - \alpha^k = 0, \quad \alpha^{k_1} - \alpha^{k_2} = a \cdot \alpha^3 + b \cdot \alpha^2 + c \cdot \alpha + d = \alpha^m$$

$$\text{乗算} \quad \alpha^{k_1} \times \alpha^{k_2} = \alpha^{(k_1+k_2) \,(\text{mod}\,15)}$$

$$\text{除算} \quad \alpha^{k_1} \div \alpha^{k_2} = \alpha^{(k_1-k_2) \,(\text{mod}\,15)}$$

ここで，加算と減算は同じであり，a, b, c, d は表 3.3 における α^{k_1} と α^{k_2} の 3 次以下の多項式の係数どうしを排他的論理和（EOR または XOR）した 0 または 1 の値である。そして，この多項式から逆に α^m を求める。例えば，$k_1 = 7$ および $k_2 = 10$ の場合，$\alpha^7 \pm \alpha^{10} = (\alpha^3 + \alpha + 1) \pm (\alpha^2 + \alpha + 1) = \alpha^3 + \alpha^2 = \alpha^6$ となる。なお，表 3.3 に示す α の多項式は $\alpha^k \,(\text{mod}\,\alpha^4 + \alpha + 1) = a \cdot \alpha^3 + b \cdot \alpha^2 + c \cdot \alpha + d$ と表す。

次に，原始多項式 $f(x) = x^4 + x + 1 = 0$ は 4 次であるため 4 個の複素解 α, β, γ, δ を持ち，$f(\alpha) = f(\beta) = f(\gamma) = f(\delta) = 0$ となる。すなわち，原始多項式は $f(x) = (x + \alpha)(x + \beta)(x + \gamma)(x + \delta)$ と表される。表 3.3 に示す $\alpha^1 \sim \alpha^{14}$ の 14 個のうち 4 個がこの解になる。ここで，$\alpha + \alpha$ や $\beta + \beta$ などは定義に基づきゼロである。これらについては問題 3.6 において確認する。

さらに，8 次（$n = 8$）の原始多項式の候補と成り得る多項式を取り上げ，付録 E E.3 のプログラムを利用して，その周期 N を調べると，表 3.7（既約多項式）および表 3.8（因数分解可能な多項式）のようになる。表 3.7 から，代数拡大体 $F(2^8)$ を構成する最大周期 N が $N = 2^8 - 1 = 255$ になる原始多項式は複数個存在することが分かる。なお，代数拡大体 $F(2^8)$ の要素数は，原始多項式 $f(x) = 0$ の解 α で作る 255 個のすべて異なる要素 α^k（$k = 0, 1, 2, \cdots, 254$）に 0 を加えた $2^8 = 256$ 個である。例えば，原始多項式が $f(x) = x^8 + x^4 + x^3 + x^2 + 1$ である場合，$f(x) = 0$ の解の一つを α とおけば，$\alpha^k \,(\text{mod}\,\alpha^8 + \alpha^4 + \alpha^3 + \alpha^2 + 1)$ の数値化は以下のようになる（付録 E E.4 のプログラムを利用）。

$$\alpha^0 = 01 \,(1), \quad \alpha^1 = 02 \,(2), \quad \alpha^2 = 04 \,(4), \quad \alpha^3 = 08 \,(8),$$

$$\alpha^4 = 10 \,(16), \quad \alpha^5 = 20 \,(32), \quad \alpha^6 = 40 \,(64), \quad \alpha^7 = 80 \,(128),$$

$$\alpha^8 \,(\mathbf{mod}\, \alpha^8 + \alpha^4 + \alpha^3 + \alpha^2 + 1) = \alpha^4 + \alpha^3 + \alpha^2 + 1 = \mathtt{1d}\ (29),$$

$$\alpha^9 \,(\mathbf{mod}\, \alpha^8 + \alpha^4 + \alpha^3 + \alpha^2 + 1) = \alpha^5 + \alpha^4 + \alpha^3 + \alpha = \mathtt{3A}\ (58),$$

$$\alpha^{10} \,(\mathbf{mod}\, \alpha^8 + \alpha^4 + \alpha^3 + \alpha^2 + 1) = \alpha^6 + \alpha^5 + \alpha^4 + \alpha^2 = \mathtt{74}\ (116), \quad \cdots$$

$$\alpha^{100} \,(\mathbf{mod}\, \alpha^8 + \alpha^4 + \alpha^3 + \alpha^2 + 1) = \alpha^4 + 1 = \mathtt{11}\ (17), \cdots$$

$$\alpha^{200} \,(\mathbf{mod}\, \alpha^8 + \alpha^4 + \alpha^3 + \alpha^2 + 1) = \alpha^4 + \alpha^3 + \alpha^2 = \mathtt{1C}\ (28), \quad \cdots$$

$$\alpha^{254} \,(\mathbf{mod}\, \alpha^8 + \alpha^4 + \alpha^3 + \alpha^2 + 1) = \alpha^7 + \alpha^3 + \alpha^2 + \alpha^1 = \mathtt{8E}\ (142),$$

$$\alpha^{255} \,(\mathbf{mod}\, \alpha^8 + \alpha^4 + \alpha^3 + \alpha^2 + 1) = 1 = \alpha^0 = \mathtt{01}\ (1),$$

$$\alpha^{256} \,(\mathbf{mod}\, \alpha^8 + \alpha^4 + \alpha^3 + \alpha^2 + 1) = \alpha = \mathtt{02}\ (2), \quad \text{以下繰り返す}$$

表 3.7　次数 $n = 8$ における既約多項式の周期 N

$F(2)$ 上の多項式	周期 N	$F(2)$ 上の多項式	周期 N
$x^8 + x^3 + 1$	217	$x^8 + x^5 + 1$	217
$x^8 + x^7 + 1$	63	$x^8 + x^3 + x^2 + x + 1$	217
$x^8 + x^4 + x^2 + x + 1$	15	$x^8 + x^5 + x^2 + x + 1$	63
$x^8 + x^7 + x^2 + x + 1$	255	$x^8 + x^4 + x^3 + x + 1$	51
$x^8 + x^4 + x^3 + x^2 + 1$	255	$x^8 + x^5 + x^3 + x + 1$	255
$x^8 + x^5 + x^3 + x^2 + 1$	255	$x^8 + x^6 + x^3 + x + 1$	21
$x^8 + x^7 + x^3 + x + 1$	85	$x^8 + x^6 + x^4 + x + 1$	217
$x^8 + x^6 + x^5 + x + 1$	255	$x^8 + x^7 + x^4 + x + 1$	30
$x^8 + x^7 + x^5 + x + 1$	85	$x^8 + x^6 + x^3 + x^2 + 1$	255
$x^8 + x^7 + x^3 + x^2 + 1$	255	$x^8 + x^5 + x^4 + x^2 + 1$	63
$x^8 + x^6 + x^4 + x^2 + 1$	10	$x^8 + x^7 + x^4 + x^2 + 1$	217
$x^8 + x^6 + x^5 + x^2 + 1$	255	$x^8 + x^7 + x^5 + x^2 + 1$	21
$x^8 + x^7 + x^6 + x + 1$	255	$x^8 + x^5 + x^4 + x^3 + 1$	17
$x^8 + x^6 + x^5 + x^3 + 1$	255	$x^8 + x^7 + x^5 + x^3 + 1$	255
$x^8 + x^7 + x^6 + x^3 + 1$	63	$x^8 + x^6 + x^5 + x^4 + 1$	255
$x^8 + x^7 + x^5 + x^4 + 1$	51	$x^8 + x^7 + x^6 + x^4 + 1$	15
$x^8 + x^7 + x^6 + x^5 + 1$	217	$x^8 + x^5 + x^4 + x^3 + x^2 + x + 1$	85
$x^8 + x^6 + x^4 + x^3 + x^2 + x + 1$	255	$x^8 + x^7 + x^4 + x^3 + x^2 + x + 1$	51
$x^8 + x^7 + x^5 + x^3 + x^2 + x + 1$	51	$x^8 + x^7 + x^6 + x^3 + x^2 + x + 1$	51
$x^8 + x^6 + x^5 + x^4 + x^2 + x + 1$	93	$x^8 + x^7 + x^6 + x^4 + x^2 + x + 1$	124
$x^8 + x^7 + x^6 + x^5 + x^2 + x + 1$	42	$x^8 + x^6 + x^5 + x^4 + x^3 + x + 1$	124
$x^8 + x^7 + x^6 + x^5 + x^3 + x + 1$	15	$x^8 + x^7 + x^6 + x^5 + x^4 + x + 1$	127
$x^8 + x^7 + x^5 + x^4 + x^3 + x^2 + 1$	30	$x^8 + x^7 + x^6 + x^4 + x^3 + x^2 + 1$	30
$x^8 + x^7 + x^6 + x^5 + x^4 + x^2 + 1$	124	$x^8 + x^7 + x^6 + x^5 + x^4 + x^3 + 1$	42

表 3.8　原始多項式の候補のうち因数分解可能な多項式の周期 N

多項式	因数分解	周期
$x^8 + x + 1$	$= (x^6 + x^5 + x^3 + x^2 + 1)(x^2 + x + 1)$	63
$x^8 + x^2 + 1$	$= (x^4 + x + 1)^2$	30
$x^8 + x^4 + 1$	$= (x^4 + x^2 + 1)^2 = (x^2 + x + 1)^4$	12
$x^8 + x^6 + 1$	$= (x^4 + x^3 + 1)^2$	30
$x^8 + x^5 + x^4 + x + 1$	$= (x^5 + x^3 + 1)(x^3 + x + 1)$	217
$x^8 + x^6 + x^2 + x + 1$	$= (x^5 + x^2 + 1)(x^3 + x + 1)$	217
$x^8 + x^7 + x^6 + x^2 + 1$	$= (x^5 + x^3 + 1)(x^3 + x^2 + 1)$	217
$x^8 + x^7 + x^6 + x^3 + 1$	$= (x^6 + x + 1)(x^2 + x + 1)$	63
$x^8 + x^7 + x^4 + x^3 + 1$	$= (x^5 + x^2 + 1)(x^3 + x^2 + 1)$	217
$x^8 + x^6 + x^5 + x^3 + x^2 + x + 1$	$= (x^4 + x^2 + 1)(x^4 + x + 1)$	30
	$= (x^2 + x + 1)^2(x^4 + x + 1)$	
$x^8 + x^7 + x^5 + x^4 + x^2 + x + 1$	$= (x^5 + x + 1)(x^3 + x^2 + 1)$	124
	$= (x^3 + x^2 + 1)^2(x^2 + x + 1)$	
$x^8 + x^7 + x^5 + x^4 + x^3 + x + 1$	$= (x^4 + x^3 + 1)(x^4 + x + 1)$	127
$x^8 + x^7 + x^6 + x^4 + x^3 + x + 1$	$= (x^6 + x^2 + 1)(x^2 + x + 1)$	127
	$= (x^3 + x + 1)^2(x^2 + x + 1)$	
$x^8 + x^6 + x^5 + x^4 + x^3 + x^2 + 1$	$= (x^5 + x + 1)(x^3 + x + 1)$	127
$x^8 + x^7 + x^6 + x^5 + x^3 + x^2 + 1$	$= (x^4 + x^3 + 1)(x^4 + x^2 + 1)$	85
	$= (x^4 + x^3 + 1)(x^2 + x + 1)^2$	

すなわち，周期は $N = 255$ であり，$\alpha^k\,(k = 0, 1, 2, \cdots, 254)$ はすべて異なる整数値（数値化）をとる。なお，他の原始多項式における数値化は，$k = 8$ 以降の値が異なる。表 3.8 から分かるように，既約多項式でなくても周期 N を求めることができる。この場合，最大周期は 255 未満である。従って，既約多項式を無理に探し出す必要がなく，原始多項式と成り得る n 次多項式の候補から最大周期 $N = 2^n - 1$ となる原始多項式を求めれば十分であるといえる。

例題 3.2　代数拡大体 $F(2^4)$ において，$\alpha^7 = \alpha^3 + \alpha + 1$ と $\alpha^{11} = \alpha^3 + \alpha^2 + \alpha$ との四則演算の結果を求める。すなわち，以下のようになる。

$$\text{加算・減算}\quad \alpha^7 + \alpha^{11} = (\alpha^3 + \alpha + 1) + (\alpha^3 + \alpha^2 + \alpha) = \alpha^2 + 1 = \alpha^8$$

$$\text{乗算}\quad \alpha^7 \times \alpha^{11} = \alpha^{18\,(\mathbf{mod}\,15)} = \alpha^3$$

$$\text{除算}\quad \alpha^7 \div \alpha^{11} = \alpha^{-4\,(\mathbf{mod}\,15)} = \alpha^{11} = \alpha^3 + \alpha^2 + \alpha$$

3.5　一般的な代数拡大体 $F(p^n)$

前節において，有限体 $F(2)$ 上での代数拡大体 $F(2^n)$ を示してきた。これを踏まえて，一般的な素数 p における有限体 $F(p)$ 上での代数拡大体 $F(p^n)$ を示す。まず，この場合の多項式 $f(x)$ は次式で表される。

$$f(x) = x^n + a_{n-1} \cdot x^{n-1} + \cdots + a_1 \cdot x + a_0 \qquad (\bmod\, p)$$

ここで，係数 $a_k\,(k = 0, 1, \cdots, n-1)$ は有限体 $F(p)$ の要素であり $0 \leq a_k < p$ の整数である。ただし，$a_0 \neq 0$ である。また，多項式の演算を行う場合の係数同士の演算は有限体 $F(p)$ 上で行う。

次に，n 次多項式のうち因数分解できない既約多項式において，$f(x) = 0$ となる一つの解を α とおく。この α で作る代数拡大体 $F(p^n)$ の要素は，**体** となるための条件から，以下のように表される。

$$
\begin{array}{cccccc}
0, & 1, & \alpha, & \alpha^2, & \cdots & \alpha^{m-1}, \\
 & 2, & 2 \cdot \alpha, & 2 \cdot \alpha^2, & \cdots & 2 \cdot \alpha^{m-1}, \\
 & 3, & 3 \cdot \alpha, & 3 \cdot \alpha^2, & \cdots & 3 \cdot \alpha^{m-1}, \\
 & \vdots & \vdots & & & \vdots \\
 & p-1, & (p-1) \cdot \alpha, & (p-1) \cdot \alpha^2, & \cdots & (p-1) \cdot \alpha^{m-1}
\end{array}
$$

ここで，$k \cdot \alpha^m\,(k = 1, 2, \cdots, p-1)$ は有限体 $F(p)$ の 0 以外の要素 $(1, 2, \cdots, p-1)$ のいずれかである。これらの要素がすべて異なり，周期が $N = p^n - 1$ となる場合，この既約多項式 $f(x)$ は **代数拡大体** $F(p^n)$ を構成する **原始多項式**（Primitive Polynomial）である。このときの代数拡大体 $F(p^n)$ の要素数は p^n 個であり，$m = \dfrac{p^n-1}{p-1}$ となる。なお，原始多項式は，$F(2^n)$ の場合からも分かるように，既約多項式を探し出す必要はなく，原始多項式と成り得る候補の中から，周期が $N = p^n - 1$ のものを選べばよい。さらに，$\alpha^k\,(\bmod f(\alpha))$ の **数値化** は α の n 乗未満で表される多項式の α に便宜上 p を代入して求められ，0 を除く $p^n - 1$ 以下の正整数であり，すべて異なる値となる。

例題 3.3　この例として，代数拡大体 $F(3^2)$ の要素を求める。このときの原始多項式は $f(x) = x^2 + 2x + 2 = 0$ であり，この解を α とおき，$\alpha^k\,(\bmod\, \alpha^2 + 2\alpha + 2)$ の 2 乗未満の多項式と数値化は表 3.9 のようになる。ここで，$3\alpha = 0$ であり，一般的には $p\,\alpha^k = 0$ である。従って，周期は $N = 8\,(= 3^2 - 1)$ であり，代数拡大体 $F(3^2)$ の要素数は 0, $\alpha^0 = 1$, $\alpha^1 = 3$, $\alpha^2 = \alpha + 1 = 4$, $\alpha^3 = 2\alpha + 1 = 7$, $\alpha^4 = 2$, $\alpha^5 = 2\alpha = 6$, $\alpha^6 = 2\alpha + 2 = 8$,

$\alpha^7 = \alpha + 2 = 5$ の $9 = 3^2$ 個であり，すべて異なる正の整数値となる。なお，0，$\alpha^0 = 1$，$\alpha^4 = 2$ は有限体 $F(3)$ の要素である。また，$\alpha^k\,(k = 1, 2, \cdots, 8)$ のうち，$f(\alpha^3) = 0$ となるので，原始多項式は次式のように表される。

$$\begin{aligned} f(x) &= x^2 + 2x + 2 = (x - \alpha)(x - \alpha^3) = (x + 2\alpha)(x + 2\alpha^3) \\ &= (x + 2\alpha)(x + \alpha + 2) \qquad (\mathbf{mod}\,3) \end{aligned}$$

表 3.9　$\alpha^k\,(\mathbf{mod}\,\alpha^2 + 2\alpha + 2)$ の多項式と数値化

k	α^k	α の 2 乗未満の多項式	数値化
0	1		1
1	α	$= \alpha$	3
2	α^2	$= -2\alpha - 2 = \alpha + 1$	4
3	α^3	$= \alpha(\alpha + 1) = \alpha^2 + \alpha = \alpha + 1 + \alpha = 2\alpha + 1$	7
4	α^4	$= \alpha(2\alpha + 1) = 2\alpha^2 + \alpha = 3\alpha + 2 = 2$	2
5	α^5	$= 2\alpha$	6
6	α^6	$= 2\alpha^2 = 2\alpha + 2$	8
7	α^7	$= \alpha(2\alpha + 2) = 2\alpha^2 + 2\alpha = 4\alpha + 2 = \alpha + 2$	5
8	α^8	$= \alpha(\alpha + 2) = \alpha^2 + 2\alpha = 1 = \alpha^0$	1
9	α^9	$= \alpha$　以下繰り返す	

　以上の性質を踏まえて $p = 2$ を含む一般的な代数拡大体 $F(p^n)$ の要素を求めるプログラムを作成すると付録 E E.5 のようになる。このプログラムを利用して，代数拡大体 $F(3^3)$ の要素が $3^3 = 27$（周期が 26）となる 3 項の原始多項式は，$f(x) = x^3 + 2x + 1$，$f(x) = x^3 + 2x^2 + 2$ の 2 式である。また，代数拡大体 $F(5^2)$ の要素が $5^2 = 25$（周期が 24）となる既約多項式は，$f(x) = x^2 + x + 2$，$f(x) = x^2 + 2x + 3$，$f(x) = x^2 + 3x + 3$，$f(x) = x^2 + 4x + 2$ の 4 式である。このうち，原始多項式が $f(x) = x^2 + x + 2\,(\mathbf{mod}\,5)$ の場合の実行結果は，以下のようになる。

```
F(5^2):   f(x)= x^2 + 1*x + 2
   0,
   1,   5,  23,  22,  17,  24,
   2,  10,  16,  19,   9,  18,
   4,  20,   7,   8,  13,   6,
   3,  15,  14,  11,  21,  12,
   1,  repeat
Period = 24, No. of elements = 25
```

これらの値は代数拡大体 $F(5^2)$ の要素であり，$\alpha^k \, (\bmod \, \alpha^2 + \alpha + 2)$ を数値化した値である。また，$f(x) = x^2 + 2x + 3 \, (\bmod \, 5)$ の場合の実行結果は以下のようになる。

```
F(5^2):   f(x)= x^2 + 2*x + 3
   0,
   1,   5,  17,   6,  22,  23,
   3,  15,  21,  18,  11,  14,
   4,  20,  13,  24,   8,   7,
   2,  10,   9,  12,  19,  16,
   1,  repeat
Period = 24, No. of elements = 25
```

上の二つの例から，数値化した値の順番が異なっていることが分かる。

さらに，代数拡大体 $F(5^3)$ の要素が $5^3 = 125$（周期が 124）となる 3 項の原始多項式は次の 8 式である。

$$x^3 + 3x + 3, \qquad x^3 + 3x + 2, \qquad x^3 + 4x + 2, \qquad x^3 + 4x + 3$$
$$x^3 + x^2 + 2, \qquad x^3 + 2x^2 + 3, \qquad x^3 + 3x^2 + 2, \qquad x^3 + 4x^2 + 3$$

このうち最初の原始多項式 $x^3 + 3x + 3 \, (\bmod \, 5)$ の実行結果は以下のようになる。

```
F(5^3):   f(x)= x^3 + 3*x + 3
   0,
   1,   5,  25,  12,  60,  74, 119,  88,  71, 104,  13,  65,  99, 101,
  23, 115,  93,  96, 111,  73, 114,  63,  64,  69,  94,  76,  11,  55,
  49, 107,  28,
   2,  10,  50,  24, 120, 118,  83,  46, 117,  78,  21, 105,  43,  77,
  16,  80,  31,  42,  97, 116,  98, 121, 123, 108,  33,  27,  22, 110,
  68,  89,  51,
   4,  20, 100,  18,  90,  81,  36,  67,  84,  26,  17,  85,  56,  29,
   7,  35,  62,  59,  44,  82,  41,  92,  91,  86,  61,  54,  19,  95,
 106,  48, 102,
   3,  15,  75,   6,  30,  37,  72, 109,  38,  52,   9,  45, 112,  53,
  14,  70, 124, 113,  58,  39,  57,  34,  32,  47, 122, 103,   8,  40,
  87,  66,  79,
   1,  repeat
Period = 124, No. of elements = 125
```

なお，一般的な代数拡大体 $F(p^n)$ の原始多項式 $f(x)$ において，$f(x) = 0$ となる要素は $\alpha^{p^k} \, (k = 1, 2, \cdots, n-1)$ である。すなわち，原始多項式 $f(x)$ は次式で表される。

$$f(x) = (x - \alpha)(x - \alpha^p)(x - \alpha^{p^2}) \cdots (x - \alpha^{p^{n-1}})$$

ここで，上式を展開した各係数は $F(p)$ の要素である。例えば，a_0 は次式となる。

$$a_0 = (-1)^n \cdot \alpha \cdot \alpha^p \cdot \alpha^{p^2} \cdots \alpha^{p^{n-1}} = (-1)^n \cdot \alpha^{\frac{p^n - 1}{p - 1}} = (-1)^n \cdot \alpha^m \, \bmod \, p$$

練習問題

問題 3.1　$GF(m)$ が体を構成できない自然数 m の例を示しなさい。

問題 3.2　$GF(11)$ および $GF(13)$ における四則演算の計算表を作成しなさい。

問題 3.3　次の連立方程式を解きなさい。

(1)　　$x + 2 \cdot y = 4$　　　　$(\bmod\, 5)$,　　$2 \cdot x + 3 \cdot y = 1$　　　　$(\bmod\, 5)$,

(2)　　$x + 2 \cdot y + 3 \cdot z = 4$　　$(\bmod\, 5)$,　　$2 \cdot x + 3 \cdot y + 4 \cdot z = 1$　　$(\bmod\, 5)$,

　　　$3 \cdot x + 4 \cdot y + z = 2$　　$(\bmod\, 5)$

問題 3.4　表 3.2 に示すように原始多項式（既約多項式）は奇数項である。偶数項の多項式は既約多項式にならないことを示しなさい。

問題 3.5　代数拡大体 $F(2^5)$ において，周期がもっとも長い多項式をすべて求めなさい。さらに，これらの要素の順番を比較しなさい。

問題 3.6　原始多項式 $f(x) = x^4 + x + 1 = 0$ は 4 個の複素解 α, β, γ, δ を持つ。表 3.3 のうち 4 個がこの複素解であることを示しなさい。また，4 個の複素解による順序を α で表しなさい。

問題 3.7　代数拡大体 $F(3^4)$ における 3 項の原始多項式を求めなさい。

問題 3.8　代数拡大体 $F(5^4)$ における次の原始多項式が $f(\alpha^k) = 0$ となる $\alpha^k (\bmod\, f(\alpha))$ をすべて求めなさい。

$$x^3 + 3x + 3, \qquad x^3 + 3x + 2, \qquad x^3 + 4x + 2, \qquad x^3 + 4x + 3$$
$$x^3 + x^2 + 2, \qquad x^3 + 2x^2 + 3, \qquad x^3 + 3x^2 + 2, \qquad x^3 + 4x^2 + 3$$

第4章　公開鍵暗号

(Public Key Cryptography)

公開鍵暗号（Public Key Cryptography）は，公開鍵（Public Key）と 秘密鍵（Private Key）を使用する方法であり，情報（平文 (Plaintext)）の受け手が公開している公開鍵で平文を暗号化する。送られてきた暗号文を自分の秘密鍵で復号を行う。すなわち，平文を暗号化するのは誰でも可能であるが，この暗号文を復号できるのは，その公開鍵を公開している受け手だけであるということである。この暗号方式は，採用されているアルゴリズムが複雑であり，暗号化と復号に時間がかかるという欠点がある。第三者にとっても 解読（Decoding）に時間がかかるので長所でもある。この暗号方式には，Diffie–Hellman（DH）暗号，RSA 公開鍵暗号（Rivest Shamir Adleman Algorithm），格子暗号（Lattice Cryptography），楕円曲線暗号（Elliptic Curve Cryptography）などがあり，デジタル署名や共通鍵暗号方式の共通鍵を交換する鍵交換方式などに利用されている。本章では，この DH 鍵交換方式のアルゴリズムを示し，複素数および四元数への適応を示す。さらに，RSA 公開鍵暗号方式や格子暗号についても示す。

4.1　Diffie–Hellman 鍵交換方式

まず，図 4.1 に示すように，情報を交換する 2 人（A と B）の間で，十分大きな 素数（Prime Number）p（p を法とする巡回群 G）と，p より小さい素数 g（生成元 (Generator) という）を選びこれらを公開する。A が 秘密鍵 a（正整数）を，B が 秘密鍵 b（正整数）を選び，それぞれ次の計算を行う。

$$PK_a \equiv g^a \ (\bmod \ p), \qquad PK_b \equiv g^b \ (\bmod \ p)$$

そして，PK_a および PK_b（公開鍵）をそれぞれ相手に送る。このとき，ネット上で PK_a および PK_b が第三者によって搾取されてもかまわない。A および B が受け取った PK_b および PK_a を用いてそれぞれ次の計算を行う。

$$CK_a \ = \ (PK_b)^a (\bmod \ p) = \{g^b (\bmod \ p)\}^a (\bmod \ p) \equiv g^{ba} \ (\bmod \ p)$$
$$CK_b \ = \ (PK_a)^b (\bmod \ p) = \{g^a (\bmod \ p)\}^b (\bmod \ p) \equiv g^{ab} \ (\bmod \ p)$$

ここで計算した CK_a と CK_b は等しく，これが 共通鍵（Common Key）である。従って，この共通鍵を利用して，双方において平文の 暗号（Cryptography）および相手の暗号文の 復号（Decryption）を行うことになる。

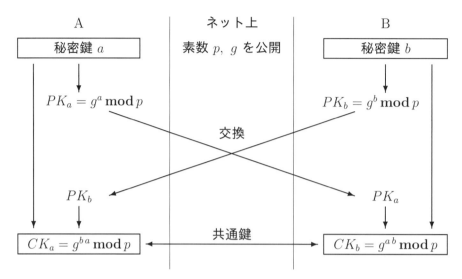

図 4.1   公開鍵暗号における共通鍵の交換手順

第三者が知り得る情報は，素数 p，巡回群 G，生成元 g，$PK_a = g^a \,(\mathbf{mod}\,p)$ および $PK_b = g^b \,(\mathbf{mod}\,p)$ である。これから $PK_a \cdot PK_b \,(\mathbf{mod}\,p)$ を計算しても共通鍵にはならない。すなわち，以下である。

$$PK_a \cdot PK_b \,(\mathbf{mod}\,p) = g^{a+b} \,(\mathbf{mod}\,p) \neq g^{ab} \,(\mathbf{mod}\,p)$$

従って，盗聴されることはない。これは，PK_a および PK_a から a および b（または ab）を求めるという **離散対数問題**（第 2 章 2.5 節参照）となる。

例題 4.1   まず，$g = 3$ および素数 $p = 31$ を公開する。A は秘密鍵 $a = 7$ を，B は秘密鍵 $b = 11$ を選び，それぞれ PK_a および PK_b を計算する。

$$PK_a = 3^7 \equiv 17 \,(\mathbf{mod}\,31), \qquad PK_b = 3^{11} \equiv 13 \,(\mathbf{mod}\,31)$$

A は B に $PK_a = 17$ を， B は A に $PK_b = 13$ を送る。受け取った $PK_b = 13$ および $PK_a = 17$ を用いて，それぞれ CK_a および CK_b を計算する。

$$CK_a \;=\; (PK_b)^a \,(\mathbf{mod}\,p) \;=\; 13^7 \,(\mathbf{mod}\,31) \;=\; 62748517 \,(\mathbf{mod}\,31) \equiv 22 \,(\mathbf{mod}\,31)$$

$$CK_b \;=\; (PK_a)^b \,(\mathbf{mod}\,p) \;=\; 17^{11} \,(\mathbf{mod}\,31) \equiv 22 \,(\mathbf{mod}\,31)$$

従って，双方が同じ共通鍵 22 となり，これを用いて情報の暗号および復号を行うことになる。一方，第三者が知りえる情報は，公開されている $g = 3$ および $p = 31$ と，$PK_a = 17$ お

および $PK_b = 13$ である。これから，$PK_a \cdot PK_b (\mathbf{mod}\, p) = 13 \times 17 (\mathbf{mod}\, 31) = 221 (\mathbf{mod}\, 31)$ を計算しても，秘密鍵の 22 にはならない。

（a）　複素数への適応

上の鍵を **複素数**（Complex Number）とした場合を考える。まず，複素数 $z = x + iy$（x, y は整数）について，$z^n (\mathbf{mod}\, p) = X_n + iY_n$ を定義しておかなければならない。すなわち，次式である。

$$
\begin{aligned}
z^n (\mathbf{mod}\, p) &= (x + iy)^n (\mathbf{mod}\, p) = \sum_{k=0}^{n} \frac{n!}{k! \cdot (n-k)!} \cdot x^k \cdot (iy)^{n-k} (\mathbf{mod}\, p) \\
&= \left\{ x^n - \frac{n(n-1)}{2!} \cdot x^{n-2} \cdot y^2 + \cdots \right\} (\mathbf{mod}\, p) \\
&\quad + i \cdot \left\{ n \cdot x^{n-1} - \frac{n(n-1)(n-2)}{3!} \cdot x^{n-3} \cdot y^3 + \cdots \right\} (\mathbf{mod}\, p) \\
&= X_n + i \cdot Y_n
\end{aligned}
$$

ここで，X_n は実数部，Y_n は虚数部であり，次式である。

$$
\begin{aligned}
X_n &= \left\{ x^n - \frac{n(n-1)}{2!} \cdot x^{n-2} \cdot y^2 + \cdots \right\} \quad (\mathbf{mod}\, p) \\
Y_n &= \left\{ n \cdot x^{n-1} - \frac{n(n-1)(n-2)}{3!} \cdot x^{n-3} \cdot y^3 + \cdots \right\} \quad (\mathbf{mod}\, p)
\end{aligned}
$$

次に，十分大きな素数 p と複素数 $g = g_x + i \cdot g_y$（g_x, g_y は整数）を選びこれらを公開する。A が秘密鍵 a（整数）を，B が秘密鍵 b（整数）を選び図 4.1 の PK_a, PK_b, CK_a, CK_b をそれぞれ計算すると以下のようになる。

$$
\begin{aligned}
PK_a &\equiv g^a (\mathbf{mod}\, p) = (g_x + i \cdot g_y)^a (\mathbf{mod}\, p) = X_a + i \cdot Y_a \\
PK_b &\equiv g^b (\mathbf{mod}\, p) = (g_x + i \cdot g_y)^b (\mathbf{mod}\, p) = X_b + i \cdot Y_b \\
CK_a &\equiv PK_b^a (\mathbf{mod}\, p) = (X_b + i \cdot Y_b)^a (\mathbf{mod}\, p) = CKX_a + i \cdot CKY_a \\
CK_b &\equiv PK_a^b (\mathbf{mod}\, p) = (X_a + i \cdot Y_b)^b (\mathbf{mod}\, p) = CKX_b + i \cdot CKY_b
\end{aligned}
$$

ここで，$CKX_a = CKX_b$, $CKY_a = CKY_b$ となり，これを用いて情報の暗号および復号を行うことになる。

例題 4.2　例えば，$g = 3 + 2 \cdot i$ および $p = 17$ を公開する。A は秘密鍵 $a = 7$ を，B は

秘密鍵 $b = 11$ を選び，それぞれ PK_a，PK_b，CK_a，CK_b を計算すると以下のようになる。

$$
\begin{aligned}
PK_a &= (3 + 2 \cdot i)^7 \ (\textbf{mod } 17) = (-4449 - 6554 \cdot i) \ (\textbf{mod } 17) \\
&= \{-4449 \ (\textbf{mod } 17)\} + \{-6554 \ (\textbf{mod } 17)\} \cdot i = 5 + 8 \cdot i \\
PK_b &= (3 + 2 \cdot i)^{11} \ (\textbf{mod } 17) = (-1315911 + 246046 \cdot i) \ (\textbf{mod } 17) \\
&= \{-1315911 \ (\textbf{mod } 17)\} + \{246046 \ (\textbf{mod } 17)\} \cdot i = 9 + 5 \cdot i \\
CK_a &= (9 + 5 \cdot i)^7 \ (\textbf{mod } 17) = (-11255256 - 486640 \cdot i) \ (\textbf{mod } 17) \\
&= \{-11255256 \ (\textbf{mod } 17)\} + \{-486640 \ (\textbf{mod } 17)\} \cdot i = 2 + 14 \cdot i \\
CK_b &= (5 + 8 \cdot i)^{11} \ (\textbf{mod } 17) = (-4281008 - 3585343600 \cdot i) \ (\textbf{mod } 17) \\
&= \{-4281008 \ (\textbf{mod } 17)\} + \{-3585343600 \ (\textbf{mod } 17)\} \cdot i = 2 + 14 \cdot i
\end{aligned}
$$

従って，共通鍵は $CK_a = CK_b = 2 + 14 \cdot i$ である。

（b）　四元数への適応

さらに，3 次元複素数である **四元数**（Quaternion）への適応を考える。まず，複素数の場合と同様，四元数 $q = g_w + \mathrm{i}\, g_x + \mathrm{j}\, g_y + \mathrm{k}\, g_z$ において，$q^n \ (\textbf{mod } p) = (g_w + \mathrm{i}\, g_x + \mathrm{j}\, g_y + \mathrm{k}\, g_z)^n \ (\textbf{mod } p) = W_n + \mathrm{i} \cdot X_n + \mathrm{j} \cdot Y_n + \mathrm{k} \cdot Z_n$ を定義しておかなければならない。ここで，i，j，k は 3 次元複素数の単位ベクトルであり，次の性質がある。

$$
\mathrm{i} \cdot \mathrm{i} = \mathrm{j} \cdot \mathrm{j} = \mathrm{k} \cdot \mathrm{k} = -1,
$$

$$
\mathrm{i} \cdot \mathrm{j} = \mathrm{k}, \quad \mathrm{j} \cdot \mathrm{k} = \mathrm{i}, \quad \mathrm{k} \cdot \mathrm{i} = \mathrm{j}, \quad \mathrm{j} \cdot \mathrm{i} = -\mathrm{k}, \quad \mathrm{k} \cdot \mathrm{j} = -\mathrm{i}, \quad \mathrm{i} \cdot \mathrm{k} = -\mathrm{j}
$$

これから，例えば q^2 は次式となる。

$$
\begin{aligned}
q^2 &= (g_w + \mathrm{i}\, g_x + \mathrm{j}\, g_y + \mathrm{k}\, g_z)^2 \\
&= (g_w)^2 + (\mathrm{i}\, g_x)^2 + (\mathrm{j}\, g_y)^2 + (\mathrm{k}\, g_z)^2 + 2\, g_w \cdot \mathrm{i}\, g_x + 2\, g_w\, \mathrm{j} \cdot g_y + 2\, g_w\, \mathrm{k} \cdot g_z \\
&\quad + \mathrm{i}\, g_x \cdot \mathrm{j}\, g_y + \mathrm{j}\, g_y \cdot \mathrm{i}\, g_x + \mathrm{i}\, g_x \cdot \mathrm{k}\, g_z + \mathrm{k}\, g_z \cdot \mathrm{i}\, g_x + \mathrm{j}\, g_y \cdot \mathrm{k}\, g_z + \mathrm{k}\, g_z \cdot \mathrm{j}\, g_y \\
&= (g_w^2 - g_x^2 - g_y^2 - g_z^2) + 2\, \mathrm{i}\, g_w\, g_x + 2\, \mathrm{j}\, g_w\, g_y + 2\, \mathrm{k}\, g_w\, g_z \\
&\to \ W_2 = g_w^2 - g_x^2 - g_y^2 - g_z^2 \ (\textbf{mod } p), \quad X_2 = 2\, g_w\, g_x \ (\textbf{mod } p), \\
&\quad\ \ Y_2 = 2\, g_w\, g_y \ (\textbf{mod } p), \quad\quad\quad\quad\ Z_2 = 2\, g_w\, g_z \ (\textbf{mod } p)
\end{aligned}
$$

また，異なる四元数 $p = p_w + \mathrm{i}\, p_x + \mathrm{j}\, p_y + \mathrm{k}\, p_z$ と $q = q_w + \mathrm{i}\, q_x + \mathrm{j}\, q_y + \mathrm{k}\, q_z$ の積は次式

となる。

$$
\begin{aligned}
p \cdot q &= (p_w + \mathrm{i}\, p_x + \mathrm{j}\, p_y + \mathrm{k}\, p_z) \cdot (q_w + \mathrm{i}\, q_x + \mathrm{j}\, q_y + \mathrm{k}\, q_z) \\
&= p_w \cdot q_w + \mathrm{i}\, p_x \cdot \mathrm{i}\, q_x + \mathrm{j}\, p_y \cdot \mathrm{j}\, q_y + \mathrm{k}\, p_z \cdot \mathrm{k}\, q_z \\
&\quad + p_w \cdot \mathrm{i}\, q_x + \mathrm{i}\, p_x \cdot q_w + p_w \cdot \mathrm{j}\, q_y + \mathrm{j}\, p_y \cdot q_w + p_w \cdot \mathrm{k}\, q_z + \mathrm{k} p_z \cdot q_w \\
&\quad + \mathrm{i}\, p_x \cdot \mathrm{j}\, q_y + \mathrm{j}\, p_y \cdot \mathrm{i}\, q_x + \mathrm{i}\, p_x \cdot \mathrm{k}\, q_z + \mathrm{k}\, p_z \cdot \mathrm{i}\, q_x + \mathrm{j}\, p_y \cdot \mathrm{k}\, q_z + \mathrm{k}\, p_z \cdot \mathrm{j}\, q_y \\
&= (p_w \cdot q_w - p_x \cdot q_x - p_y \cdot q_y - p_z \cdot q_z) \\
&\quad + \mathrm{i}\,(p_w \cdot q_x + p_x \cdot q_w) + \mathrm{j}\,(p_w \cdot q_y + p_y \cdot q_w) + \mathrm{k}\,(p_w \cdot q_z + p_z \cdot q_w)
\end{aligned}
$$

これらの四元数の性質を利用して，公開鍵暗号に適応する。

　十分大きな素数 p と四元数 $g = g_w + \mathrm{i} \cdot g_x + \mathrm{j} \cdot g_y + \mathrm{k} \cdot g_z$ を選び，これらを公開する。A が秘密鍵 a（整数）を，B が秘密鍵 b（整数）を選び，図 4.1 の PK_a, PK_b, CK_a, CK_b を計算するとそれぞれ以下のようになる。

$$
\begin{aligned}
PK_a &\equiv g^a \ (\mathbf{mod}\ p) = (g_w + \mathrm{i} \cdot g_x + \mathrm{j} \cdot g_y + \mathrm{k} \cdot g_z)^a \ (\mathbf{mod}\ p) \\
&= W_a + \mathrm{i} \cdot X_a + \mathrm{j} \cdot Y_a + \mathrm{k} \cdot Z_a \\
PK_b &\equiv g^b \ (\mathbf{mod}\ p) = (g_w + \mathrm{i} \cdot g_x + \mathrm{j} \cdot g_y + \mathrm{k} \cdot g_z)^b \ (\mathbf{mod}\ p) \\
&= W_b + \mathrm{i} \cdot X_b + \mathrm{j} \cdot Y_b + \mathrm{k} \cdot Z_b \\
CK_a &\equiv PK_b^a \ (\mathbf{mod}\ p) = (W_b + \mathrm{i} \cdot X_b + \mathrm{j} \cdot Y_b + \mathrm{k} \cdot Z_b)^a \ (\mathbf{mod}\ p) \\
&= CKW_a + \mathrm{i} \cdot CKX_a + \mathrm{j} \cdot CKY_a + \mathrm{k} \cdot CKZ_a \\
CK_b &\equiv PK_a^b \ (\mathbf{mod}\ p) = (W_a + \mathrm{i} \cdot X_a + \mathrm{j} \cdot Y_a + \mathrm{k} \cdot Z_a)^b \ (\mathbf{mod}\ p) \\
&= CKW_b + \mathrm{i} \cdot CKX_b + \mathrm{j} \cdot CKY_b + \mathrm{k} \cdot CKZ_b
\end{aligned}
$$

ここで，$CKW_a = CKW_b$, $CKX_a = CKX_b$, $CKY_a = CKY_b$, $CKZ_a = CKZ_b$ となり，これを用いて情報の暗号および復号を行うことになる。

例題 4.3　例えば，$g = 1 + 4 \cdot \mathrm{i} + 3 \cdot \mathrm{j} + 2 \cdot \mathrm{k}$ および $p = 27$ を公開する。A は秘密鍵 $a = 5$ を，B は秘密鍵 $b = 7$ を選び，それぞれ PK_a, PK_b, CK_a, CK_b を計算すると以下のようになる。

$$
\begin{aligned}
PK_a &= (1 + 4 \cdot \mathrm{i} + 3 \cdot \mathrm{j} + 2 \cdot \mathrm{k})^5 \ (\mathbf{mod}\ 27) \\
&= (3916 + 2224 \cdot \mathrm{i} + 1668 \cdot \mathrm{j} + 1112 \cdot \mathrm{k}) \ (\mathbf{mod}\ 27) \\
&= 1 + 10 \cdot \mathrm{i} + 21 \cdot \mathrm{j} + 5 \cdot \mathrm{k}
\end{aligned}
$$

$$
\begin{aligned}
PK_b &= (1 + 4 \cdot \mathtt{i} + 3 \cdot \mathtt{j} + 2 \cdot \mathtt{k})^7 \,(\mathbf{mod}\ 27) \\
&= (-141896 - 30944 \cdot \mathtt{i} - 23208 \cdot \mathtt{j} - 15472 \cdot \mathtt{k})\,(\mathbf{mod}\ 27) \\
&= 16 + 25 \cdot \mathtt{i} + 12 \cdot \mathtt{j} + 26 \cdot \mathtt{k} \\
CK_a &= (16 + 25 \cdot \mathtt{i} + 12 \cdot \mathtt{j} + 26 \cdot \mathtt{k})^5 \,(\mathbf{mod}\ 27) \\
&= (108903376 - 32087375 \cdot \mathtt{i} - 15401940 \cdot \mathtt{j} - 33370870 \cdot \mathtt{k})\,(\mathbf{mod}\ 27) \\
&= 10 + 19 \cdot \mathtt{i} + 21 \cdot \mathtt{j} + 23 \cdot \mathtt{k} \\
CK_b &= (1 + 10 \cdot \mathtt{i} + 21 \cdot \mathtt{j} + 5 \cdot \mathtt{k})^7 \,(\mathbf{mod}\ 27) \\
&= (-3666890 - 1746138230 \cdot \mathtt{i} - 3666890283 \cdot \mathtt{j} - 837069115 \cdot \mathtt{k})\,(\mathbf{mod}\ 27) \\
&= 10 + 19 \cdot \mathtt{i} + 21 \cdot \mathtt{j} + 23 \cdot \mathtt{k}
\end{aligned}
$$

従って，共通鍵 は $CK_a = CK_b = 10 + 19 \cdot \mathtt{i} + 21 \cdot \mathtt{j} + 23 \cdot \mathtt{k}$ である．

　さらには，同様に多元数（虚数部が n 次元）の場合においても適応することが可能である．ただし，この場合多元数 g の整数乗 g^a を求めることが定義されていなければならない．以上のように，双方において共通鍵が求まれば，この共通鍵を利用して情報を暗号化し，それぞれ相手からの情報の復号を行うことができる．

4.2　代数拡大体 $F(p^n)$ による共通鍵交換方式

　代数拡大体 $F(p^n)$ を用いた鍵交換方式について，前節の Diffie–Hellman 鍵交換方式と同様の方法で行うことを考える．すなわち，図 4.2 に示すように，情報を交換する A と B の間で，素数 p と次数が n の 原始多項式 $f(x)$ を選びこれらを公開する．ここで，代数拡大体 $F(p^n)$ の要素数 p^n がかなり大きくなるように選ぶ．次に，A が 秘密鍵 a（正整数）を，B が 秘密鍵 b（正整数）を選び，それぞれ次の計算を行う．

$$
PK_a \equiv \alpha^a \,(\mathbf{mod}\ f(\alpha)), \qquad\qquad PK_b \equiv \alpha^b \,(\mathbf{mod}\ f(\alpha))
$$

ここで，PK_a および PK_b は数値化した値であり，これらをそれぞれ相手に送る．A および B が受け取った数値化した値 PK_b および PK_a から逆に α^a および α^b を求め，それぞれ次の計算を行う．

$$
\begin{aligned}
CK_a &= (PK_b)^a = \{\alpha^b \,(\mathbf{mod}\ f(\alpha))\}^a \,(\mathbf{mod}\ f(\alpha)) \equiv \alpha^{ba\,\mathbf{mod}\,N} \,(\mathbf{mod}\ f(\alpha)) \\
CK_b &= (PK_a)^b = \{\alpha^a \,(\mathbf{mod}\ f(\alpha))\}^b \,(\mathbf{mod}\ f(\alpha)) \equiv \alpha^{ab\,\mathbf{mod}\,N} \,(\mathbf{mod}\ f(\alpha))
\end{aligned}
$$

ここで，N は周期であり，$N = p^n - 1$ である。ここで計算した数値化した値 CK_a と CK_b は等しく，これが **共通鍵**（Common Key）である。従って，この共通鍵を利用して，双方において平文の暗号および相手の暗号文の復号を行うことになる。

例題 4.4 理解を容易にするため，例題 3.3 で求めた素数 p を 3，原始多項式を $f(x) = x^2 + 2x + 2 \, (\textbf{mod} \, 3)$ を用い，これらを公開する。A は秘密鍵 $a = 5$ を，B は秘密鍵 $b = 7$ を選び，それぞれ PK_a および PK_b を計算すると，表 3.9 から $PK_a = \alpha^5 \, (\textbf{mod} \, \alpha^2 + 2\alpha + 2) = 2\alpha = 6$，$PK_b = \alpha^7 \, (\textbf{mod} \, \alpha^2 + 2\alpha + 2) = \alpha + 2 = 5$ を求め，相手に送る。受け取った $PK_b = 5$ および $PK_a = 6$ から逆に α^7 および α^5 を求め，それぞれ共通鍵 CK_a および CK_b を次のように計算する。

$$CK_a = (\alpha^7)^5 = \alpha^{35 \, \textbf{mod} \, 8} = \alpha^3 = 2\alpha + 1 = 7 \qquad (\textbf{mod} \, \alpha^2 + 2\alpha + 2)$$
$$CK_b = (\alpha^5)^7 = \alpha^{35 \, \textbf{mod} \, 8} = \alpha^3 = 2\alpha + 1 = 7 \qquad (\textbf{mod} \, \alpha^2 + 2\alpha + 2)$$

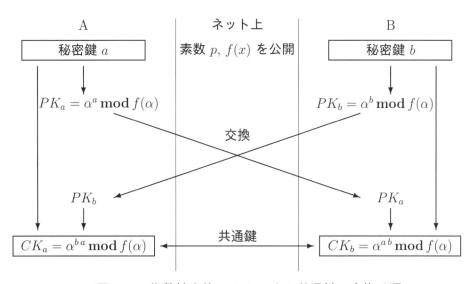

図 4.2　代数拡大体 $F(p^n)$ による共通鍵の交換手順

4.3　RSA 公開鍵暗号方式

図 4.3 に示すように，A の持つ情報（平文）を B に送る場合，B が公開している公開鍵を取り込み，この公開鍵で平文を暗号化して送信する。B は受け取った暗号文を B が

4.3 RSA 公開鍵暗号方式

持つ秘密鍵で復号して A の情報（平文）を得る。ここで，公開鍵および秘密鍵をどのように選び，どのように暗号化および復号を行うかである。そこで，RSA 公開鍵暗号方式を取り上げ，図 4.3 の処理手順に従って以下に説明する。

(1) **公開鍵・秘密鍵の設定：** 情報の受け手 B では 2 つの大きな素数 p および q を選び $N = pq$ を計算する。次に，$p-1$ と $q-1$ の **最小公倍数**（Least Common Multiple, **lcm**）である $\phi(N) = \text{lcm}\{p-1, q-1\}$，および $(p-1)(q-1)$ と互いに素となる正整数 E を乱数等で求める。すなわち，E と $\phi(N)$ の **最大公約数**（Greatest Common Divisor, **gcd**）が 1 となることであり，$\text{gcd}(E, \phi(N)) = 1$ で表す。ここで，公開鍵は E と N の 2 つである。さらに $D \cdot E \bmod \phi(N) = 1$ となる $D\,(0 \leq D \leq \phi(N))$ を求め，秘密鍵とする。なお，p, q, $\phi(N)$ も第三者に分からないようする。

(2) **暗号化処理：** 情報の送り手 A の平文 $M\,(0 < M < p, q)$ において，B の公開鍵 E, N を用いて暗号文 $M^E (\bmod\ N) = X$ を計算し，B に送る。

(3) **復号処理：** 情報の受け手 B において，受け取った暗号文 X から $X^D (\bmod\ N) = M$ の計算を行って A の平文 M を得る。

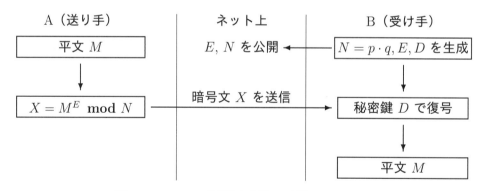

図 4.3　RSA 公開鍵暗号の手順

このアルゴリズムは次のように証明できる。まず，$0 < M < p, q$ の場合，情報の受け手 B において $X^D \equiv M^{E \cdot D} (\bmod\ N) = M^{E \cdot D} (\bmod\ p) = M^{E \cdot D} (\bmod\ q)$ である。また，$(p-1)(q-1) = \phi(N) \cdot k_1$ と表されるので，$E \cdot D = 1 + \phi(N) \cdot k_1 \cdot k_2 = 1 + (p-1)(q-1) \cdot k_2$ （k_1, k_2 は正整数）とおける。従って，次式となる

$$M^{E \cdot D} = M \cdot \{M^{p-1}\}^{k_2 \cdot (1-q)} \equiv M \cdot 1^{k_2 \cdot (1-q)} = M \quad (\bmod\ p)，または$$
$$M^{E \cdot D} = M \cdot \{M^{q-1}\}^{k_2 \cdot (1-p)} \equiv M \cdot 1^{k_2 \cdot (1-p)} = M \quad (\bmod\ q)$$

ここで，$M^{p-1} \equiv 1 \pmod{p}$ または $M^{q-1} \equiv 1 \pmod{q}$ は第 1 章で示した **フェルマー
の小定理** を利用した。

この RSA 暗号を利用してデジタル署名を作成し，文書に付加して署名者の正当性を証
明することができる。これを RSA 署名方式という。ここで示した RSA 暗号は，$N = pq$
から大きな素数 p と q を簡単に求めること（素因数分解）ができないことが基礎となっ
ている。従って，コンピュータが高速になり N の素因数分解が速く行われるようになる
と，新たな方法を考える必要がある。

例題 4.5　$p = 13$, $q = 7$ の場合，$E = 5$ を選んだときの秘密鍵 D を求める。さら
に，平文が $M = 4$ のときの暗号文 X を求め，復号を行なう。この場合，$N = pq = 91$，
$\phi(N) = \mathbf{lcm}\{p-1, q-1\} = \mathbf{lcm}\{12, 6\} = 12$ となる。従って，$D \cdot E \mod \phi(N) =$
$D \times 5 \mod 12 = 1$ から，$D = \frac{12 \times k_3 + 1}{5}$ が最小の正整数となる k_3 を求め D を計算する
と，$k_3 = 2$ のとき $D = 5$ となる。暗号文は $X = M^E \mod N = 4^5 \mod 91 = 23$ とな
る。復号は $M = X^D \mod N = 23^5 \mod 91 = 4$ となる。

例題 4.6　$p = 7$, $q = 11$ の場合，$E = 17$ を選んだときの秘密鍵 D を求める。さ
らに，平文が $M = 6$ のときの暗号文 X を求め，復号を行なう。まず，$N = pq =$
$7 \times 11 = 77$，$(p-1)(q-1) = 6 \times 10 = 60 = 2^2 \times 3 \times 5$ となる。$E = 17$ のとき，
$\phi(N) = \mathbf{lcm}\{(p-1), (q-1)\} = \mathbf{lcm}\{6, 10\} = 2 \times 3 \times 5 = 30$ および $D \cdot E \mod \phi(N) =$
$D \times 17 \mod 30 = 1$ から $E \cdot D = D \times 17 = \phi(N) \cdot k_3 + 1 = 30 \times k_3 + 1$ となり，
$D = \frac{30 \times k_3 + 1}{17}$ が正整数となる最小の k_3 は $k_3 = 13$ となり，$D = 23$ を得る。平文
を $M = 6$ とおくと暗号文は $X = M^E \mod N = 6^{17} \mod 77 = 41$ となり，復号は
$M = X^D \mod N = 41^{23} \mod 77 = 6$ となる（付録 E E.6）。

4.4　格子暗号（Lattice Cryptography）

n 次元実数空間 $\Re^n$ 上に規則正しく並んでいる点 $\mathbf{P}$ の集合を **格子**（Lattice）という。こ
の格子点 $\mathbf{P}$ は基準ベクトル $\mathbf{A} = (\mathbf{a}_1, \mathbf{a}_2, \cdots, \mathbf{a}_n)$ の各要素ベクトル $\mathbf{a}_i \, (i = 1, 2, \cdots, n)$
を整数倍 k_i し，これらの和として表される。すなわち，次式である。

$$\mathbf{P} = k_1 \cdot \mathbf{a}_1 + k_2 \cdot \mathbf{a}_2 + \cdots + k_n \cdot \mathbf{a}_n$$

4.4 格子暗号（*Lattice Cryptography*）

ここで，要素ベクトル $\mathbf{a}_i$ は n 次元実数空間 $\Re^n$ の軸単位ベクトル $\mathbf{u}_i\,(i = 1, 2, \cdots, n)$ とは一般に一致しなくてよく，次式で表される。

$$
\begin{bmatrix}
\mathbf{a}_1 \\
\mathbf{a}_2 \\
\vdots \\
\mathbf{a}_n
\end{bmatrix}
=
\begin{bmatrix}
a_{1,1} & a_{1,2} & \cdots & a_{1,n} \\
a_{2,1} & a_{2,2} & \cdots & a_{2,n} \\
\vdots & \vdots & \ddots & \vdots \\
a_{n,1} & a_{n,2} & \cdots & a_{n,n}
\end{bmatrix}
\cdot
\begin{bmatrix}
\mathbf{u}_1 \\
\mathbf{u}_2 \\
\vdots \\
\mathbf{u}_n
\end{bmatrix}
$$

このような基準ベクトル $\mathbf{A}$ を **基底**（Basis）という。この基準ベクトルには，直交型基底 $\mathbf{A}\,(\mathbf{a}_i \cdot \mathbf{a}_j = 0, (i \neq j))$ と非直交型基底 $\mathbf{B}\,(\mathbf{b}_i \cdot \mathbf{b}_j \neq 0)$ がある。一般に直交型基底の格子点から非直交型基底の格子点を計算することは容易であるが，この逆演算は困難である。そこで，格子暗号における数学的問題は，非直交型基底 $\mathbf{B}$ で表されている点 $\mathbf{Q}$ を直交型基底 $\mathbf{A}$ で表されている点 $\mathbf{P}$ として求める **格子点探索問題** であり，最近ベクトル問題，最短ベクトル問題，Learning with Errors 問題などがある。これまでに提案されている公開鍵暗号の主な実現方式には，最短ベクトル問題を利用する AD（Ajtai and Dwork [1997]）方式および NTRU 方式，最近ベクトル問題を利用する GGH（Goldreich Goldwasser and Halevi [1997]）方式，Learning with Errors 問題を利用する LWE 方式の4種類がある。以降において，これらのうち有限体 $F(p)$ を用いる LWE 方式を取り上げ，暗号・復号手順を説明する。なお，GGH 方式においては第8章で述べる。

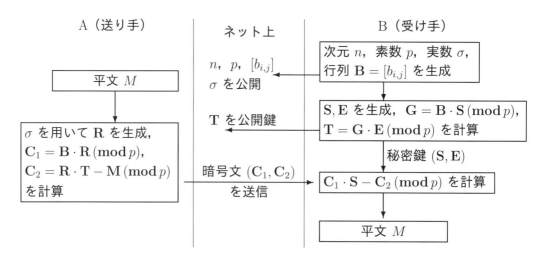

図 4.4 LWE 公開鍵暗号方式の手順

LWE 公開鍵暗号方式 は，安全性および効率性のバランスから最も優れているとされている。特に秘匿計算において，他の実現方法に比べ有限体 $F(p)$ あるいは代数拡大体 $F(p^k)$ 上での複雑な計算を可能とするので，格子暗号の有力な候補となっている。この

LWE 公開鍵暗号方式の一般的手順を図 4.4 に示す。以下に有限体 $F(p)$ および代数拡大体 $F(p^k)$ を用いる LWE 公開鍵暗号方式についてそれぞれ説明する。

(a) 有限体 $F(p)$ の場合の LWE 公開鍵暗号方式

まず，有限体 $F(p)$ の場合について，図 4.4 に従って説明する。なお，ベクトル演算をコンピュータで処理する場合，結局行列演算で行うので行列の整数演算で説明する。

(1) **共通パラメータの設定：** まず，次元 n（正整数）と素数 $p\,(>2)$ を選ぶ。次に，$n \times n$ 行列 $\mathbf{B}$ の要素 $b_{i,j}$ を一様乱数等によってランダムに決定する。ここで，$b_{i,j}$ は $0 < b_{i,j} < p$ の整数であり，かつ逆行列 $\mathbf{B}^{-1}$ が計算できない条件として $|\mathbf{B}| = 0\,(\bmod\,p)$（0 を除く p の整数倍）とする。さらに，確率分布を決める正の実数 σ を選択する。これらの共通パラメータ（次元 n，素数 p，行列 $\mathbf{B} = [b_{i,j}]$，実数 σ）を公開する。

(2) **公開鍵・秘密鍵の設定：** 情報の受け手 B において，p 未満の正整数 $s_{i,j}$ を要素とする $n \times n$ 行列 $\mathbf{S} = [s_{i,j}]$ をランダムに選び，$\mathbf{G} = \mathbf{B} \cdot \mathbf{S}\,(\bmod\,p)$ を有限体 $F(p)$ 上で計算する。さらに，σ で定まる確率分布で求めた整数 $e_{i,j}\,(\bmod\,p)$ を要素とする $n \times n$ 行列 $\mathbf{E} = [e_{i,j}]$ を生成し，$\mathbf{T} = \mathbf{G} + \mathbf{E} = \mathbf{B} \cdot \mathbf{S} + \mathbf{E}\,(\bmod\,p)$ を有限体 $F(p)$ 上で計算する。そして，$(\mathbf{S}, \mathbf{E})$ を **秘密鍵**，$\mathbf{T}$ を **公開鍵** とする。

(3) **暗号化処理：** 情報の送り手 A は，σ で定まる確率分布で求めた整数 $r_{i,j}\,(\bmod\,p)$ を要素 とする $n \times n$ 行列 $\mathbf{R} = [r_{i,j}]$ を求め，$\mathbf{C}_1 = \mathbf{R} \cdot \mathbf{B}\,(\bmod\,p)$ を有限体 $F(p)$ 上で計算する。次に，n 個の **平文** $m_i\,(i = 1, 2, \cdots, n)$ において，$n \times n$ の平文行列 $\mathbf{M} = [m_{i,j}]$ の行（または列）の要素を同じとする。すなわち，$m_{i,1} = m_{i,2} = \cdots = m_{i,n} = m_i\,(0 < m_i < p)$ とする。そして，$\mathbf{C}_2 = \mathbf{R} \cdot \mathbf{T} - \mathbf{M}\,(\bmod\,p)$ を有限体 $F(p)$ 上で計算し，$(\mathbf{C}_1, \mathbf{C}_2)$ を **暗号文**（Cryptogram）とする。

(4) **復号処理：** 情報の受け手 B では，暗号文 $(\mathbf{C}_1, \mathbf{C}_2)$ と秘密鍵 $\mathbf{S}$ を用いて，$\mathbf{C}_1 \cdot \mathbf{S} - \mathbf{C}_2\,(\bmod\,p)$ を有限体 $F(p)$ 上で計算する。すなわち，次のようになる。

$$
\begin{aligned}
\mathbf{C}_1 \cdot \mathbf{S} - \mathbf{C}_2 &= \mathbf{R} \cdot \mathbf{B} \cdot \mathbf{S} - \mathbf{R} \cdot \mathbf{T} + \mathbf{M} = \mathbf{R} \cdot (\mathbf{B} \cdot \mathbf{S} - \mathbf{T}) + \mathbf{M} \\
&= \mathbf{R} \cdot (\mathbf{G} - \mathbf{G} - \mathbf{E}) + \mathbf{M} = -\mathbf{R} \cdot \mathbf{E} + \mathbf{M} = \left[m'_{i,j} \right] \qquad (\bmod\,p)
\end{aligned}
$$

ここで，$\mathbf{R} \cdot \mathbf{E}$ は摂動行列（雑音）である。従って，$m'_{i,1}, m'_{i,2}, \cdots, m'_{i,n}$ は m_i を中

心とした確率分布に従うので，**平文** m_i は次式で求まる。

$$\frac{1}{n} \cdot \sum_{j=1}^{n} m'_{i,j} \approx m_i \qquad (i = 1, 2, \cdots, n)$$

もし，$\mathbf{B}$ の逆行列 $\mathbf{B}^{-1}$ を求めることができると，第三者が $\mathbf{C}_1 \cdot \mathbf{B}^{-1} \cdot \mathbf{T} - \mathbf{C}_2 \,(\mathrm{mod}\, p)$ を計算するだけで $\mathbf{M}$ を容易に計算できてしまう。

ここで用いる確率分布は 0 に近い整数が高い確率で選択される分布であり，$\mu = 0$（平均）とする **離散ガウス分布**（Discrete Gauss Distribution）が用いられる。具体的には，付録 C に示す **正規分布**（Normal Distribution）$N(0, \sigma^2)$ に従う乱数 x を発生させて，$k - 0.5 \leq x < k + 0.5$（k は $-p < k < p$ の整数）であれば，$k\,(\mathrm{mod}\, p)$ を要素とする $n \times n$ 行列の $\mathbf{R}$ および $\mathbf{E}$ を求める。ここで，σ が大きな値にすると確率分布の裾野が広がるので，0 と平文 m_i との距離，素数 p と平文 m_i との距離，および平文どうしの距離を大きくとる必要がある。すなわち，これらの距離 k_d は σ と大きく関わるので，これらの関係を予め調査しておく必要がある。

以上の方法をプログラミングすると付録 E E.7 の前半のようになる。本方式において，安全とされるパラメータは，3 桁以上の n，4 桁程度の素数 p，1.5 以上の実数 σ，秘密鍵 $\mathbf{E}$ の要素には 0，1 以外の値を含むなどである。

例題 4.7　理解を容易にするため，上記以下の $n = 8$，$p = 257$（1 バイト分），$\sigma = 2.0$ のパラメータの元で，付録 E E.7 の有限体 $F(p)$（前半）のプログラムを利用して，各値を求める。まず，$|\,\mathbf{B}\,| = 0\,(\mathrm{mod}\, p)$ の行列 $\mathbf{B}$ は以下となる。

```
B=b[i,j]
128,143, 93, 77,101, 60, 93, 93,
 81,216, 40,238,206,243, 91, 31,
229,183, 42, 33, 12,152,123,244,
128,126, 62,143, 92, 61,104,150,
 41,253,172,217, 78,131,235,104,
168, 79,164,228,138,200, 62,150,
 35, 70,131,223,  3,120,150, 44,
114,210,117, 43, 69,107, 22,193,
```

秘密鍵 $\mathbf{E}$ および $\mathbf{S}$ はそれぞれ以下のようになる。

```
Secret Key E                    Secret Key S
  1,  2,  1,  1,  1,  0,253,  2,    193,101, 60, 82, 10, 77, 99,256,
256,255,  3,  2,255,  1,  1,  2,      9, 34, 40,242, 75, 44,111,128,
  1,256,  1,  3,  1,  0,  0,  0,    131,233, 62,138,199, 28,126, 79,
  1,255,  2,  0,255,256,  1,  1,    167, 50, 22,182,  7,253,162,167,
```

```
  0,  0,  1,  2,256,255,  1,  0,        51, 68, 71,168, 93, 73,220,150,
255,  0,254,  1,  2,252,256,  1,        64,216, 36,121,168, 86,127, 94,
  1,256,  1,256,256,  2,  0,  1,       100, 30,187,176, 77,100, 33, 32,
256,  0,256,  0,  1,254,  2,  0,       246,200, 66, 20,122,224, 25, 13,
```

メッセージ $m_i = (0x10, 0x20, 0x30, 0x40, 0x50, 0x60, 0x70, 0x80)$ （上位 4 ビットがメッセージ，0 と平文との距離，素数 p と平文との距離，および平文どうしの距離は下位 4 ビットの $k_d = 16$）の場合の暗号文 $(\mathbf{C}_1, \mathbf{C}_2)$ は以下のようになる。

```
Cryptgram C1                          Cryptgram C2
191, 79,176,111,168, 86,128,194,       67, 71, 58,117, 47,144,115, 15,
128,241,169,203, 19,182,140,118,       11,245, 96, 95, 99, 97,181, 89,
243,101, 78, 88,169,  5,140,246,      130, 61, 18,132,175,158,203,174,
250,256,158,207,159,201, 25,197,      104,167,158,  1, 36, 81, 88,192,
 34, 73,167, 49,226,130,197,245,       42, 92, 98,149, 18,190,220,123,
112,153,119, 46,154, 83, 88,149,      188,125,171,116, 35, 56,213,154,
144, 83, 63, 29,249, 97, 21, 60,      195,122,217,123, 69,  4,157,  6,
151, 50,221,104,146,142, 48,151,      118, 34,183,256,163, 23, 53, 19,
```

$[m'_{i,j}] = \mathbf{C}_1 \cdot \mathbf{S} - \mathbf{C}_2 \pmod{p}$ を有限体 $F(p)$ 上で計算すると次式となる。

```
C1*S-C2
 10, 11, 10, 14, 16,  8, 32,  9,
 24, 28, 21, 20, 32, 28, 43, 27,
 48, 41, 42, 45, 49, 45, 51, 47,
 65, 55, 76, 71, 55, 68, 73, 66,
 72, 81, 79, 77, 75, 69, 94, 77,
 97, 87,105,112, 90,105, 96, 96,
107,105,113,123,107,104,127,109,
120,131,121,129,131,115,120,134,
```

行の要素の平均を計算すると，誤差を含む受け取ったメッセージ m_i は以下のようになる。

```
Recieve Message
0E,1C,2E,42,4E,63,70,7D,
```

ここで，上位 4 ビットがメッセージであるので，下位 4 ビットを四捨五入すれば $(0x10, 0x20, 0x30, 0x40, 0x50, 0x60, 0x70, 0x80)$ となる。また，$|\mathbf{B}| \neq 0$ の場合，逆行列 $\mathbf{B}^{-1}$ が計算でき，$\mathbf{C}_1 \cdot \mathbf{B}^{-1} \cdot \mathbf{T} - \mathbf{C}_2 \pmod{p}$ を有限体 $F(p)$ 上で計算することによって次のようにメッセージを容易に求めることができてしまう（付録 E E.7 のプログラムを利用）。

```
Message out
 16, 16, 16, 16, 16, 16, 16, 16,
 32, 32, 32, 32, 32, 32, 32, 32,
 48, 48, 48, 48, 48, 48, 48, 48,
 64, 64, 64, 64, 64, 64, 64, 64,
 80, 80, 80, 80, 80, 80, 80, 80,
 96, 96, 96, 96, 96, 96, 96, 96,
112,112,112,112,112,112,112,112,
128,128,128,128,128,128,128,128,
```

そこで，$|\mathbf{B}| = 0 \,(\mathrm{mod}\,p)$ の場合，第三者が σ を利用して $\mathbf{R}'$ を生成し，$\mathbf{R}' \cdot \mathbf{T} - \mathbf{C}_1 \,(\mathrm{mod}\,p)$ を計算すると，以下のようになる。

```
Message out
241,242,201,152, 67, 28,  0,133,
  3,227,159, 99,198,122, 45,205,
136, 52,160,  7, 70,218, 87,139,
144,143,201, 89,235,137,215,118,
 92, 66, 59,120, 77,226,212,231,
 38,254, 73,191, 42,203, 19,109,
211,198, 75,120,244, 73, 13,159,
185,121,179, 28, 40, 44,147,159,
```

ここで，$|\mathbf{B}| = 0 \,(\mathrm{mod}\,p)$ であるため，$|\mathbf{R}' \cdot \mathbf{B} - \mathbf{C}_1| = |\mathbf{R}' - \mathbf{R}| \cdot |\mathbf{B}| = 0 \,(\mathrm{mod}\,p)$ である。平均を取るとメッセージは以下となる。

```
Recieve Message
85,84,6D,A0,87,74,89,71,
```

従って，第三者は $|\mathbf{B}| = 0 \,(\mathrm{mod}\,p)$ の場合，正しくメッセージを復号することができないことになる。

　ちなみに，0 と平文との距離，素数 p と平文との距離，および平文どうしの距離をそれぞれ $k_d = 16$ にした場合，$2.4 \geq \sigma > 0$ の値であれば復号が正しく行われる。また，$k_d = 8$ の場合は $2.0 \geq \sigma > 0$ である。

（b）　代数拡大体 $F(p^k)$ の場合の LWE 公開鍵暗号方式

　次に，代数拡大体 $F(p^k)$ による LWE 公開鍵暗号の処理手順は有限体 $F(p)$ の場合と同様に以下のようになる。

(1) **共通パラメータの設定：**　まず，次元 n（正整数），素数 $p\,(\geq 2)$ および k 次の原始多項式 $f(x)\,(\mathrm{mod}\,p)$ を選ぶ。次に，$n \times n$ 行列 $\mathbf{B}$ の要素 $b_{i,j}$ を一様乱数等によってランダムに決定する。ここで，$b_{i,j}$ は $0 < b_{i,j} < p^k - 1$ の整数であり，かつ逆行列 $\mathbf{B}^{-1}$ が計算できない条件として $|\mathbf{B}| = 0\,(\mathrm{mod}\,p^k - 1)$（0 を除く $p^k - 1$ の整数倍）とする。さらに，確率分布を決める正の実数 σ を選択する。これらの共通パラメータ（次元 n，素数 p，行列 $\mathbf{B} = [b_{i,j}]$，実数 σ，k 次の原始多項式 $f(x)$）を公開する。ここで，$F(p)$ の場合と異なるのは，p の代わりに $p^k - 1$ にすることと，原始多項式を公開することである。

(2) **公開鍵・秘密鍵の設定：** 情報の受け手 B において，$p^k - 1$ 未満の正整数 $s_{i,j}$ を要素とする $n \times n$ 行列 $\mathbf{S} = [s_{i,j}]$ をランダムに選び，$\mathbf{G} = \mathbf{B} \cdot \mathbf{S} \,(\mathrm{mod}\, p^k - 1)$ を代数拡大体 $F(p^k)$ 上で計算する。さらに，σ で定まる確率分布で求めた整数 $e_{i,j} \,(\mathrm{mod}\, p^k - 1)$ を要素とする $n \times n$ 行列 $\mathbf{E} = [e_{i,j}]$ を生成し，$\mathbf{T} = \mathbf{G} + \mathbf{E} = \mathbf{B} \cdot \mathbf{S} + \mathbf{E} \,(\mathrm{mod}\, p^k - 1)$ を代数拡大体 $F(p^k)$ 上で計算する。そして，$(\mathbf{S}, \mathbf{E})$ を 秘密鍵，$\mathbf{T}$ を 公開鍵 とする。

(3) **暗号化処理：** 情報の送り手 A は，σ で定まる確率分布で求めた整数 $r_{i,j} \,(\mathrm{mod}\, p^k - 1)$ を要素 とする $n \times n$ 行列 $\mathbf{R} = [r_{i,j}]$ を求め，$\mathbf{C}_1 = \mathbf{R} \cdot \mathbf{B} \,(\mathrm{mod}\, p^k - 1)$ を代数拡大体 $F(p^k)$ 上で計算する。次に，n 個の 平文 $m_i \,(i = 1, 2, \cdots, n)$ において，$n \times n$ の平文行列 $\mathbf{M} = [m_{i,j}]$ の行（または列）の要素を同じとする。すなわち，$m_{i,1} = m_{i,2} = \cdots = m_{i,n} = m_i \,(0 < m_i < p^k - 1)$ とする。そして，$\mathbf{C}_2 = \mathbf{R} \cdot \mathbf{T} - \mathbf{M} \,(\mathrm{mod}\, p^k - 1)$ を代数拡大体 $F(p^k)$ 上で計算し，$(\mathbf{C}_1, \mathbf{C}_2)$ を 暗号文（Cryptogram）とする。

(4) **復号処理：** 情報の受け手 B では，暗号文 $(\mathbf{C}_1, \mathbf{C}_2)$ と秘密鍵 $\mathbf{S}$ を用いて，$\mathbf{C}_1 \cdot \mathbf{S} - \mathbf{C}_2 \,(\mathrm{mod}\, p^k - 1)$ を代数拡大体 $F(p^k)$ 上で計算する。すなわち，次のようになる。

$$\mathbf{C}_1 \cdot \mathbf{S} - \mathbf{C}_2 \;=\; -\mathbf{R} \cdot \mathbf{E} + \mathbf{M} = \left[m'_{i,j} \right] \quad (\mathrm{mod}\, p^k - 1)$$

ここで，$\mathbf{R} \cdot \mathbf{E}$ は摂動行列（雑音）であり，平文 m_i は次式で求まる。

$$\frac{1}{n} \cdot \sum_{j=1}^{n} m'_{i,j} \approx m_i \qquad (i = 1, 2, \cdots, n)$$

なお，本方式のプログラム例を付録 E E.7 の後半に示す。

例題 4.8 理解を容易にするため，$n = 8$，$p = 5$，$\sigma = 2.0$，4 次の原始多項式 $f(x) = x^4 + x^2 + 2x + 2$ のパラメータの元で，付録 E E.7 の有限体 $F(p^k)$（後半）のプログラムを利用して，$F(5^4)$ の場合の公開鍵や暗号文などの各値を求めると，例題 4.7 と同様の結果を得る。この実行結果は付録 E E.7 の後半を参照されたい。なお，$4 \,(= k)$ 次の原始多項式は $f(x) = x^4 + x^2 + 2x + 2$ の他，$f(x) = x^4 + x^2 + 2x + 3$，$f(x) = x^4 + x^2 + 3x + 2$，$f(x) = x^4 + x^2 + 3x + 3$ など全部で 48 式存在する。

（c） 格子との関係

まず，非直交型基底 $\mathbf{B} - (\mathbf{b}_1, \mathbf{b}_2, \cdots \mathbf{b}_n)$ の基準ベクトル $\mathbf{b}_i \,(i = 1, 2, \cdots, n)$ および格子点ベクトル $\mathbf{Q}$ は次式で表される。

$$\mathbf{b}_i \;=\; b_{i,1} \cdot \mathbf{a}_1 + b_{i,2} \cdot \mathbf{a}_2 + \cdots + b_{i,n} \cdot \mathbf{a}_n$$

$$\mathbf{Q} \;=\; k_1 \cdot \mathbf{b}_1 + k_2 \cdot \mathbf{b}_2 + \cdots + k_n \cdot \mathbf{b}_n$$

ここで，$k_j\,(j = 1, 2, \cdots, n)$ は整数である。従って，m_i を距離 k_d で割ったメッセージ $\frac{m_i}{k_d}$（整数）で表される格子点ベクトル $\mathbf{M}$ は次式である。

$$\mathbf{M} = \frac{m_1}{k_d} \cdot \mathbf{b}_1 + \frac{m_2}{k_d} \cdot \mathbf{b}_2 + \cdots + \frac{m_n}{k_d} \cdot \mathbf{b}_n$$

すなわち，$\mathbf{M}$ は上式の $\mathbf{Q}$ で表される格子点ベクトルの一つである。また，秘密鍵と暗号文で計算される $[m'_{i,j}] = \mathbf{C}_1 \cdot \mathbf{S} - \mathbf{C}_2 \,(\bmod\, p)$ で表されるベクトル $\mathbf{M}'$ は次式である。

$$\mathbf{M}' = \frac{m'_1}{k_d} \cdot \mathbf{b}_1 + \frac{m'_2}{k_d} \cdot \mathbf{b}_2 + \cdots + \frac{m'_n}{k_d} \cdot \mathbf{b}_n$$

このベクトル $\mathbf{M}'$ はベクトル $\mathbf{M}$ に摂動ベクトルを加えたベクトルとなる。なお，$\frac{m'_i}{k_d}$ は実数である。格子暗号は，情報の受け手において，秘密鍵と暗号文から求められるベクトル $\mathbf{M}'$ からメッセージ $\frac{m_i}{k_d}$ を求める問題であり，冒頭でも述べたように最近ベクトル問題や最短ベクトル問題などである（詳細は第 8 章参照）。

練習問題

問題 4.1　$g = 5 + 9i$ および素数 $p = 19$ を公開する。A は秘密鍵 $a = 3$ を，B は秘密鍵 $b = 13$ を選んだ場合における PK_a，PK_b，CK_a，CK_b を計算しなさい。

問題 4.2　$g = 3 + 4\mathrm{i} + 2\mathrm{j} + 5\mathrm{k}$ および素数 $p = 17$ を公開する。A は秘密鍵 $a = 3$ を，B は秘密鍵 $b = 7$ を選んだ場合，PK_a，PK_b，CK_a，CK_b を計算しなさい。

問題 4.3　$M^4 \,(\bmod\, n)$ において，$\{\{M \cdot M \,(\bmod\, n)\} \cdot M \,(\bmod\, n)\} \cdot M \,(\bmod\, n)$ のように，個々の積において剰余をとる方法で計算しても同じ結果になることを示しなさい。

問題 4.4　RSA 公開鍵暗号では，最小公倍数 *lcm* を求める必要がある。そこで，2 つの正整数 m，n の最小公倍数 *lcm* および最大公約数 *gcd* を求めるアルゴリズムを示し，再帰関数によって求めるプログラムを作成しなさい。

問題 4.5　RSA 公開鍵暗号において，$p = 11$，$q = 13$，$E = 17$ としたとき，秘密鍵 D を求めなさい。さらに，種々の平文 M についての暗号文 X を求めなさい。

問題 4.6　LWE 公開鍵暗号方式において，条件 $|\,\mathbf{B}\,| = 0 \,(\bmod\, p)$ によって逆行列 $\mathbf{B}^{-1} \,(\bmod\, p)$ を求めることができないことを示しなさい。さらに，逆行列 $\mathbf{B}^{-1} \,(\bmod\, p)$ を求める関数プログラムを作成しなさい。

第5章 共通鍵暗号方式

(Common Key Cryptography)

共通鍵暗号方式（Common Key Cryptography）は，暗号化と復号に同じ鍵（**共通鍵**）を使用する方法であり，暗号化と復号が高速に行えるという特徴を持つ。従って，情報の送り手と受け手が同じ共通鍵を持っていることが必要である。もし，受け手がこの共通鍵を持っていない場合には，前章 4.1 節で示した Diffie–Hellman 鍵交換方式によって共通鍵を渡すことができる。この暗号方式には，DES（Data Encryption Standard），トリプル DES，AES（Advanced Encryption Standard），MISTY–1，MISTY–2，Camellia などがある。このような暗号の処理方式を構築するには，DES が採用している Feistel 構造（付録 A 参照）および AES が採用している SPN（Substitution Permutation Network）構造がある。前者は逆変換（復号）が簡単に実装でき，後者は攪拌効果が高いという特徴を持っている。三菱電機が構築した MISTY–1 や MISTY–2，および日本電信電話公社（後NTT）と三菱電機が構築した Camellia は Feistel 構造を基礎としている。さらに，これらの暗号方式はハードウエア化されることが多く，平文および共通鍵などの入力によってハードウエアの動作が変化しないように，すなわち処理アルゴリズムが外部から分からないようにするため，入力と処理結果におけるテーブル（Look–up Table という）を用いる場合が多い。また，暗号化の処理フローが公開されていても，テーブルによる処理が多く，このテーブルを作成するための基礎となる処理アルゴリズムが公開されていない場合が多い。テーブルを多用する DES 共通鍵暗号方式については付録 A に示すことにして，本章では代数拡大体 $F(2^8)$ を利用する AES 共通鍵暗号方式について示す。

5.1 AES 共通鍵暗号の仕様

AES 共通鍵暗号方式 は 1998 年に Daemen と Rijmen が提案した暗号方式であり，広く利用されている。この鍵長には 128 ビット，192 ビット，256 ビットがあるが，ここでは便宜上 128 ビット（16 バイト）を取り上げて説明する。この暗号方式の一般的処理手順は，図 5.1 に示すように，AddRoundKey，SubBytes，ShiftRows，MixColumns の 4 種類の変換を一つの Round として処理する構成であり，SPN（Substitution Permutation Netowork）構造という。ここで，Final Round は MixColumns の処理を省略した Round であり，この出力が暗号文となる。そして，各処理は状態 $s(i, j)$ $(0 \leq i \leq 3, 0 \leq j \leq 3)$ として入力し，その出力が次の処理の状態となっている。また，状態 $s(i, j)$ は **原始多項**

式 が $f(x) = x^8 + x^4 + x^3 + x^2 + 1$ である **代数拡大体** $F(2^8)$ の要素（$s(i,j) \in F(2^8)$）である。すなわち $x^n \pmod{x^8 + x^4 + x^3 + x^2 + 1}$ の n $(0, 1, 2, \cdots, 255)$ に対する数値化は第 3 章 3.4 に示すとおりである。

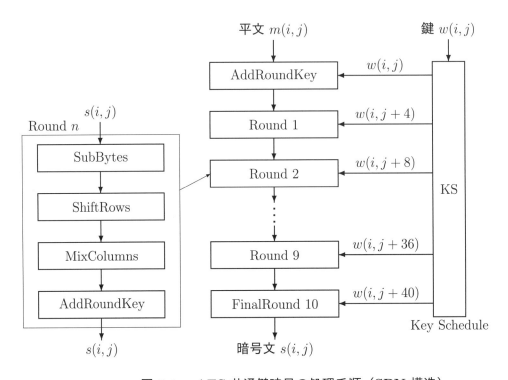

図 5.1   AES 共通鍵暗号の処理手順（SPN 構造）

まず，16 バイトの平文 $m(i,j)$ $(0 \le i \le 3, 0 \le j \le 3)$ は AddRoundKey の初期状態 $s(i,j)$ $(0 \le i \le 3, 0 \le j \le 3)$ として入力する。128 ビット（16 バイト）の鍵 $w(i,j)$ も同じ代数拡大体 $F(2^8)$ の要素であり，各 Round に供給される **副鍵**（Secondary Key）$w(i, 4k+j)$ $(k = 1, 2, 3, \cdots, 10)$ は次式で計算される。

$$w(0, 4k) = w(0, 4k-4) \oplus S_{RD}\{w(1, 4k-1)\} \oplus RC(k)$$
$$w(1, 4k) = w(1, 4k-4) \oplus S_{RD}\{w(2, 4k-1)\}$$
$$w(2, 4k) = w(2, 4k-4) \oplus S_{RD}\{w(3, 4k-1)\}$$
$$w(3, 4k) = w(3, 4k-4) \oplus S_{RD}\{w(0, 4k-1)\}$$
$$w(i, 4k+j) = w(i, 4k+j-4) \oplus w(i, 4k+j-1) \qquad (0 \le i \le 3, 0 < j \le 3)$$

ここで，$S_{RD}(x)$ は **S–box**（Substitution–box）であり，次式で計算される（アファイン

変換 という）。

$$S_{RD}(x) \ = \ \begin{pmatrix} 1 & 1 & 1 & 1 & 1 & 0 & 0 & 0 \\ 0 & 1 & 1 & 1 & 1 & 1 & 0 & 0 \\ 0 & 0 & 1 & 1 & 1 & 1 & 1 & 0 \\ 0 & 0 & 0 & 1 & 1 & 1 & 1 & 1 \\ 1 & 0 & 0 & 0 & 1 & 1 & 1 & 1 \\ 1 & 1 & 0 & 0 & 0 & 1 & 1 & 1 \\ 1 & 1 & 1 & 0 & 0 & 0 & 1 & 1 \\ 1 & 1 & 1 & 1 & 0 & 0 & 0 & 1 \end{pmatrix} y^T \oplus \begin{pmatrix} 0 \\ 1 \\ 1 \\ 0 \\ 0 \\ 0 \\ 1 \\ 1 \end{pmatrix}$$

$$y \ = \ x^{-1} \quad (x \neq 0), \qquad y \ = \ 0 \quad (x = 0)$$

また，$RC(k)$ は $x^{k-1} \ (\mathbf{mod} \ x^8 + x^4 + x^3 + x^2 + 1)$ である。さらに，記号 $\oplus$ はビット毎の排他的論理和である。

次に，Round の各処理は次のようになる。すなわち，SubBytes は次式で計算される。

$$S_{RD}\{s(i,j)\} \rightarrow s(i,j)$$

また，ShiftRows は次の処理（i 行目を i 個 左回転 (Rotate Left)）を行う。

$$\begin{pmatrix} s(0,0) & s(0,1) & s(0,2) & s(0,3) \\ s(1,0) & s(1,1) & s(1,2) & s(1,3) \\ s(2,0) & s(2,1) & s(2,2) & s(2,3) \\ s(3,0) & s(3,1) & s(3,2) & s(3,3) \end{pmatrix} \rightarrow \begin{pmatrix} s(0,0) & s(0,1) & s(0,2) & s(0,3) \\ s(1,1) & s(1,2) & s(1,3) & s(1,0) \\ s(2,2) & s(2,3) & s(2,0) & s(2,1) \\ s(3,3) & s(3,0) & s(3,1) & s(3,2) \end{pmatrix}$$

また，MixColumns は次の計算を行う。

$$\begin{pmatrix} 02 & 01 & 01 & 03 \\ 03 & 02 & 01 & 01 \\ 01 & 03 & 02 & 01 \\ 01 & 01 & 03 & 02 \end{pmatrix} \begin{pmatrix} s(3,j) \\ s(2,j) \\ s(1,j) \\ s(0,j) \end{pmatrix} \rightarrow \begin{pmatrix} s(3,j) \\ s(2,j) \\ s(1,j) \\ s(0,j) \end{pmatrix} \quad (0 \leq j \leq 3)$$

ここで，01, 02, 03 は代数拡大体 $F(2^8)$ の要素である。最後の AddRoundKey は次式で示す各ビットの排他的論理和を行う。

$$s(i,j) \oplus w(i, 4k+j) \rightarrow s(i,j)$$

ここで，$k \ (= 1, 2, \cdots, 10)$ は Round 番号である。

暗号文の復号は，図 5.1 に示す処理手順を逆に行うとともに，SubBytes，ShiftRows，MixColumns の演算の逆演算を行うことによって元の平文を得ることができる。

例題 5.1　MixColumns 処理の逆演算を求める。すなわち，次の逆演算である。

$$\begin{pmatrix} b_3 \\ b_2 \\ b_1 \\ b_0 \end{pmatrix} = \begin{pmatrix} c & 1 & 1 & d \\ d & c & 1 & 1 \\ 1 & d & c & 1 \\ 1 & 1 & d & c \end{pmatrix} \begin{pmatrix} a_3 \\ a_2 \\ a_1 \\ a_0 \end{pmatrix} \quad \rightarrow \quad \begin{pmatrix} a_3 \\ a_2 \\ a_1 \\ a_0 \end{pmatrix} = \begin{pmatrix} A & B & C & D \\ D & A & B & C \\ C & D & A & B \\ B & C & D & A \end{pmatrix} \begin{pmatrix} b_3 \\ b_2 \\ b_1 \\ b_0 \end{pmatrix}$$

ここで，01 を 1，02 を c，03 を d とおく。まず，絶対値 σ は次式となる。

$$\begin{aligned} \Delta &= \begin{vmatrix} c & 1 & 1 & d \\ d & c & 1 & 1 \\ 1 & d & c & 1 \\ 1 & 1 & d & c \end{vmatrix} = c \cdot \begin{vmatrix} c & 1 & 1 \\ d & c & 1 \\ 1 & d & c \end{vmatrix} - \begin{vmatrix} d & 1 & 1 \\ 1 & c & 1 \\ 1 & d & c \end{vmatrix} + \begin{vmatrix} d & c & 1 \\ 1 & d & 1 \\ 1 & 1 & c \end{vmatrix} - d \cdot \begin{vmatrix} d & c & 1 \\ 1 & d & c \\ 1 & 1 & d \end{vmatrix} \\ &= c \cdot (c^3 + 1 + d^2 - c - cd - cd) - (c^2 d + 1 + d - c - d^2 - c) \\ &\quad + (cd^2 + c + 1 - d - c^2 - d) - d \cdot (d^3 + c^2 + 1 - d - cd - cd) = c^4 - d^4 = c^4 + d^4 \end{aligned}$$

ここでの演算は有限体 $F(2)$ 上での四則演算である。次に，A，B，C，D は以下のようになる。

$$\begin{aligned} A &= \frac{1}{\Delta} \cdot \begin{vmatrix} c & 1 & 1 \\ d & c & 1 \\ 1 & d & c \end{vmatrix} = \frac{1}{\Delta} \cdot \begin{vmatrix} c & 1 & d \\ 1 & c & 1 \\ 1 & d & c \end{vmatrix} = \frac{1}{\Delta} \cdot \begin{vmatrix} c & 1 & d \\ d & c & 1 \\ 1 & 1 & c \end{vmatrix} = \frac{1}{\Delta} \cdot \begin{vmatrix} c & 1 & 1 \\ d & c & 1 \\ 1 & d & c \end{vmatrix} \\ &= \frac{1}{\Delta} \cdot (c^3 + 1 + d^2 - c - cd - cd) = \frac{c^3 + c + d^2 - 1}{c^4 - d^4} = \frac{c^3 + c + d^2 + 1}{c^4 + d^4} \\ B &= -\frac{1}{\Delta} \cdot \begin{vmatrix} 1 & 1 & d \\ d & c & 1 \\ 1 & d & c \end{vmatrix} = -\frac{1}{\Delta} \cdot \begin{vmatrix} c & 1 & d \\ d & 1 & 1 \\ 1 & d & c \end{vmatrix} = -\frac{1}{\Delta} \cdot \begin{vmatrix} c & 1 & d \\ d & c & 1 \\ 1 & d & 1 \end{vmatrix} = -\frac{1}{\Delta} \cdot \begin{vmatrix} d & c & 1 \\ 1 & d & c \\ 1 & 1 & d \end{vmatrix} \\ &= -\frac{1}{\Delta} \cdot (d^3 + c^2 + 1 - d - cd - cd) = -\frac{c^2 + d + d^3 - 1}{c^4 - d^4} = \frac{c^2 + d + d^3 + 1}{c^4 + d^4} \\ C &= \frac{1}{\Delta} \cdot \begin{vmatrix} 1 & 1 & d \\ c & 1 & 1 \\ 1 & d & c \end{vmatrix} = \frac{1}{\Delta} \cdot \begin{vmatrix} c & 1 & d \\ d & 1 & 1 \\ 1 & c & 1 \end{vmatrix} = \frac{1}{\Delta} \cdot \begin{vmatrix} d & c & 1 \\ 1 & d & 1 \\ 1 & 1 & c \end{vmatrix} = \frac{1}{\Delta} \cdot \begin{vmatrix} c & 1 & 1 \\ 1 & d & c \\ 1 & 1 & d \end{vmatrix} \\ &= \frac{1}{\Delta} \cdot (cd^2 + c + 1 - d - d - c^2) = \frac{cd^2 - c^2 + c + 1}{c^4 - d^4} = \frac{cd^2 + c^2 + c + 1}{c^4 + d^4} \\ D &= -\frac{1}{\Delta} \cdot \begin{vmatrix} 1 & 1 & d \\ c & 1 & 1 \\ d & c & 1 \end{vmatrix} = -\frac{1}{\Delta} \cdot \begin{vmatrix} d & 1 & 1 \\ 1 & c & 1 \\ 1 & d & c \end{vmatrix} = -\frac{1}{\Delta} \cdot \begin{vmatrix} c & 1 & d \\ 1 & d & 1 \\ 1 & 1 & c \end{vmatrix} = -\frac{1}{\Delta} \cdot \begin{vmatrix} c & 1 & 1 \\ d & c & 1 \\ 1 & 1 & d \end{vmatrix} \\ &= -\frac{1}{\Delta} \cdot (c^2 d + 1 + d - c - d^2 - c) = -\frac{c^2 d - d^2 + d + 1}{c^4 - d^4} = \frac{c^2 d + d^2 + d + 1}{c^4 + d^4} \end{aligned}$$

5.2 暗号モード

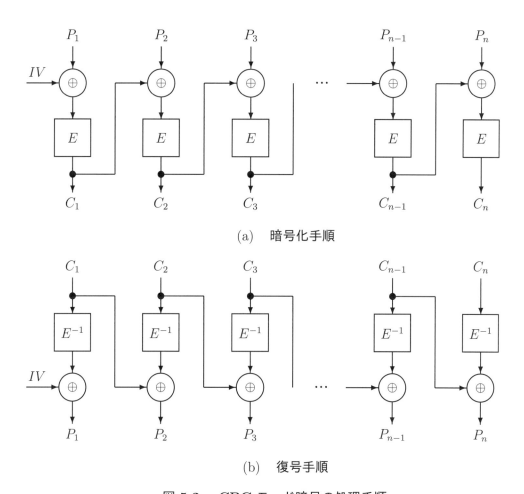

(a) 暗号化手順

(b) 復号手順

図 5.2 CBC モード暗号の処理手順

この暗号方式は $4{\times}4$ バイト $m(i,j)$ のブロック毎に暗号を行うので **ブロック暗号**（Block Cipher）ともいう。任意長の暗号を行う場合，ECB モード（Electronic Codebook Mode），CBC モード（Cipher Block Chaining Mode），CFB モード（Cipher Feedback Mode），OFB モード（Output Feedback Mode），CTR モード（Counter Mode）がある。ここで，ECB モード暗号方式は，4×4 バイトのブロック毎にそのまま暗号化する方法である。しかし，画像データを暗号化する場合，暗号化された画像は元画像の面影が出てしまう。CBC，CFB および OFB モードは各ブロック暗号に従属関係を持たせる暗号方式であり，**ストリーム暗号**（Stream Encryption）ともいう。そこで，図 5.2 に CBC モードの暗号化手順および復号手順を示す。図において，E は図 5.1 に示す暗号化手順（**暗号**

化関数 という）であり，E^{-1} は復号手順（復号関数 という）である。また，IV（Initial Vector）は初期ベクトル $v(i, j)$ であり，最初の平文ブロック P_1 と各ビットの排他的論理和を行う。次以降のブロック P_n は前のブロック P_{n-1} の暗号文 C_{n-1} と排他的論理和を行うことによって従属関係を持たせる。なお，この初期ベクトル IV は鍵と同様の役割を持ち，代数拡大体 $F(2^8)$ の要素である。

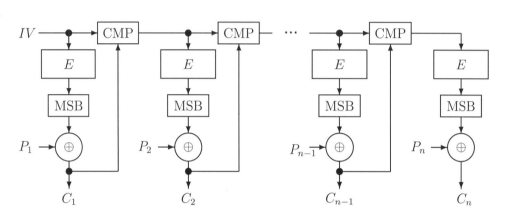

図 5.3　CFB モード暗号の処理手順

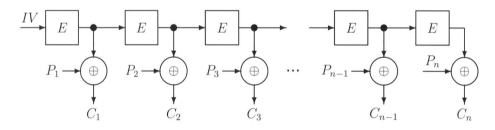

図 5.4　OFB モード暗号の処理手順

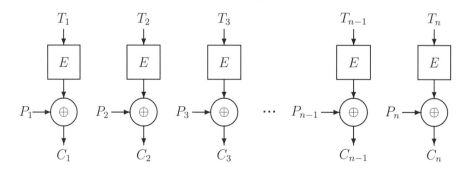

図 5.5　CTR モード暗号の処理手順

CFB モード暗号方式は図 5.3 に示すような構成である。まず，$b(= 4 \times 4 \times 8)$ ビットの初期ベクトル IV を b ビットの暗号化関数 E を通し，MSB によって上位 s ビットを取り出して，s ビットの平文 P_1 と排他的論理和を行い，s ビットの暗号文 C_1 を得る。次に，CMP において初期ベクトル IV の下位 $b-s$ ビットと s ビットの暗号文 C_1 と結合し，暗号化関数 E を通して同様に MSB によって上位 s ビットを取り出して，s ビットの平文 P_2 と排他的論理和を行い，s ビットの暗号文 C_2 を得る。以下同様に繰り返して，最終的に平文 P_n に対する暗号文 C_n を得る。復号処理は，図 5.3 において平文 P_k および暗号文 C_k の入出力矢印を逆にすればよい。

さらに，OFB モード暗号方式は図 5.4 に示すように，初期ベクトル IV を順次暗号処理を行い，順次平文ブロック $P_1 \sim P_n$ と排他的論理和を行って暗号文 $C_1 \sim C_n$ とする。復号処理は，平文ブロック $P_1 \sim P_n$ に暗号文 $C_1 \sim C_n$ を入力すると，暗号文 $C_1 \sim C_n$ に平文ブロック $P_1 \sim P_n$ が出力される。また，CTR モードは，図 5.5 に示すようになり，$T_1 \sim T_n$ にはカウンタからの出力値を入力する。例えば，$T_0 = IV$，$T_k = T_{k-1} + 1$ である。平文ブロックは $P_1 \sim P_n$ であり，暗号文は $C_1 \sim C_n$ である。復号処理は，図 5.4 の OFB モード暗号と同様，暗号文 $C_1 \sim C_n$ を $P_1 \sim P_n$ に入力すればよい。

5.3 暗号の安全性評価

1970 年代に設計された DES 共通鍵暗号方式では 6 ビット入力 4 ビット出力の S–box を 8 種類使用している（付録 A 参照）。この S–box は平文と暗号文との相関関係（線形性）を壊す仕組みとして導入され，暗号文の解読に対する耐性として注目された。そして，1990 年代前半に差分解読法・線形解読法が見つかり，S–box はこれらの解読法に耐性があることが確認され，暗号の安全性として S–box が必要条件とされた。代数拡大体 $F(2^n)$ における S–box の逆変換が差分解読法・線形解読法に対してもっとも強い耐性を持つと考えられている。この場合における差分確率および線形確率は，n が奇数のとき 2^{-n+1}，偶数のとき 2^{-n+2} である。従って，前述の AES 共通鍵暗号方式の差分確率および線形確率は 2^{-6} となる。さらに，暗号の安全性評価とは，秘密鍵を知らない第三者（攻撃者）が暗号文を解読できない能力をいう。この暗号の安全性を次のように分類する。

(1) 暗号の強度

　　秘匿性（Secrecy）： 暗号文から平文を解読することが困難な **完全解読困難性**，部分情報を求めることが困難な **部分解読困難性**，どのような部分情報も解読が困難な

強秘匿性 のことである。

頑強性（Robustness）： 攻撃者が暗号文から平文の内容を知ることができないこと，そしてまた暗号文を操作することによって平文を意図的に変更できないことである。

(2) 総当り攻撃に対する安全性

情報理論的安全性： 平文 M，鍵 K および暗号文 C がそれぞれある確率分布に従うと仮定して，暗号文 C から平文 M を得る確率 $Prob(M|C)$ を求め，これによって安全性を評価する。情報理論的に安全とされる鍵長 $|K|$ と平文長 $|M|$ の関係は $|K| \geq |M|$ である。この場合，理想的な計算能力（例えば，無限の処理能力を持つ CPU）と無限の記憶領域とする。

計算量的安全性： 攻撃者が計算機資源をすべて費やして，暗号文が破られるまでに十分な時間がかかることが保証されていることである。現在の多くの暗号方式はこれに基づいている。

(3) 共通鍵暗号の安全性

この安全性は，暗号アルゴリズムが公開され，秘密鍵を攻撃者から守ることを前提として，これらを確保するための対処法である。すなわち，現状の計算能力を考慮しても，共通鍵の解読に時間がかかるようなアルゴリズムおよび鍵長を選択することで安全性を確保する。これを 計算量的安全性 という。また，同じ秘密鍵を長く使用しないように，鍵の運用方法でも対処する。

練習問題

問題 **5.1** AES 共通鍵暗号方式の $S_{RD}(x)$ 処理（アファイン変換）における逆処理を求める方法を示しなさい。

問題 **5.2** AES 共通鍵暗号方式の暗号化関数 E および逆関数 E^{-1} のプログラムを作成しなさい。

問題 **5.3** 表 3.7 に示す代数拡大体 $F(2^8)$ の既約多項式のうち，周期が 255 となる 5 項の原始多項式は AES 共通鍵暗号方式の暗号化関数 E および逆関数 E^{-1} として利用可能か調べなさい。

第6章　楕円曲線群

(Elliptic Curve Group)

暗号としては従来から RSA 暗号（Rivest Shamir and Adleman Cryptography）が一般的である。しかしながら，この暗号は機密性を高めようとすれば指数関数的に鍵などのビット数が増える。これに対して，**楕円曲線暗号**（Elliptic Curve Cryptography）はビット数が少なくても機密性を高めることができることから，注目されている。ここでは，この楕円曲線暗号の基礎である **楕円曲線群** の理論的背景とその性質を示す。

6.1　楕円曲線群の一般的特性

まず，有限体 $F(m)$ を定義する。ここで，m は素数 p または 2^n である。特に，素数 p の場合，有限体 $F(p)$ の要素は $0, 1, 2, 3, \cdots, p-1$ であり，x, y, a, b, c, g, h を $F(p)$ の要素とすれば，一般的な **楕円曲線** は次式で与えられる。

$$y^2 + g \cdot xy + h \cdot y = x^3 + a \cdot x^2 + b \cdot x + c \qquad (\textbf{mod } p)$$

これを有限体 $F(p)$ 上の楕円曲線という。この曲線上の点 (x, y) で作る新たな **群** $EG\{F(p)\}$（**楕円曲線群** (Elliptic Curve Group) という）を定義すると，次の性質を持つ。すなわち，図 6.1 に示すように，楕円曲線群 $EG\{F(p)\}$ の要素である 2 点 $P = (x_1, y_1)$ および $Q = (x_2, y_2)$ を通る直線（$P = Q$ の場合接線）$y = \lambda x + y_1 - \lambda x_1$ が楕円曲線の他の点 $R' = (x_3, y_3')$ で交わり，その点 R' ともう一つの点 $R = (x_3, y_3)$ における座標値は次式で与えられる。

$$
\begin{aligned}
\lambda &= \frac{y_2 - y_1}{x_2 - x_1} = \frac{y_3' - y_1}{x_3 - x_1} & (\textbf{mod } p) & \qquad (P \neq Q) \\
\lambda &= \frac{3 x_1^2 + 2 a x_1 + b - g y_1}{2 y_1 + g x_1 + h} & (\textbf{mod } p) & \qquad (P = Q) \\
x_3 &= \lambda^2 + g \cdot \lambda - a - x_1 - x_2 & (\textbf{mod } p) & \\
y_3' &= \lambda(x_3 - x_1) + y_1 & (\textbf{mod } p) & \\
y_3 &= -y_3' - g \cdot x_3 - h = \lambda(x_1 - x_3) - y_1 - g \cdot x_3 - h & (\textbf{mod } p) &
\end{aligned}
$$

ここで，λ は直線の傾きである。また，x_3 は楕円曲線に直線 $y = \lambda x + y_1 - \lambda x_1$ を代入し，次式の x^2 の係数から求められる（他の係数でも求められるが除算が伴う）。

$$x^3 + a \cdot x^2 + b \cdot x + c - (\lambda x + y_1 - \lambda x_1)^2 - g \cdot x (\lambda x + y_1 - \lambda x_1)$$

6.1 楕円曲線群の一般的特性

$$-h \cdot (\lambda x + y_1 - \lambda x_1) = (x - x_1)(x - x_2)(x - x_3)$$

さらに，上の楕円曲線は $x = x_3$ のとき，$y(y + g \cdot x_3 + h) = x_3^3 + a \cdot x_3^2 + b \cdot x_3 + c$ における y の一つの解を $y = A$ とすれば，もう一つの解は $y = -A - g \cdot x_3 - h$ となる。

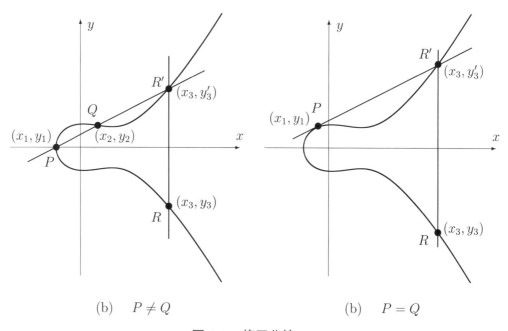

(b)　$P \neq Q$　　　　　(b)　$P = Q$

図 6.1　楕円曲線

　楕円曲線上の点 $R = (x_3, y_3)$ が楕円曲線群 $EG\{F(p)\}$ の要素であるとすれば，楕円曲線群 $EG\{F(p)\}$ 上の演算として，$R = P + Q$（接線の場合 $R = 2P$）と表す。なお，単位元 e は，直線の傾きが無限大 $\lambda = \infty$ のとき（$x_1 = x_2$）生成される点である。このような楕円曲線群 $EG\{F(p)\}$ の基準となる要素 P で作る次の点 Q_k は次のように楕円曲線群 $EG\{F(p)\}$ の要素であることは容易に証明できる。

$$Q_1 = P,\ Q_2 = P + P = 2P,\ Q_3 = P + Q_2 = 3P,\ \cdots,\ Q_n = P + Q_{n-1} = e = Q_0$$

ここで，$Q_1, Q_2, \cdots, Q_{n-1},\ e$ は楕円曲線群 $EG\{F(p)\}$ の要素であり，この楕円曲線群の要素数より少ない n 個の要素で作る **部分群**（Subgroup）であるとともに，**巡回群** となっている。また，単位元 e について $P + e = e + P = P$ であり，$P + Q = e$ となる P および Q は楕円曲線群 $EG\{F(p)\}$ および部分群において互いに逆元となる要素（$x_1 = x_2$ の要素）どうしである。以下に具体的例を挙げてこの性質を調べる。

6.2　具体的な楕円曲線群 $EG\{F(p)\}$

以下に具体的な 楕円曲線群 $EG\{F(p)\}$ の要素を求める方法を示す。まず，有限体 $F(p)$ 上の 楕円曲線 として次の Weierstrass 方程式を取り上げる。

$$y^2 = x^3 + b\,x + c, \qquad (4\,b^2 + 27\,c^2 \neq 0,\ a = g = h = 0)$$

この楕円曲線上の点で作る楕円曲線群 $EG\{F(p)\}$ の要素は，有限体 $F(p)$ の要素 $x\,(p > x \geq 0)$ および $y\,(p > y \geq 0)$ を上式に代入し，上式が成立する点 (x, y) を求める。この点の集合と単位元 e で作る群が楕円曲線群 $EG\{F(p)\}$ である。この要素を求めるプログラムを付録 E E.9 に示す。このプログラムの変数名 p に素数を代入すれば，楕円曲線群 $EG\{F(p)\}$ の要素が表示される。最後に単位元 e と要素数を表示して終わる。これによって求められた楕円曲線群 $EG\{F(p)\}$ の要素数は $b = c = 1$ の場合表 6.1 のようになる。この表から，要素数は素数の値に対して必ずしも比例しているとは限らない。

表 6.1 楕円曲線群 $EG\{F(p)\}$ の要素数

p	$No.$	p	$No.$	p	$No.$	p	$No.$	p	$No.$	p	$No.$
5	9	47	60	103	87	167	144	233	237	307	301
7	5	53	58	107	105	173	172	239	262	311	315
11	14	59	63	109	123	179	180	241	220	313	346
13	18	61	50	113	125	181	190	251	282	317	333
17	18	67	56	127	126	191	217	257	249	331	342
19	21	71	59	131	128	193	201	263	260	337	352
23	28	73	72	137	126	197	222	269	294	347	332
29	36	79	86	139	126	199	218	271	274	349	336
31	33	83	90	149	136	211	223	277	255	353	358
37	48	89	100	151	154	223	244	281	289	359	351
41	35	97	97	157	171	227	228	283	264	367	346
43	34	101	105	163	189	229	232	293	268	371	229

上の楕円曲線において，$b = c = 1$ および $p = 37$ の場合，この楕円曲線が成立する点 (x, y) は以下のようになる（付録 E E.9 のプログラムの実行結果）。

(0, 1),　　(0, 36),　　(1, 15),　　(1, 22),　　(2, 14),　　(2, 23),　　(6, 1),　　(6, 36),
(8, 15),　　(8, 22),　　(9, 6),　　(9, 31),　　(10, 7),　　(10, 30),　　(11, 14),　　(11, 23),
(13, 18),　　(13, 19),　　(14, 13),　　(14, 24),　　(17, 11),　　(17, 26),　　(19, 16),　　(19, 21),

6.2 具体的な楕円曲線群 $EG\{F(p)\}$

$(21, 12)$,　$(21, 25)$,　$(24, 14)$,　$(24, 23)$,　$(25, 0)$,　$(26, 18)$,　$(26, 19)$,　$(27, 8)$,
$(27, 29)$,　$(28, 15)$,　$(28, 22)$,　$(29, 6)$,　$(29, 31)$,　$(30, 13)$,　$(30, 24)$,　$(31, 1)$,
$(31, 36)$,　$(33, 9)$,　$(33, 28)$,　$(35, 18)$,　$(35, 19)$,　$(36, 6)$,　$(36, 31)$,　　e

これらの点は 48 個であり，図 6.2 に示すようになる（単位元 e を除く）。この図から分かるように，楕円曲線上の点を求める際に素数 p による剰余演算を行っているため，楕円曲線を呈していない。このため，$y = \frac{37}{2} = 18.5$ で対象である以外，規則性がない。また，$y = 18.5$ で対象な点は互いに逆元になっている。これらの点における演算は以下のようになる。

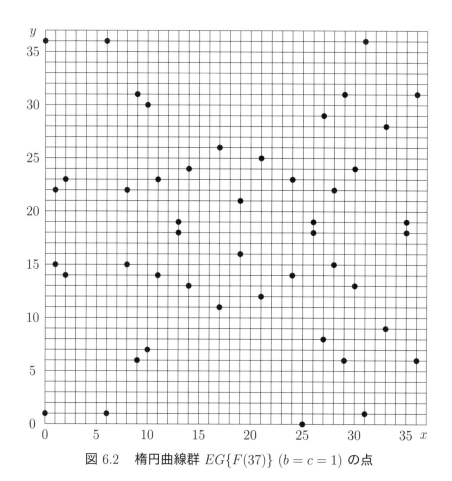

図 6.2　楕円曲線群 $EG\{F(37)\}$ ($b = c = 1$) の点

(1)　各点 P について，$P + e = e + P = P$ である。

(2)　2 点 $P = (x_1, y_1)$, $Q = (x_2, y_2)$ を通る直線から生成される点 $R = P + Q = (x_3, y_3)$ について，具体的な点 $P = (1, 15)$, $Q = (2, 14)$ とおけば以下となる。

$$\lambda = \frac{x_2 - x_1}{y_2 - y_1} = \frac{14 - 15}{2 - 1} = \frac{-1}{1} \equiv 36 \qquad (\text{mod } 37)$$

$$x_3 = \lambda^2 - x_1 - x_2 = 36^2 - 1 - 2 = 1293 \equiv 35 \qquad (\text{mod } 37)$$

$$y_3 = \lambda(x_1 - x_3) - y_1 = 36(1 - 35) - 15 = -1239 \equiv 19 \qquad (\text{mod } 37)$$

従って，点 $R = P + Q = (35, 19)$ となり，楕円曲線群 $EG\{F(37)\}$ の要素となっている。

(3)　点 $P = (x_1, y_1)$ の接線から生成される点 $R = 2P = (x_3, y_3)$ について，具体的な点 $P = (2, 14)$ とおけば以下となる。

$$\lambda = \frac{3\,x_1^2 + b}{2\,y_1} = \frac{3 \cdot 2^2 + 1}{2 \cdot 14} = \frac{13}{28} \equiv 15 \qquad (\text{mod } 37)$$

$$x_3 = \lambda^2 - 2\,x_1 = 15^2 - 2\,2 = 225 - 4 = 221 \equiv 36 \qquad (\text{mod } 37)$$

$$y_3 = \lambda(x_1 - x_3) - y_1 = 15 \cdot (2 - 36) - 14 = -524 \equiv 31 \qquad (\text{mod } 37)$$

従って，点 $R = 2P = (36, 31)$ となり，楕円曲線群 $EG\{F(37)\}$ の要素となっている。

(4)　$P = (x, y)$，$Q = (x, -y)$ のとき，$P + Q = e$ である。例えば，点 $P = (1, 15)$，$Q = (1, 22)$ がそれである。また，この場合の P, Q は互いに逆元になっている。

以上のような性質を持つ楕円曲線群 $EG\{F(37)\}$ の要素において，周期が長い巡回群となるための基準となる要素 P を示せば，以下の 16 個となる。

$P = (6, 1),\quad P = (6, 36),\quad P = (8, 15),\quad P = (8, 22),\quad P = (10, 7),$
$P = (10, 30),\quad P = (17, 11),\quad P = (17, 26),\quad P = (19, 16),\quad P = (19, 21),$
$P = (30, 13),\quad P = (30, 24),\quad P = (31, 1),\quad P = (31, 36),\quad P = (33, 9),$
$P = (33, 28)$

例えば，基準となる要素を $P = (17, 11)$ とすれば，この整数倍は以下のようになる（付録 E E.10 のプログラムの実行結果）。

$P = (17, 11),\quad 2P = (13, 19),\quad 3P = (11, 14),\quad 4P = (0, 36),$
$5P = (10, 7),\quad 6P = (36, 31),\quad 7P = (30, 24),\quad 8P = (28, 15),$
$9P = (1, 15),\quad 10P = (26, 19)\quad 11P = (19, 16),\quad 12P = (35, 18),$
$13P = (33, 28),\quad 14P = (14, 13),\quad 15P = (27, 8),\quad 16P = (9, 31),$
$17P = (8, 22),\quad 18P = (24, 14),\quad 19P = (6, 36),\quad 20P = (21, 25),$
$21P = (2, 23),\quad 22P = (29, 6),\quad 23P = (31, 1),\quad 24P = (25, 0),$
$25P = (31, 36),\quad 26P = (29, 31),\quad 27P = (2, 14),\quad 28P = (21, 12),$

$$
\begin{array}{llll}
29\,P = (6,\,1), & 30\,P = (24,\,23), & 31\,P = (8,\,15), & 32\,P = (9,\,6), \\
33\,P = (27,\,29), & 34\,P = (14,\,24), & 35\,P = (33,\,9), & 36\,P = (35,\,19), \\
37\,P = (19,\,21), & 38\,P = (26,\,18), & 39\,P = (1,\,22), & 40\,P = (28,\,22), \\
41\,P = (30,\,13), & 42\,P = (36,\,6), & 43\,P = (10,\,30), & 44\,P = (0,\,1), \\
45\,P = (11,\,23), & 46\,P = (13,\,18), & 47\,P = (17,\,26), & e
\end{array}
$$

また，基準となる要素を逆元の $P = (17,\,26)$ とすれば，この整数倍は以下のようになる（付録 E E.10 のプログラムの実行結果）。

$$
\begin{array}{llll}
P = (17,\,26), & 2\,P = (13,\,18), & 3\,P = (11,\,23), & 4\,P = (0,\,1), \\
5\,P = (10,\,30), & 6\,P = (36,\,6), & 7\,P = (30,\,13), & 8\,P = (28,\,22), \\
9\,P = (1,\,22), & 10\,P = (26,\,18), & 11\,P = (19,\,21), & 12\,P = (35,\,19), \\
13\,P = (33,\,9), & 14\,P = (14,\,24), & 15\,P = (27,\,29), & 16\,P = (9,\,6), \\
17\,P = (8,\,15), & 18\,P = (24,\,23), & 19\,P = (6,\,1), & 20\,P = (21,\,12), \\
21\,P = (2,\,14), & 22\,P = (29,\,31), & 23\,P = (31,\,36), & 24\,P = (25,\,0), \\
25\,P = (31,\,1), & 26\,P = (29,\,6), & 27\,P = (2,\,23), & 28\,P = (21,\,25), \\
29\,P = (6,\,36), & 30\,P = (24,\,14), & 31\,P = (8,\,22), & 32\,P = (9,\,31), \\
33\,P = (27,\,8), & 34\,P = (14,\,13), & 35\,P = (33,\,28), & 36\,P = (35,\,18), \\
37\,P = (19,\,16), & 38\,P = (26,\,19), & 39\,P = (1,\,15), & 40\,P = (28,15), \\
41\,P = (30,\,24), & 42\,P = (36,\,31), & 43\,P = (10,7), & 44\,P = (0,\,36), \\
45\,P = (11,\,14), & 46\,P = (13,\,19), & 47\,P = (17,\,11), & e
\end{array}
$$

これらから，要素の並びが互いに逆になっている。さらに，これらの関係は以下のようになっている。

$$
k\,P + (48 - k)\,P = e \qquad (48 > k > 0,\ k \neq 24)
$$

すなわち，要素 $k\,P$ と $(48 - k)\,P$ は互いに逆元（$x_1 = x_2$ となる要素どうし）となっている。また，上の巡回群の基礎となる 16 個の要素以外の要素で作る群は，楕円曲線群 $EG\{F(37)\}$ の要素で作る周期の短い部分群となっている。例えば，点 $P = (11,\,14)$ では以下のようになる。

$$
\begin{array}{llll}
P = (11,\,14), & 2\,P = (36,\,31), & 3\,P = (1,\,15), & 4\,P = (35,\,18), \\
5\,P = (28,\,8), & 6\,P = (24,\,14), & 7\,P = (2,\,23), & 8\,P = (25,\,0), \\
9\,P = (2,\,14), & 10\,P = (24,\,23), & 11\,P = (27,\,29), & 12\,P = (35,\,19), \\
13\,P = (1,\,22), & 14\,P = (36,\,6), & 15\,P = (11,\,23), & e
\end{array}
$$

すなわち，16 個の点からなる部分群となっていることが分かる。そこで，基準となる要素に対する部分群の要素数は表 6.2 のようになる。これから，要素数 48 の約数 3, 4, 6, 8, 12, 16, 24（2 を除く）が部分群の要素数になっていることが分かる。従って，部分群

が一つだけの場合は，表 6.1 から要素数が素数となる $p = 71$，$p = 97$，$p = 211$，$p = 371$ の場合である。

表 **6.2**　基準となる要素に対する部分群の要素数

基準となる要素	要素数
$(9, 6)$, $(9, 31)$, $(25, 0)$	3
$(35, 18)$, $(35, 19)$	4
$(28, 15)$, $(28, 22)$	6
$(24, 14)$, $(24, 23)$, $(36, 6)$, $(36, 31)$	8
$(0, 1)$, $(0, 36)$, $(21, 12)$, $(21, 25)$	12
$(1, 15)$, $(1, 22)$, $(2, 14)$, $(2, 23)$, $(11, 14)$, $(11, 23)$, $(27, 8)$, $(27, 29)$	16
$(13, 18)$, $(13, 19)$, $(14, 13)$, $(14, 24)$, $(26, 18)$, $(26, 19)$, $(29, 6)$, $(29, 31)$	24
$(6, 1)$, $(6, 36)$, $(8, 15)$, $(8, 22)$, $(10, 7)$, $(10, 30)$, $(17, 11)$, $(17, 26)$, $(19, 16)$, $(19, 21)$, $(30, 13)$, $(30, 24)$, $(31, 1)$, $(31, 36)$, $(33, 9)$, $(33, 28)$	48

次に，楕円曲線を構成するパラメータ b および c の値による楕円曲線群 $EG\{F(37)\}$ の要素数を調べる。付録 E E.9 のプログラムを用いて，プログラム中の B および C の値を変化させて，要素数を求めると表 6.3 のようになる。さらに調査の結果，表 6.3 において部分群が一つだけの場合は要素数が表中の 29, 31, 41, 43（素数）の場合である。

表 **6.3**　b および c の値による楕円曲線群 $EG\{F(37)\}$ の要素数

	$b = 1, 10$	$b = 2$	$b = 3, 4$	$b = 5$	$b = 6, 8$	$b = 7$	$b = 9$
$c = 0$	36	50	40	20	26	36	36
$c = 1$	48	36	36	45	31	44	46
$c = 2$	40	30	34	48	33	36	27
$c = 3$	39	40	38	32	41	44	28
$c = 4$	28	42	42	41	45	39	44
$c = 5$	38	35	48	36	34	33	34
$c = 6$	40	44	32	46	36	40	35
$c = 7$	44	34	43	45	32	28	39
$c = 8$	35	31	28	36	40	40	40
$c = 9$	42	43	49	46	36	41	29

6.3 具体的な楕円曲線群 $EG\{F(2^n)\}$

まず，この場合の **楕円曲線** を次式とする。

$$y^2 + g \cdot x\,y = x^3 + a \cdot x^2 + c \qquad (b = h = 0)$$

ここで，x, y, a, c, g は **代数拡大体** $F(2^n)$ の要素であり，原始多項式 $f(x) = 0$ の一つの解を α とすれば，$x = \alpha^X, y = \alpha^Y, a = \alpha^A, c = \alpha^C, g = \alpha^G$ で表す。このような楕円曲線群の性質を調べるため，表 3.2 の 4 次（$n = 4$）の原始多項式 $f(x) = x^4 + x + 1$ について議論を進める。すなわち，代数拡大体 $F(2^4)$ の要素は表 3.3 から以下のようになる。

$$
\begin{aligned}
&\alpha^0 = (0001), \quad \alpha^1 = (0010), \quad \alpha^2 = (0100), \quad \alpha^3 = (1000), \quad \alpha^4 = (0011), \\
&\alpha^5 = (0110), \quad \alpha^6 = (1100), \quad \alpha^7 = (1011), \quad \alpha^8 = (0101), \quad \alpha^9 = (1010), \\
&\alpha^{10} = (0111), \quad \alpha^{11} = (1110), \quad \alpha^{12} = (1111), \quad \alpha^{13} = (1101), \quad \alpha^{14} = (1001), \\
&\quad (0000)
\end{aligned}
$$

従って，X, Y, A, C, G は 0 〜 14 の値をとる。そして，代数拡大体 $F(2^4)$ 上での四則演算は第 3 章 3.4 節のように計算する。

楕円曲線のパラメータを $a = \alpha^4$，$c = \alpha^0 = 1$ および $g = \alpha^0 = 1$ とすると次式となる。

$$y^2 + \alpha^0 \cdot x\,y = x^3 + \alpha^4 \cdot x^2 + \alpha^0$$

この楕円曲線が成立する点 (x, y) は単位元 e を含め以下のようになる（付録 E E.11 のプログラムの実行結果）。

$$
\begin{aligned}
&(\alpha^0, \alpha^6), \quad (\alpha^0, \alpha^{13}), \quad (\alpha^3, \alpha^8), \quad (\alpha^3, \alpha^{13}), \quad (\alpha^5, \alpha^3), \quad (\alpha^5, \alpha^{11}), \\
&(\alpha^6, \alpha^8), \quad (\alpha^6, \alpha^{14}), \quad (\alpha^9, \alpha^{10}), \quad (\alpha^9, \alpha^{13}), \quad (\alpha^{10}, \alpha^1), \quad (\alpha^{10}, \alpha^8), \\
&(\alpha^{12}, \alpha^{12}), \quad (\alpha^{12}, 0), \quad (0, \alpha^0), \quad e
\end{aligned}
$$

これらの点における演算は以下のようになる。

(1)　各点 P について $P + e = e + P = P$ である。

(2)　2 点 $P = (x_1, y_1)$，$Q = (x_2, y_2)$ を通る直線を $y = \lambda x + (y_1 - \lambda x_1)$，この直線と楕円曲線が交わる点を $R' = (x_3, y_3')$ とおくと，生成される点 $R = P + Q = (x_3, y_3)$ は以下の関係となる。

$$
\begin{aligned}
\lambda &= \frac{y_2 - y_1}{x_2 - x_1} = \frac{y_3' - y_1}{x_3 - x_1} & (P \neq Q) \\
\lambda &= \frac{3\,x_1^2 + 2\,a\,x_1 - g\,y_1}{2\,y_1 + g\,x_1} & (P = Q)
\end{aligned}
$$

$$x_3 = \lambda^2 + g\,\lambda - a - x_1 - x_2 \qquad\qquad y_3' = \lambda\,(x_3 - x_1) + y_1$$

$$y_3 = -y_3' - g\,x_3 = \lambda\,(x_1 - x_3) - y_1 - g\,x_3$$

ここで，λ は直線の傾きである。また，楕円曲線は x_3 のとき，$y\,(y + g\,x_3) = x_3^3 + a\,x_3^2 + c$ の一つの解を $y = A$ とすれば，もう一つの解は $y = -A - g\,x_3$ となる。この具体的な例として，$P = (\alpha^6,\,\alpha^8)$，$Q = (\alpha^3,\,\alpha^{13})$ とおけば，上式は以下のようになる。

$$\lambda = \frac{y_2 - y_1}{x_2 - x_1} = \frac{\alpha^{13} + \alpha^8}{\alpha^3 + \alpha^6} = \frac{\alpha^3}{\alpha^2} = \alpha^{3-2} = \alpha^1$$

$$x_3 = \lambda^2 + g\,\lambda - a - x_1 - x_2 = (\alpha^1)^2 + \alpha^0 \cdot \alpha^1 + \alpha^4 + \alpha^6 + \alpha^3 = \alpha^0 = 1$$

$$y_3 = \lambda\,(x_1 - x_3) - y_1 - g\,x_3 = \alpha^1\,(\alpha^6 + \alpha^0) + \alpha^8 + \alpha^0 \cdot \alpha^0$$

$$= \alpha^1\,(\alpha^{13}) + \alpha^2 = \alpha^{13}$$

ここで，加算および減算は 4 ビットの排他的論理和となる。従って，点 $R = P + Q = (\alpha^0,\,\alpha^{13})$ となり，楕円曲線群 $EG\{F(2^4)\}$ の要素になっている。

(3) 　点 $P = (\alpha^6,\,\alpha^8)$ の接線から生成される点 $R = 2P = (x_3,\,y_3)$ について，以下の関係となる。

$$\lambda = \frac{3\,x_1^2 + 2\,a\,x_1 - g\,y_1}{2\,y_1 + g\,x_1} = \frac{x_1^2 + 0 + y_1}{0 + x_1} = x_1 + \frac{y_1}{x_1} = \alpha^6 + \frac{\alpha^8}{\alpha^6}$$

$$= \alpha^6 + \alpha^2 = \alpha^3$$

$$x_3 = \lambda^2 + g\,\lambda - a - 2\,x_1 = (\alpha^3)^2 + \alpha^0 \cdot \alpha^3 + \alpha^4 + 0 = \alpha^6 + \alpha^7 = \alpha^{10}$$

$$y_3 = \lambda\,(x_1 - x_3) - y_1 - g\,x_3 = \alpha^3\,(\alpha^6 + \alpha^{10}) + \alpha^8 + \alpha^0 \cdot \alpha^{10} = \alpha^3\,\alpha^7 + \alpha^1$$

$$= \alpha^{10} + \alpha^1 = (\alpha^2 + \alpha + 1) + \alpha = \alpha^2 + 1 = \alpha^8$$

ここで，$2\,y_1 = y_1 + y_1 = 0$，$2\,x_1 = x_1 + x_1 = 0$ である。すなわち，この加算は各ビットの排他的論理和で演算を行うため，同じ値を加算すると 0 になる。従って，点 $R = 2P = (\alpha^{10},\,\alpha^8)$ となり，楕円曲線群 $EG\{F(2^4)\}$ の要素となる。なお，この関係式から，楕円曲線群 $EG\{F(2^4)\}$ となる場合，c の値は関係していない。

次に，楕円曲線群 $EG\{F(2^4)\}$ の要素において，周期が長くなる巡回群となるための基準となる要素 P は前節と同様に以下となる。

$$P = (\alpha^3,\,\alpha^8),\quad P = (\alpha^3,\,\alpha^{13}),\quad P = (\alpha^6,\,\alpha^8),\quad P = (\alpha^6,\,\alpha^{14}),$$
$$P = (\alpha^9,\,\alpha^{10}),\quad P = (\alpha^9,\,\alpha^{13}),\quad P = (\alpha^{12},\,\alpha^{12})\quad P = (\alpha^{12},\,0)$$

6.3 具体的な楕円曲線群 $EG\{F(2^n)\}$

例えば，基準となる要素を $P = (\alpha^3, \alpha^{13})$ とすれば，以下のようになる（付録 E E.12 のプログラムの実行結果）。

$$
\begin{array}{llll}
P &= (\alpha^3, \alpha^{13}), & 2P = (\alpha^5, \alpha^{11}), & 3P = (\alpha^9, \alpha^{13}), & 4P = (\alpha^0, \alpha^6), \\
5P &= (\alpha^6, \alpha^{14}), & 6P = (\alpha^{10}, \alpha^8), & 7P = (\alpha^{12}, 0), & 8P = (0, \alpha^0), \\
9P &= (\alpha^{12}, \alpha^{12}), & 10P = (\alpha^{10}, \alpha^1), & 11P = (\alpha^6, \alpha^8), & 12P = (\alpha^0, \alpha^{13}), \\
13P &= (\alpha^9, \alpha^{10}), & 14P = (\alpha^5, \alpha^3), & 15P = (\alpha^3, \alpha^8), & e
\end{array}
$$

また，基準となる要素を逆元の $P = (\alpha^3, \alpha^8)$ とすれば，以下のようになる（付録 E E.12 のプログラムの実行結果）。

$$
\begin{array}{llll}
P &= (\alpha^3, \alpha^8), & 2P = (\alpha^5, \alpha^3), & 3P = (\alpha^9, \alpha^{10}), & 4P = (\alpha^0, \alpha^{13}), \\
5P &= (\alpha^6, \alpha^8), & 6P = (\alpha^{10}, \alpha^1), & 7P = (\alpha^{12}, \alpha^{12}), & 8P = (0, \alpha^0), \\
9P &= (\alpha^{12}, 0), & 10P = (\alpha^{10}, \alpha^8), & 11P = (\alpha^6, \alpha^{14}), & 12P = (\alpha^0, \alpha^6), \\
13P &= (\alpha^9, \alpha^{13}), & 14P = (\alpha^5, \alpha^{11}), & 15P = (\alpha^3, \alpha^{13}), & e
\end{array}
$$

この場合も並びが逆になっている。さらに，これらの関係は以下のようになっている。

$$
kP + (16 - k)P = e \qquad (16 > k > 0,\ k \neq 8)
$$

すなわち，要素 kP と $(16-k)P$ は互いに逆元（$x_1 = x_2$ の要素どうし）となっている。表 6.2 と同様に，基準となる要素に対する巡回群の要素数は表 6.4 のようになる。

表 6.4　基準となる要素に対する巡回群の要素数

基準となる要素	要素数
(α^0, α^6), (α^0, α^{13}), $(0, \alpha^0)$	4
(α^5, α^3), (α^5, α^{11}), (α^{10}, α^1), (α^{10}, α^8)	8
(α^3, α^8), (α^3, α^{13}), (α^6, α^8), (α^6, α^{14}), (α^9, α^{10}), (α^9, α^{13}), $(\alpha^{12}, \alpha^{12})$, $(\alpha^{12}, 0)$	16

さらに，$g = 1$ のもとで，$a = \alpha^A$ および $c = \alpha^C$ の値に対する楕円曲線群 $EG\{F(2^4)\}$ を構成する要素数を求める。まず，付録 E E.11 のプログラムを用いて，$a = \alpha^A$ および $c = \alpha^C$ に対する楕円曲線を満たす点の数（単位元 e を含む）を求めると表 6.5 のようになる。この表から，a に対して 2 通りのパターンしかない。そして，もっとも多い要素数は 24 である。そこで，$a = \alpha^4$ および $c = \alpha^5$ の場合，単位元 e を除く 23 点について基準となる要素に対する巡回群の要素数は表 6.6 のようになり，要素数が 24 となる場合は 8 要素のみである。さらに調査の結果，$a = \alpha^3, \alpha^6, \alpha^7, \alpha^9, \alpha^{11}, \alpha^{12}, \alpha^{13}, \alpha^{14}$，$c = 0$ のとき部分群が一つだけであり，すべての点で作る巡回群の要素数は 17（素数）である。

表 **6.5**　a および c の値による楕円曲線群 $EG\{F(2^4)\}$ の要素数

	$a = 0, \alpha^0, \alpha^1, \alpha^2, \alpha^4, \alpha^5, \alpha^8, \alpha^{10}$	$a = \alpha^3, \alpha^6, \alpha^7, \alpha^9, \alpha^{11}, \alpha^{12}, \alpha^{13}, \alpha^{14}$
$c = 0$	15	17
$c = \alpha^0$	16	18
$c = \alpha^1$	16	18
$c = \alpha^2$	16	18
$c = \alpha^3$	20	14
$c = \alpha^4$	16	18
$c = \alpha^5$	24	10
$c = \alpha^6$	20	14
$c = \alpha^7$	12	22
$c = \alpha^8$	16	18
$c = \alpha^9$	20	14
$c = \alpha^{10}$	24	10
$c = \alpha^{11}$	12	22
$c = \alpha^{12}$	20	14
$c = \alpha^{13}$	12	22
$c = \alpha^{14}$	12	22

表 **6.6**　基準となる要素に対する巡回群の要素数

基準となる要素	要素数
(α^{10}, α^6), (α^{10}, α^7)	3
(α^5, α^{12}), (α^5, α^{14}), $(0, \alpha^{10})$	4
(α^0, α^3), (α^0, α^{14})	6
$(\alpha^{11}, \alpha^{11})$, (α^{14}, α^4), (α^{14}, α^9), $(\alpha^{11}, 0)$	8
(α^2, α^{13}), (α^2, α^{14}), (α^8, α^4), (α^8, α^5)	12
(α^3, α^{10}), (α^3, α^{12}), (α^7, α^6), (α^7, α^{10}), (α^{12}, α^4), (α^{12}, α^6), (α^{13}, α^1), $(\alpha^{13}, \alpha^{11})$	24

　以上，楕円曲線のパラメータ $g = 1$ の場合における楕円曲線群 $EG\{F(2^4)\}$ の性質について議論を進めてきた。さらに調査の結果，楕円曲線群 $EG\{F(2^n)\}$ の部分群が一つだけの場合は $c = 0$ のみであり，要素数が $2^4 + 1 = 17$ や $2^8 + 1 = 257$（付録 E E.11 および E.12 を参照）などのように $2^n + 1$ が素数となることも分かった。そこで，$b = c = 0$ のもとで，楕円曲線群 $EG\{F(2^4)\}$ の要素数が 17（部分群が一つだけ）となる楕円曲線のパラメータ a と g の関係を調べると表 6.7 のようになる。なお，一般的な楕円曲線群 $EG\{F(p^n)\}\,(p > 2)$ の場合，付録 E E.11 および E.12 に示すプログラムで調査した結果，

6.3 具体的な楕円曲線群 $EG\{F(2^n)\}$

群を構成するパラメータを見つけ出すことができなかった。

表 6.7　楕円曲線群 $EG\{F(2^4)\}$ の要素数が 17 となる場合

a の値	g の値
α^3	$1,\ \alpha^2,\ \alpha^3,\ \alpha^6,\ \alpha^{10},\ \alpha^{11},\ \alpha^{12},\ \alpha^{13}$
α^6	$1,\ \alpha^4,\ \alpha^5,\ \alpha^6,\ \alpha^7,\ \alpha^9,\ \alpha^{11},\ \alpha^{12}$
α^7	$1,\ \alpha^2,\ \alpha^4,\ \alpha^5,\ \alpha^8,\ \alpha^{12},\ \alpha^{13},\ \alpha^{14}$
α^9	$1,\ \alpha^2,\ \alpha^4,\ \alpha^5,\ \alpha^8,\ \alpha^{12},\ \alpha^{13},\ \alpha^{14}$
α^{11}	$1,\ \alpha^1,\ \alpha^3,\ \alpha^5,\ \alpha^6,\ \alpha^9,\ \alpha^{13},\ \alpha^{14}$
α^{12}	$1,\ \alpha^3,\ \alpha^7,\ \alpha^8,\ \alpha^9,\ \alpha^{10},\ \alpha^{12},\ \alpha^{14}$
α^{13}	$1,\ \alpha^1,\ \alpha^2,\ \alpha^3,\ \alpha^5,\ \alpha^7,\ \alpha^8,\ \alpha^{11}$
α^{14}	$1,\ \alpha^1,\ \alpha^4,\ \alpha^8,\ \alpha^9,\ \alpha^{10},\ \alpha^{11},\ \alpha^{13}$

練習問題

問題 6.1　楕円曲線 $y^2 + g\,x\,y + h\,y = x^3 + a\,x^2 + b\,x + c$ 上の点 $P(x_1,\,y_1)$ における接線の傾き λ を求めなさい。

問題 6.2　楕円曲線 $y^2 = x^3 + x + 1$ において，$p = 23$ の場合の満足する点を求めなさい。そのうち，周期の長い巡回群となる要素を求めなさい。

問題 6.3　4.2 節に示す $EG\{F(37)\}$ の $P = (17, 11)$ で生成される巡回群において，$P + 7P = 2P + 6P = 3P + 5P = 4P + 4P = 8P$ となっていることを示しなさい。また，$46P + 47P = 45P$ となることを示しなさい。さらに，これを検証するプログラムを作成しなさい。

問題 6.4　4.3 節に示す $EG\{F(2^4)\}$ の $P = (\alpha^3, \alpha^{13})$ で生成される巡回群において，$P + 7P = 2P + 6P = 3P + 5P = 4P + 4P = 8P$ となっていることを示しなさい。さらに，$13P + 14P = 12P$ となることも示しなさい。

問題 6.5　楕円曲線群 $EG\{F(2^8)\}$ において，部分群が一つだけの場合の楕円曲線のパラメータ $a = \alpha^A$ および $c = \alpha^C$ の値を調査しなさい。

問題 6.6　$25 \geq n$ において $2^n \pm 1$ が素数となる場合を求め，素数でない場合素因数分解を行いなさい。

第7章　楕円曲線暗号

(Elliptic Curve Cryptography)

　従来の暗号は機密性を高めようとすれば指数関数的に暗号のビット数が増える。これに対して，**楕円曲線暗号**（Elliptic Curve Cryptography）はビット数が少なくても機密性を高めることができることから注目され，ビットコインなどにおいて公開鍵暗号として利用され始めている。その他に，楕円曲線 DSA 暗号や楕円曲線 DH 暗号（ECDH）などがある。

7.1　Diffie–Hellman 問題

　楕円曲線群 $EG\{F(p)\}$ の要素 $X,\ P$ において，$X = nP,\ (n = 0, 1, 2, \cdots)$ の関係が分かっており，$X,\ P$ が既知であっても，これから n を求める場合，容易に求めることができない。これを楕円曲線上の**離散対数問題**（Discrete Logarithm Problem）という。また，楕円曲線群 $EG\{F(p)\}$ の要素 $X\,(= n_1 P)$ および $Y\,(= n_2 P)$ が与えられ，n_1, n_2, P を求めることはさらに困難である。この問題を楕円曲線上の **Diffie–Hellman 問題** という。楕円曲線暗号では，これらの問題を解く困難さを利用している。

例題 7.1　第 6 章 6.2 に示す楕円曲線群 $EG\{F(37)\}$ において，基準となる点 $P = (17, 11)$ が与えられれば，$13P$ の点 $(33, 28)$ が求められる。しかし，点 $nP = (33, 28)$ が与えられ，nP における n を求めることができない。これを **楕円曲線** 上の **離散対数問題** という。

7.2　楕円曲線暗号の実際

　ここで利用する楕円曲線は次式である。

$$y^2 = x^3 + bx + c \qquad (\bmod\ p)$$

この楕円曲線で作る楕円曲線群 $EG\{F(p)\}$ の要素において，基準となる要素 P を決定する。次に，第 6 章で示す計算によって $Q = nP = (x, y)$ を求め，この値が公開鍵となる。ここで，**秘密鍵** は n である（P を含めてもよい）。すなわち，楕円曲線の各パラメータ

b, c, 大きな素数 p, $Q = (x, y)$ が公開されていても，前節で示した楕円曲線上の離散対数問題を解くことが困難であることが理由である。

次に，送り手 A がデータ d を送る場合，受け手 B が公開している Q を基準要素とした巡回群を作成して，これから $Y = dQ$ を生成し送信する。受け手 B では $Y = dQ = dnP$ から d を容易に求めることができる。すなわち，楕円曲線暗号のアルゴリズムは非常に単純であるが，前節で示した離散対数問題や Diffie–Hellman 問題となり，第三者が Q と Y から d を求めることは非常に困難である。この処理手順は図 7.1 のようになる。

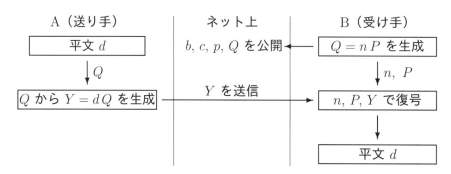

図 7.1　楕円曲線暗号の処理手順

具体的にビットコインの Secp256k1 では，楕円曲線の各パラメータ b, c, 大きな素数 p, $Q = (x, y)$ の値が以下のように公開されている。

```
b = 0000000000000000000000000000000000000000000000000000000000000000
c = 0000000000000000000000000000000000000000000000000000000000000007
p = fffffffffffffffffffffffffffffffffffffffffffffffffffffffefffffc2f
x = 79be667ef9dcbbac55a06295ce870b07029bfcdb2dce28d959f2815b16f81798
y = 483ada7726a3c4655da4fbfc0e1108a8fd17b448a68554199c47d08ffb10d4b8
```

ここで，これらの値は符号なし整数（unsigned integer）であり，秘密鍵 n および平文 d を含め，$4 \times 64 = 256$ ビット（32 バイト）からなっている。

7.3　楕円曲線暗号の具体的例

ここでは，楕円曲線暗号の理解を容易にするため，8 ビットに縮小した楕円曲線暗号の具体的例を示す。そこで，まず素数を $p = 257$ とおき，楕円曲線群 $EG\{F(p)\}$ の部分群

が一つだけの場合の楕円曲線のパラメータ b および c の組（(b, c) 要素数）を求めると以下のように多数存在する。

```
(  1,  7) 281, (  1, 13) 269, (  1, 16) 251, (  1, 22) 271, (  1, 36) 263,
(  1, 39) 277, (  1, 41) 233, (  1, 74) 239, (  1, 87) 241, (  1, 99) 257,
(  1,104) 281, (  1,112) 263, (  1,145) 263, (  1,153) 281, (  1,158) 257,
(  1,170) 241, (  1,183) 239, (  1,216) 233, (  1,218) 277, (  1,221) 263,
(  1,235) 271, (  1,241) 251, (  1,244) 269, (  1,250) 281,
(  2, 18) 269, (  2, 37) 233, (  2, 49) 263, (  2, 54) 277, (  2, 58) 257,
(  2, 69) 281, (  2, 70) 271, (  2, 76) 263, (  2, 97) 241, (  2,113) 281,
(  2,115) 239, (  2,121) 251, (  2,136) 251, (  2,142) 239, (  2,144) 281,
(  2,160) 241, (  2,181) 263, (  2,187) 271, (  2,188) 281, (  2,199) 257,
(  2,203) 277, (  2,208) 263, (  2,220) 233, (  2,239) 269,
--- 途中省略 ---
(256,  1) 251, (256,  7) 263, (256, 42) 257, (256, 49) 269, (256, 62) 263,
(256, 95) 271, (256,101) 239, (256,107) 241, (256,110) 277, (256,112) 281,
(256,115) 233, (256,122) 281, (256,135) 281, (256,142) 233, (256,145) 281,
(256,147) 277, (256,150) 241, (256,156) 239, (256,162) 271, (256,195) 263,
(256,208) 269, (256,215) 257, (256,250) 263, (256,256) 251,
```

以上から，楕円曲線のパラメータ b および c に対し，楕円曲線を満たす点（単位元 e を含む）は素数になっていることが分かる。そこで，楕円曲線のパラメータを $b = 1, c = 7$ とすると，楕円曲線を満たす点は付録 E E.9 のプログラムを用いて求めることができ，その計算結果から 281 点（素数）である（計算結果については付録 E E.9 参照）。任意の点（単位元 e を除く）を基準点 P とすれば，すべての点 X は $X = nP$ となる巡回群を作成することができる。そこで，図 7.1 に示す楕円曲線暗号の処理手順に従って以下に示す（付録 E E.13 のプログラムを実行）。

(1)　まず，データの受け手 B が基準となる点 $P = (192, 214)$ を選び，巡回群を作成し，その中から $nP = (n + 281 \times k_1)P = (12, 125)$（$n = 27$ は秘密鍵）を計算し，$Q = (12, 125)$ として公開する。

(2)　データの送り手 A が公開している点 $Q = (12, 125)$ を基準点として，新たな巡回群を作成し，その中から送るべき **平文** $d = 49$ の点（**暗号文**）$dQ = (d + 281 \times k_2)Q = (207, 170)$ を送る。

(3)　データの受け手 B では，巡回群の中から $dQ = \{nd \pmod{281}\}P = (207, 170)$ となる $m = \{nd \pmod{281}\}$ を求める。これから平文 d（**復号**）を次式で求めるこ

とができる。

$$nd = m + 281 \times k \quad \rightarrow \quad d = \frac{m + 281 \times k}{n} = \frac{m + 281 \times k}{27} = 49$$

ここで，k は $m + 281 \times k$ が $n = 27$ の倍数となる最小の正整数である。

このようにして，情報を暗号化して送ることができる。楕円曲線 DSA 暗号もこのような手順で行われる。

7.4 楕円曲線 DH 暗号

A と B が情報交換を行うとき，A と B との間で **共通鍵** を構築する必要がある。この共通鍵を構築する手順を図 7.2 に示す。まず，楕円曲線のパラメータ b, c，大きな素数 p，楕円曲線群 $EG\{F(p)\}$ の基準となる要素 P を公開（**公開鍵**）し，A および B が共有する。そして，A および B がそれぞれ基準となる要素 P を用いて巡回群を作成し，それぞれ **秘密鍵** として m および n を選び，それぞれ mP および nP を生成して交換する。A では受け取った nP と秘密鍵 m から $Q = mnP$ を生成する。また，B では受け取った mP と秘密鍵 n から $Q = nmP$ を生成する。これが **共通鍵** となる。

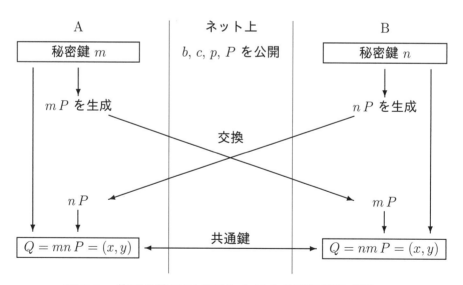

図 7.2　楕円曲線 DH 暗号における共通鍵構築手順

次に双方において共通鍵 $Q = mnP = (x, y)$ を基準とする新たな巡回群を作成する。この新たな巡回群によって，送るべき平文 d に対して，dQ（暗号文）を生成して，それ

それ相手に送る。受け取った暗号文 dQ は新たな巡回群から平文 d を得ることができる。これによって，暗号文による情報交換を行うことができるようになる。第三者は楕円曲線群の要素だけ分かっていても，基準となる要素 Q の共通鍵が分からないと解読できない。

7.5　楕円曲線 DH 暗号の具体的例

ここでは，7.3 節で用いた楕円曲線のパラメータ $b = 1$, $c = 7$, 素数 $p = 257$, 基準となる点 $P = (192, 214)$ を用いる。7.4 節の手順に従って具体的な数値を用いて以下に示す（付録 E E.14 のプログラムを実行）。

(1)　まず，$b = 1$, $c = 7$, $p = 257$, $P = (192, 214)$ を公開し，A および B が共有する。

(2)　A および B それぞれが，楕円曲線群 $EG\{F(257)\}$ における基準となる要素 $P = (192, 214)$ の巡回群を作成する。そして，A および B がそれぞれ秘密鍵として $m = 35$ および $n = 27$ を選び，それぞれ $mP = (m + 281 \times k_A)P = (7, 247)$ および $nP = (n + 281 \times k_B)P = (12, 125)$ を生成して交換する。

(3)　A では受け取った $nP = (12, 125)$ と秘密鍵 $m = 35$ から $Q = \{35 \times 27 \,(\mathbf{mod}\,281)\}$ $P = (38, 144)$ を，B では受け取った $mP = (7, 247)$ と秘密鍵 $n = 27$ から $Q = \{27 \times 35 \,(\mathbf{mod}\,281)\}P = (38, 144)$ を生成する。これが共通鍵となる。

(4)　A および B がそれぞれ共通鍵 $Q = (38, 144)$ を基準とする新たな巡回群を作成する。

(5)　新たな巡回群によって，送るべき **平文** $d = 49$ に対して，$dQ = (208, 234)$（**暗号文**）を生成して，相手に送る。

(6)　受け取った暗号文 $dQ = (208, 234)$ を用いて，共通鍵 $Q = (38, 144)$ を基準とする新たな巡回群から平文 $d = 49$ を得る。

以上によって，暗号文による情報交換を行うことができるようになる。このように，楕円曲線暗号は単純な手順で行われるが，冒頭でも述べたとおり，楕円曲線群の離散対数問題や Diffie–Hellman 問題を解く困難さが暗号文の機密性を高めている。

7.6 楕円曲線群 $EG\{F(2^8)\}$ による暗号

まず，この場合の楕円曲線は第 6 章 6.3 で示した次式である。

$$y^2 + g \cdot xy = x^3 + a \cdot x^2 + c \qquad (b = h = 0)$$

ここで，$a = \alpha^A$，$c = \alpha^C$ および $g = \alpha^G$ であり，α は原始多項式 $x^8 + x^4 + x^3 + x^2 + 1 = 0$ の一つの解である（第 3 章 3.4 参照）。また，A，C および G は $x^n \,(\mathrm{mod}\, x^8 + x^4 + x^3 + x^2 + 1)$ の n である。そこで，楕円曲線群 $EG\{F(2^8)\}$ において，$c = 0$ および $g = 1 = \alpha^0$ のもとで，部分群が一つだけの場合の楕円曲線のパラメータ $a = \alpha^A$ は次の 128 通りである。

$$
\begin{array}{llllllllllll}
\alpha^5, & \alpha^9, & \alpha^{10}, & \alpha^{11}, & \alpha^{15}, & \alpha^{18}, & \alpha^{20}, & \alpha^{21}, & \alpha^{22}, & \alpha^{29}, & \alpha^{30}, & \alpha^{33}, \\
\alpha^{36}, & \alpha^{39}, & \alpha^{40}, & \alpha^{42}, & \alpha^{43}, & \alpha^{44}, & \alpha^{47}, & \alpha^{53}, & \alpha^{55}, & \alpha^{57}, & \alpha^{58}, & \alpha^{60}, \\
\alpha^{61}, & \alpha^{63}, & \alpha^{65}, & \alpha^{66}, & \alpha^{69}, & \alpha^{71}, & \alpha^{72}, & \alpha^{77}, & \alpha^{78}, & \alpha^{79}, & \alpha^{80}, & \alpha^{81}, \\
\alpha^{83}, & \alpha^{84}, & \alpha^{86}, & \alpha^{87}, & \alpha^{88}, & \alpha^{89}, & \alpha^{91}, & \alpha^{93}, & \alpha^{94}, & \alpha^{95}, & \alpha^{97}, & \alpha^{101}, \\
\alpha^{106}, & \alpha^{107}, & \alpha^{109}, & \alpha^{110}, & \alpha^{114}, & \alpha^{115}, & \alpha^{116}, & \alpha^{117}, & \alpha^{120}, & \alpha^{121}, & \alpha^{122}, & \alpha^{125}, \\
\alpha^{126}, & \alpha^{130}, & \alpha^{132}, & \alpha^{133}, & \alpha^{135}, & \alpha^{138}, & \alpha^{142}, & \alpha^{144}, & \alpha^{147}, & \alpha^{149}, & \alpha^{151}, & \alpha^{154}, \\
\alpha^{155}, & \alpha^{156}, & \alpha^{158}, & \alpha^{159}, & \alpha^{160}, & \alpha^{162}, & \alpha^{163}, & \alpha^{166}, & \alpha^{167}, & \alpha^{168}, & \alpha^{169}, & \alpha^{171}, \\
\alpha^{172}, & \alpha^{173}, & \alpha^{174}, & \alpha^{175}, & \alpha^{176}, & \alpha^{178}, & \alpha^{181}, & \alpha^{182}, & \alpha^{185}, & \alpha^{186}, & \alpha^{188}, & \alpha^{190}, \\
\alpha^{194}, & \alpha^{195}, & \alpha^{201}, & \alpha^{202}, & \alpha^{203}, & \alpha^{205}, & \alpha^{207}, & \alpha^{209}, & \alpha^{211}, & \alpha^{212}, & \alpha^{213}, & \alpha^{214}, \\
\alpha^{215}, & \alpha^{218}, & \alpha^{220}, & \alpha^{225}, & \alpha^{228}, & \alpha^{229}, & \alpha^{230}, & \alpha^{231}, & \alpha^{232}, & \alpha^{233}, & \alpha^{234}, & \alpha^{235}, \\
\alpha^{240}, & \alpha^{242}, & \alpha^{243}, & \alpha^{244}, & \alpha^{245}, & \alpha^{249}, & \alpha^{250}, & \alpha^{252}
\end{array}
$$

これらのパラメータで楕円曲線を満たす点は付録 E E.11 のプログラムを用いて求めることができ，単位元 e を含めてすべて 257（素数）である（計算例については付録 E E.11 参照）。

さらに，これらの点（単位元 e を除く）を基準とする要素 P で生成される巡回群の要素は単位元 e を含めすべて 257 である。ここで，図 7.1 に示す公開する値は $A = 5$，$C = 255\,(c = 0)$，$n = 8$ および点 $Q = mP$ である。また，図 7.2 においては $A = 5$，$C = 255$，$n = 8$ および基準となる点 P である。前者については問題 7.4 で確認するとして，後者においては 7.5 節の処理手順と同じ手順に従って公開鍵暗号を実現すると以下のようになる（付録 E E.15 のプログラムを実行）。

(1) まず，楕円曲線の係数 $a = \alpha^5$ および $c = 0 = \alpha^{255}$ の $A = 5$ および $C = 255$，基準となる点 $P = (\alpha^{10}, \alpha^{148})$ を公開し，A および B が共有する。

(2)　A および B れぞれが，楕円曲線群 $EG\{F(2^8)\}$ における基準となる要素 $P = (\alpha^{10}, \alpha^{148})$ の巡回群を作成する。そして，A および B がそれぞれ秘密鍵として $m_A = 35$ および $m_B = 27$ を選び，それぞれ $m_A P = (m_A + 257 \times k_A) P = (\alpha^{234}, \alpha^{82})$ および $m_B P = (m_B + 257 \times k_B) P = (\alpha^9, \alpha^{151})$ を生成して交換する。

(3)　A では受け取った $m_B P = (\alpha^9, \alpha^{151})$ と秘密鍵 $m_A = 35$ から $Q = \{35 \times 27 \,(\mathbf{mod}\, 257)\} P = (\alpha^{147}, \alpha^{136})$ を，B では受け取った $m_A P = (\alpha^{234}, \alpha^{82})$ と秘密鍵 $m_B = 27$ から $Q = \{27 \times 35 \,(\mathbf{mod}\, 257)\} P = (\alpha^{147}, \alpha^{136})$ を生成する。これが共通鍵となる。

(4)　A および B がそれぞれ共通鍵 $Q = (\alpha^{58}, \alpha^{120})$ を基準とする新たな巡回群を作成する。

(5)　新たな巡回群によって，送るべき 平文 $d = 97$ に対して，$dQ = (\alpha^{58}, \alpha^{120})$（暗号文）を生成して，相手に送る。

(6)　新たな巡回群から，受け取った暗号文 $dQ = (\alpha^{179}, \alpha^{25})$ を用いて平文 $d = 97$ を得る。

以上によって，暗号文による情報交換を行うことができるようになる。しかしながら，楕円曲線の係数 $c = 0$ が暗号手法として妥当であるか検討が必要である。また，実用化するためには 100 以上の大きな n による楕円曲線群 $EG\{F(2^n)\}$ を生成する既約多項式を求めること，楕円曲線の係数 $a = \alpha^A$ および $c = \alpha^C$ を求めること，および複数の部分群を考慮した暗号アルゴリズムの構築が必要である。現在のところ，表 3.7 から分かるように，n が大きくなればなるほど多くの原始多項式が存在するので，これらを求めることが非常に困難である。従って，代数拡大体 $F(2^n)$ による楕円曲線暗号はまだ実用化に至っていないといってよい。さらには，楕円曲線暗号全般について，S–box やハッシュ関数などと組み合わせることによって，より頑強な暗号システムを実現することができる。

練習問題

問題 7.1　楕円曲線 $y^2 = x^3 + x + 7 \pmod{257}$ を満たす点を求めるプログラムを作成しなさい。

問題 7.2　楕円曲線群 $EG\{F(p)\}$ において，P を基準とする巡回群から $dQ = dnP$ を求める方法を示しなさい。

問題 7.3　付録 E の E.9 および E.10 のプログラムを参考にして，7.3 節に示す楕円曲線暗号の手順に従ったプログラムを作成しなさい。

問題 7.4　有限体 $F(2^8)$ 上の楕円曲線 $y^2 + xy = x^3 + \alpha^A x + \alpha^C \pmod{x^8 + x^4 + x^3 + x^2 + 1}$ を満たす点を求めるプログラムを作成しなさい。また，この楕円曲線を満たす点で作る楕円曲線群 $EG\{F(2^8)\}$（巡回群）の要素を求めるプログラムを作成しなさい。

問題 7.5　7.5 節に示す楕円曲線 DH 暗号の手順に従ったプログラムを作成しなさい。

問題 7.6　楕円曲線群 $EG\{F(2^8)\}$ によって，7.3 節に示す共通鍵暗号の手順に従ったプログラムを作成しなさい。

第8章　格子と暗号

(Lattice-Based Cryptography)

　ここまでの章で，暗号を実現するために，因数分解の困難性に基づく方法や，楕円曲線の群構造における離散対数問題の困難性に基づく方法を解説した。

　本章では，格子の性質を利用した公開鍵暗号について解説する。なお，内容の多くについて文献 [1] を参考にした。ただし，現状で提案されているいくつかの格子の性質を利用した暗号は，いずれも十分な安全性を確保するためにデータ量が巨大になるなどの問題を抱えており，実用に耐えうる段階に至っていないことを付け加えておく。

　格子の性質を利用した公開鍵暗号が安全性の根拠としているのは，以下に挙げる問題の困難性である。

- 最短ベクトル問題 (SVP: Shortest Vector Problem)

- 最近ベクトル問題 (CVP: Closest Vector Problem)

- Learning With Errors(LWE)
  ⋮

　その中でも CVP の困難性を根拠にした GGH 方式は直観的に分かり易いため，格子暗号の一つの例として理解してもらうことを本章の目標とする。

　説明の手順は以下の通りである。

　本来，次元の低いところでは，CVP は困難な問題ではないため，高次元で考えなければ意味をなさない。しかし，まず概略を理解するために，安全性についての議論を保留にして，8.1 節において，2 次元における GGH 公開鍵暗号の具体的な手順を紹介する。

　GGH 暗号の基本的なアイデアを理解した上で，次に重要となるのは復号のための手続きである。復号は実際に CVP 問題を解くことによって実現できる。このとき，どのような条件を満たしていれば CVP が解けるのか，そして，どのような条件を満たしていれば CVP が解かれる心配がないのかということを理解することが重要である。この条件こそが，秘密鍵を所持していれば復号が可能で，秘密鍵に関する情報を知らなければ復号が不可能という公開鍵暗号の安全性を担保する基本原理であるからである。

　これらの CVP 問題が解けるための条件，および，解くための手順を理解するために準備が必要である。そのための準備は次の要領で進める。

まず，8.2 節で線形代数の基礎的な用語等について確認する。その中において，8.2.1 小節で基底についての基本的な概念をおさえる。続いて，8.2.2 小節において，グラム・シュミットの直交化の手続きの復習を行う。

必要な線形代数の復習を終えたところで，8.3 節において，まず，格子に関する基礎的な概念について解説する。8.1 節において，点が整列しているような集合を素朴に格子と呼んで議論を進めてきたが，本節では線形空間の部分構造として定式化する。

この後，8.3.4 小節において，最近近似アルゴリズムによって，ある種の条件を満たしていれば，CVP が解けるという本節の到着地点に向かって説明を進めて行くわけであるが，そのために LLL アルゴリズムという基底を望ましい形に変形する手順を理解する必要がある。そのために，続く 8.3.1, 8.3.2, 8.3.3 小節において，LLL アルゴリズムについて解説を行う。8.3.1 小節は目標とする望ましい基底の条件を与え，簡約基底と定義している。8.3.2 小節は LLL 簡約アルゴリズムの手順を示し，アルゴリズムが終了すれば簡約基底が得られることを示している。8.3.3 小節は LLL アルゴリズムが終了することを証明している。

最後に 8.4 節において，格子公開鍵暗号である GGH 方式がどのように実装されるかを解説する。

8.1　格子暗号の概要

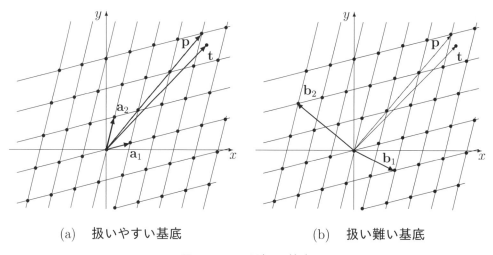

(a)　扱いやすい基底　　　　　　(b)　扱い難い基底

図 8.1　2 種類の基底

本節では，格子暗号の一つである GGH 方式を例として，格子暗号の概要を説明する。

まず，図 8.1 にあるような線形空間に 2 種類の基底 $\{\mathbf{a}_1, \mathbf{a}_2\}$ と $\{\mathbf{b}_1, \mathbf{b}_2\}$ を考える。この 2 種類の基底の間には次の関係がある。

$$(\mathbf{b}_1, \mathbf{b}_2) = (\mathbf{a}_1, \mathbf{a}_2) \begin{pmatrix} 2 & -3 \\ -1 & 2 \end{pmatrix}$$

加えて

$$\begin{pmatrix} 2 & -3 \\ -1 & 2 \end{pmatrix}^{-1} = \begin{pmatrix} 2 & 3 \\ 1 & 2 \end{pmatrix}$$

となることより，関係式

$$(\mathbf{b}_1, \mathbf{b}_2) \begin{pmatrix} 2 & 3 \\ 1 & 2 \end{pmatrix} = (\mathbf{a}_1, \mathbf{a}_2)$$

が得られる。これは，図 8.1 中の格子点の集合 L が次のように 2 種類の方法で記述することができることを意味している。

$$L = \{c_1 \mathbf{a}_1 + c_2 \mathbf{a}_2 \mid c_1, c_2 \in \mathbb{Z}\} = \{c_1 \mathbf{b}_1 + c_2 \mathbf{b}_2 \mid c_1, c_2 \in \mathbb{Z}\}$$

例えば，$\mathbf{p}$ はそれぞれの基底について整数係数一次結合で記述することができる。

$$\mathbf{p} = 3\mathbf{a}_1 + 3\mathbf{a}_2 = (\mathbf{a}_1, \mathbf{a}_2) \begin{pmatrix} 3 \\ 3 \end{pmatrix} = (\mathbf{b}_1, \mathbf{b}_2) \begin{pmatrix} 2 & 3 \\ 1 & 2 \end{pmatrix} \begin{pmatrix} 3 \\ 3 \end{pmatrix} = 15\mathbf{b}_1 + 9\mathbf{b}_2$$

ここで，格子点ではない $\mathbf{t}$ から最も近い格子点を求める問題を考える。この問題は格子における最近ベクトル問題（CVP）と呼ばれている。この CVP を解くための効率の良いアルゴリズムは知られていないため，CVP の困難性を根拠にいくつか暗号方式が考案されている。先に述べた GGH はこの一つである。

ここで GGH 方式について説明しよう。まず，GGH は公開鍵暗号である。秘密鍵，公開鍵，平文を次のように定める。

- **秘密鍵** 基底 $\{\mathbf{a}_1, \mathbf{a}_2\}$

- **公開鍵** 基底 $\{\mathbf{b}_1, \mathbf{b}_2\}$

- **平文** 整数の組 $(c_1, c_2) = (15, 9)$

暗号化： 公開鍵として与えられた基底 $\{\mathbf{b}_1, \mathbf{b}_2\}$ を用いて，$\mathbf{p} = c_1 \mathbf{b}_1 + c_2 \mathbf{b}_2$ を求める。適当な短いベクトル $\mathbf{r}$ を選び，$\mathbf{t} = \mathbf{p} + \mathbf{r}$ として得られた $\mathbf{t}$ が暗号文に対応するベクトルである。

復号化： 一般に CVP は解決困難である。しかし，次節以降で解説するように，良い基底 $\{\mathbf{a}_1, \mathbf{a}_2\}$ が既知であり，かつ $\mathbf{r}$ が十分短ければ，最近ベクトル $\mathbf{p}$ を求めることができる。そのため，秘密鍵である「良い基底」を知っている者のみが平文 (c_1, c_2) を知ることができる。

ただし，ここでは簡略化のため，2 次元空間において格子暗号を考えたが，次元が十分大きくなければ CVP は容易に解けるため，暗号として機能しないことを注意しておく。

8.2　線形代数 (Linear Algebra)

8.2.1　基底 (Basis)

まず，格子を扱うために必要な線形代数の復習を行う。$\mathbb{R}$ を実数体とする。正整数 m に対して，

$$\left\{ \left. \begin{pmatrix} a_1 \\ a_2 \\ \vdots \\ a_m \end{pmatrix} \right| a_1, a_2, \ldots, a_m \in \mathbb{R} \right\}$$

を $\mathbb{R}^m$ と表記することとする。加えて，正整数 m, n に対して，

$$\left\{ \left. \begin{pmatrix} a_{11} & a_{12} & \cdots & a_{1n} \\ a_{21} & a_{22} & \cdots & a_{2n} \\ \vdots & & \ddots & \vdots \\ a_{m1} & a_{12} & \cdots & a_{mn} \end{pmatrix} \right| a_{ij} \in \mathbb{R}, i \in \{1, \ldots, m\}, j \in \{1, \ldots, n\} \right\}$$

を $\mathbb{R}^{m \times n}$ と表記することとする。特に，$\mathbb{R}^m = \mathbb{R}^{m \times 1}$ とする。

$$A = \begin{pmatrix} a_{11} & a_{12} & \cdots & a_{1m} \\ a_{21} & a_{22} & \cdots & a_{2m} \\ \vdots & & \ddots & \vdots \\ a_{n1} & a_{n2} & \cdots & a_{nm} \end{pmatrix}$$

に対して，

$$\begin{pmatrix} a_{11} & a_{21} & \cdots & a_{n1} \\ a_{12} & a_{22} & \cdots & a_{n2} \\ \vdots & & & \vdots \\ a_{1m} & a_{2m} & \cdots & a_{nm} \end{pmatrix}$$

を A の **転置** (Transpose) と呼び，A^T と表記する。

定義 8.1 $\mathbb{R}^m$ の元 $\mathbf{b}_1, \mathbf{b}_2, \ldots, \mathbf{b}_n$ について,

$$V := \{c_1\,\mathbf{b}_1 + c_2\,\mathbf{b}_2 + \cdots + c_n\,\mathbf{b}_n \mid c_1, c_2, \ldots, c_n \in \mathbb{R}\}$$

を $\mathbf{b}_1, \mathbf{b}_2, \ldots, \mathbf{b}_n$ が **生成する** $\mathbb{R}^m$ の部分空間といい, $V = \mathrm{span}_{\mathbb{R}}\{\mathbf{b}_1, \mathbf{b}_2, \ldots, \mathbf{b}_n\}$ と表記する。

定義 8.2 $\mathbb{R}^m$ の元 $\mathbf{b}_1, \mathbf{b}_2, \ldots, \mathbf{b}_n$ が **一次独立** (Linearly Independent) であるとは, $c_1\,\mathbf{b}_1 + c_2\,\mathbf{b}_2 + \cdots + c_n\,\mathbf{b}_n = \mathbf{0}$ を満たす $c_1, c_2, \ldots, c_n \in \mathbb{R}$ は $c_1 = c_2 = \cdots = c_n = 0$ のみであることをいう。一次独立でないとき, **一次従属** (Linearly Dependent) という。

定義 8.3 $V = \mathrm{span}_{\mathbb{R}}\{\mathbf{b}_1, \mathbf{b}_2, \ldots, \mathbf{b}_n\}$ について, $\mathbf{b}_1, \mathbf{b}_2, \ldots, \mathbf{b}_n$ が一次独立のとき, $\mathbf{b}_1, \mathbf{b}_2, \ldots, \mathbf{b}_n$ を V の **基底** (Basis) という。

定義 8.4 $\mathbb{R}^m$ の元, $\mathbf{u} = (u_1, u_2, \ldots, u_m)^T, \mathbf{v} = (v_1, v_2, \ldots, v_m)^T$ に対して, $(\mathbf{u}, \mathbf{v}) = u_1 v_1 + u_2 v_2 + \cdots + u_m v_m$ を $\mathbf{u}$ と $\mathbf{v}$ の **内積** (Inner Product) といい, $(\mathbf{u}, \mathbf{v}) = 0$ のとき, $\mathbf{u}$ と $\mathbf{v}$ は **直交する** (Orthogonal) という。

定義 8.5 V を $\mathbb{R}^m$ の部分空間とし, $\mathbb{R}^m$ の元 $\mathbf{b}_1, \mathbf{b}_2, \ldots, \mathbf{b}_n$ が V の基底であるとする。そして, $(\mathbf{b}_i, \mathbf{b}_j) \neq 0\,(i = j)$ および $(\mathbf{b}_i, \mathbf{b}_j) = 0\,(i \neq j)$ を満たすとき, $\mathbf{b}_1, \mathbf{b}_2, \ldots, \mathbf{b}_n$ を **直交基底** (Orthogonal Basis) という。特に $\|\mathbf{b}_i\| = \sqrt{(\mathbf{b}_i, \mathbf{b}_i)} = 1, i = 1, 2, \ldots, n$ となるとき, **正規直交基底** (Orthonomal Basis) という。

8.2.2 グラム・シュミットの直交化

$\mathbb{R}^m$ の元 $\mathbf{b}_1, \mathbf{b}_2, \ldots, \mathbf{b}_n$ に対して, $\mathbf{b}_1^*, \mathbf{b}_2^*, \ldots, \mathbf{b}_n^*$ を次のように定める。

$$\mathbf{b}_i^* = \mathbf{b}_i - \sum_{j=1}^{i-1} \mu_{i,j}\,\mathbf{b}_j^*$$

ただし, $\mu_{i,j} = \dfrac{(\mathbf{b}_i, \mathbf{b}_j^*)}{(\mathbf{b}_j^*, \mathbf{b}_j^*)}$ とする。ここで, $\mu_{i,j}(i, j = 1, 2, \ldots, n)$ を **グラム・シュミット係数** (Gram-Schmidt Coefficients) と呼ぶ。順に書き下すと,

$$
\begin{aligned}
\mathbf{b}_1^* &:= \mathbf{b}_1 \\
\mathbf{b}_2^* &:= \mathbf{b}_2 - \frac{(\mathbf{b}_2, \mathbf{b}_1^*)}{(\mathbf{b}_1^*, \mathbf{b}_1^*)}\,\mathbf{b}_1^* \\
\mathbf{b}_3^* &:= \mathbf{b}_3 - \frac{(\mathbf{b}_3, \mathbf{b}_1^*)}{(\mathbf{b}_1^*, \mathbf{b}_1^*)}\,\mathbf{b}_1^* - \frac{(\mathbf{b}_3, \mathbf{b}_2^*)}{(\mathbf{b}_2^*, \mathbf{b}_2^*)}\,\mathbf{b}_2^* \\
&\vdots \\
\mathbf{b}_n^* &:= \mathbf{b}_n - \frac{(\mathbf{b}_n, \mathbf{b}_1^*)}{(\mathbf{b}_1^*, \mathbf{b}_1^*)}\,\mathbf{b}_1^* - \cdots - \frac{(\mathbf{b}_n, \mathbf{b}_{n-1}^*)}{(\mathbf{b}_{n-1}^*, \mathbf{b}_{n-1}^*)}\,\mathbf{b}_{n-1}^*
\end{aligned}
$$

となり，それぞれの内積が 0 になることから，$\mathbf{b}_1^*, \mathbf{b}_2^*, \ldots, \mathbf{b}_n^*$ が互いに直交することが分かる。言い換えれば，

$$M := \begin{pmatrix} 1 & \mu_{2,1} & \mu_{3,1} & \cdots & \mu_{n-1,1} & \mu_{n,1} \\ 0 & 1 & \mu_{3,2} & \cdots & \mu_{n-1,2} & \mu_{n,2} \\ 0 & 0 & 1 & & \mu_{n-1,3} & \mu_{n,3} \\ \vdots & & & \ddots & & \vdots \\ 0 & 0 & 0 & & 1 & \mu_{n,n-1} \\ 0 & 0 & 0 & \cdots & 0 & 1 \end{pmatrix}$$

$$(\mathbf{b}_1, \ldots, \mathbf{b}_n) = (\mathbf{b}_1^*, \ldots, \mathbf{b}_n^*)M$$

$$(\mathbf{b}_1, \ldots, \mathbf{b}_n)M^{-1} = (\mathbf{b}_1^*, \ldots, \mathbf{b}_n^*)$$

となるので，$\mathrm{span}_{\mathbb{R}}\{\mathbf{b}_1, \mathbf{b}_2, \ldots, \mathbf{b}_n\} = \mathrm{span}_{\mathbb{R}}\{\mathbf{b}_1^*, \mathbf{b}_2^*, \ldots, \mathbf{b}_m^*\}$ である。特に，$\mathbf{b}_1, \mathbf{b}_2, \ldots, \mathbf{b}_n$ が一次独立ならば，$\mathbf{b}_1^*, \mathbf{b}_2^*, \ldots, \mathbf{b}_n^*$ も一次独立となる。$\mathbf{b}_1, \mathbf{b}_2, \ldots, \mathbf{b}_n$ が空間 V の基底のとき，互いに直交する V の新たな基底 $\mathbf{b}_1^*, \mathbf{b}_2^*, \ldots, \mathbf{b}_n^*$ を得る手続きを **グラム・シュミットの直交化** (Gram-Schmidt Orthonormalization) という。

8.3　格子 (Lattices)

$\mathbb{R}^m$ の n 個の一次独立なベクトル $\mathbf{b}_1, \ldots, \mathbf{b}_n$ の整数係数一次結合全体の集合

$$\langle \mathbf{b}_1, \ldots, \mathbf{b}_n \rangle_{\mathbb{Z}} := \{ c_1 \mathbf{b}_1 + \cdots + c_n \mathbf{b}_n \,|\, c_1, \ldots, c_n \in \mathbb{Z} \}$$

を $\mathbf{b}_1, \ldots, \mathbf{b}_n$ を基底に持つ **格子** (Lattice) という。整数 n を格子の **階数** (Rank) ，整数 m を格子の **次元** (Dimension) という。$\mathbf{b}_1, \ldots, \mathbf{b}_n$ を列ベクトルとして持つ行列 $B := (\mathbf{b}_1 \,|\, \ldots \,|\, \mathbf{b}_n)$ に対して，$\langle B \rangle_{\mathbb{Z}} = \langle \mathbf{b}_1, \ldots, \mathbf{b}_n \rangle_{\mathbb{Z}}$ と表記する。$n = m$ のとき，$\langle B \rangle_{\mathbb{Z}}$ は **完全階数** (Full Rank) であるという。$L := \langle B \rangle_{\mathbb{Z}}$ とするとき，$\sqrt{\det(B^T B)}$ を $\det(L)$ と表記し，格子 L の **行列式** (Determinant) と呼ぶ。$\lambda := \lambda(L) := \min\{\|\mathbf{v}\| \,|\, \mathbf{v} \in L\}$ と表記する。

例題 8.1　次のように基底を定める。

$$\mathbf{b}_1 := \begin{pmatrix} 1 \\ -1 \end{pmatrix}, \qquad \mathbf{b}_2 := \begin{pmatrix} 1 \\ 2 \end{pmatrix}$$

格子 $L := \langle \mathbf{b}_1, \mathbf{b}_2 \rangle_{\mathbb{Z}}$ は図 8.2 の点の集合となる。

$$\mathbf{b}_1^* = \mathbf{b}_1 = \begin{pmatrix} 1 \\ -1 \end{pmatrix}, \qquad \mathbf{b}_2^* = \mathbf{b}_2 + \frac{1}{2}\mathbf{b}_1 = \frac{3}{2}\begin{pmatrix} 1 \\ 1 \end{pmatrix}$$

L の行列式は次の通りとなる。

$$\det(L) = \begin{vmatrix} 1 & 1 \\ -1 & 2 \end{vmatrix} = 3$$

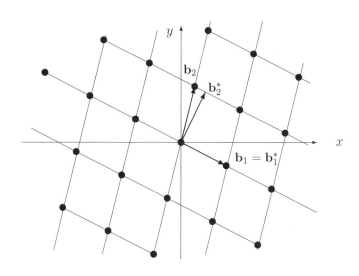

図 8.2　2 次元格子

8.3.1　簡約基底 (Reduced Basis)

8.1 節で述べたように，CVP を解くためには，ある種の良い性質を持った基底を知っていることが重要である。本小節は後述する LLL-アルゴリズムが目標とする比較的性質の良い基底の条件を定義する。

定義 8.6　$\mathbb{R}^n$ の n 個の一次独立なベクトル $\mathbf{b}_1, \ldots, \mathbf{b}_n$ が次の条件を満たすとき，δ-LLL 簡約 (δ LLL-Reduced) であるという。

1．すべての $i > j$ に対して，$\left| \dfrac{(\mathbf{b}_i, \mathbf{b}_j^*)}{(\mathbf{b}_j^*, \mathbf{b}_j^*)} \right| \leq \dfrac{1}{2}$ となる。

2．すべての $1 \leq i < n$ に対して，$\delta \|\mathbf{b}_i^*\|^2 \leq \|\mathbf{b}_{i+1}^* + \mu_{i+1,i}\mathbf{b}_i^*\|^2$ となる。

ただし，$\mathbf{b}_1^*, \ldots, \mathbf{b}_n^*$ は基底 $\mathbf{b}_1, \ldots, \mathbf{b}_n$ からグラム・シュミットの直交化で得られた直交基底である。

補題 8.1　$\mathbb{R}^m$ のベクトル $\mathbf{b}_1, \ldots, \mathbf{b}_n$ が $\frac{1}{4} < \delta < 1$ について，δ-LLL 簡約基底ならば，次の不等式を満たす。

$$\| \mathbf{b}_1 \| \leq \left(\frac{2}{\sqrt{4\delta - 1}} \right)^{n-1} \lambda$$

特に，$\delta = \frac{1}{4} + \left(\frac{3}{4} \right)^{\frac{n}{n-1}}$ に固定したとき，次を満たす。

$$\| \mathbf{b}_1 \| \leq \left(\frac{2}{\sqrt{3}} \right)^n \lambda$$

証明:

$$\begin{aligned} \delta \| \mathbf{b}_i^* \|^2 &\leq \| \mathbf{b}_{i+1}^* + \mu_{i+1,i} \mathbf{b}_i^* \|^2 = \| \mathbf{b}_{i+1}^* \|^2 + \mu_{i+1,i}^2 \| \mathbf{b}_i^* \|^2 \\ &\leq \| \mathbf{b}_{i+1}^* \|^2 + \frac{1}{4} \| \mathbf{b}_i^* \|^2 \end{aligned}$$

となる。従って，

$$\left(\delta - \frac{1}{4} \right) \| \mathbf{b}_i^* \|^2 \leq \| \mathbf{b}_{i+1}^* \|^2$$

が得られる。よって，

$$\frac{\sqrt{4\delta - 1}}{2} \| \mathbf{b}_i^* \| \leq \| \mathbf{b}_{i+1}^* \|$$

となる。すなわち，次のような不等式が得られる。

$$\left(\delta - \frac{1}{4} \right)^{n-1} \| \mathbf{b}_1^* \| \leq \cdots \leq \left(\delta - \frac{1}{4} \right) \| \mathbf{b}_{n-1}^* \|^2 \leq \| \mathbf{b}_n^* \|^2$$

さらには，次の不等式が成立する。

$$\left(\delta - \frac{1}{4} \right)^{\frac{n-1}{2}} \| \mathbf{b}_1^* \| \leq \left(\delta - \frac{1}{4} \right)^{\frac{i-1}{2}} \| \mathbf{b}_1^* \| \leq \| \mathbf{b}_{i+1}^* \|$$

従って，$\lambda = \min_i \| \mathbf{b}_i^* \|$ とすれば，次式となる。

$$\left(\delta - \frac{1}{4} \right)^{\frac{n-1}{2}} \| \mathbf{b}_1^* \| \leq \lambda$$

すなわち，求める不等式

$$\| \mathbf{b}_1^* \| = \| \mathbf{b}_1 \| \leq \left(\frac{2}{\sqrt{4\delta - 1}} \right)^{n-1} \lambda$$

が得られた。　　　　　　　　　　　　　　　　　　　　　　　　　　　　　　　$\square$

8.3.2　LLL 簡約アルゴリズム (LLL Reduction Algorithm)

この小節では δ を $\frac{1}{4} + \left(\frac{3}{4}\right)^{\frac{n}{n-1}}$ に固定する。$\mathbf{b}_1, \ldots, \mathbf{b}_n$ が δ-LLL 簡約基底とすると，補題 8.1 より，$\|\mathbf{b}_1\| \leq \left(\frac{2}{\sqrt{3}}\right)^n \lambda$ となる。

まず，LLL 簡約アルゴリズム (Lenstra-Lenstra-Lováz Lattice Basis Reduction Algorithm) を示す。$\mathbf{b}_1, \ldots, \mathbf{b}_n$ を成分を整数とする格子基底とする。また，実数 x に対して，$\lceil x \rfloor$ は x に最も近い整数を表す。

アルゴリズム　1　LLL 簡約アルゴリズム

Input:　整数基底 $B = (\mathbf{b}_1 \,|\, \cdots \,|\, \mathbf{b}_n) \in \mathbb{Z}^{m \times n}$
Output:　格子 $\langle B \rangle_{\mathbb{Z}}$ の δ-LLL 簡約基底
 1:　　**for** $i = 2, \ldots, n$ **Do**
 2:　　　　**for** $j = i - 1, \ldots, 1$ **Do**
 3:　　　　　　$\mathbf{b}_i \leftarrow \mathbf{b}_i - \left\lceil \frac{(\mathbf{b}_i, \mathbf{b}_j^*)}{(\mathbf{b}_j^*, \mathbf{b}_j^*)} \right\rfloor \mathbf{b}_j$
 4:　　　　**end for**
 5:　　**end for**
 6:　　**if** ある i について，$\delta \|\mathbf{b}_i^*\|^2 > \|\mathbf{b}_{i+1}^* + \mu_{i+1,i} \mathbf{b}_i^*\|^2$ **then**
 7:　　　　$\mathbf{b}_i$ と $\mathbf{b}_{i+1}$ を交換する。
 8:　　　　**Start** にもどる。
 9:　　**else**
10:　　　　**return** B
11:　　**endIf**

ここで，アルゴリズムにおける第 $2, 3, 4$ 行を **簡約ステップ** (Reduction Step) と呼ぶことにしよう。与えられた基底 B に対して，簡約ステップを施した結果得られた基底を B' とすると，各ステップは列に関する整数係数の基本操作であるため，$\langle B \rangle_{\mathbb{Z}} = \langle B' \rangle_{\mathbb{Z}}$ である。加えて，$B' = (\mathbf{b}_1' \,|\, \cdots \,|\, \mathbf{b}_n')$ に関するグラム・シュミット係数 $\mu_{i,j}$ $(i, j = 1, \ldots, n)$ は $\mu_{i,j} \leq \frac{1}{2}$ である。なぜなら，$\mathbf{b}_i'^* = \mathbf{b}_i^*$, $(\mathbf{b}_j, \mathbf{b}_j^*) = (\mathbf{b}_j^*, \mathbf{b}_j^*)$ となることより，

$$
|\mu_{i,j}| = \left| \frac{(\mathbf{b}_i', \mathbf{b}_j'^*)}{(\mathbf{b}_j'^*, \mathbf{b}_j'^*)} \right| = \left| \frac{((\mathbf{b}_i, \mathbf{b}_j^*)}{(\mathbf{b}_j^*, \mathbf{b}_j^*)} - \left\lceil \frac{(\mathbf{b}_i, \mathbf{b}_j^*)}{(\mathbf{b}_j^*, \mathbf{b}_j^*)} \right\rfloor \frac{(\mathbf{b}_j, \mathbf{b}_j^*)}{(\mathbf{b}_j^*, \mathbf{b}_j^*)} \right| \leq \frac{1}{2}
$$

が成立するからである。

例題 8.2

$$B := \begin{pmatrix} -1 & 2 & 3 \\ 1 & 0 & -1 \\ 2 & 1 & 1 \end{pmatrix}$$

行列 B にグラム・シュミットの直交化を施すと

$$B^* = \begin{pmatrix} -1 & 2 & -2/15 \\ 1 & 0 & -2/3 \\ 2 & 1 & 4/15 \end{pmatrix}$$

行列 B に LLL 簡約アルゴリズムを施すと

$$\begin{pmatrix} -1 & 2 & 1 \\ 1 & 0 & -1 \\ 2 & 1 & 0 \end{pmatrix}$$

$\delta \approx 0.8995$, $\|\mathbf{b}_2^*\|^2 = 5$, $\|\mathbf{b}_3^* + \mu_{3,2}\mathbf{b}_2^*\|^2 = 4/3$ となるので，B' の $\mathbf{b}_2$ と $\mathbf{b}_3$ を交換し，再度簡約アルゴリズムを施すという手続きを繰り返すと，δ-LLL 簡約基底が得られる。

$$\begin{pmatrix} -1 & 1 & 1 \\ 1 & -1 & 1 \\ 2 & 0 & 1 \end{pmatrix} \mapsto \begin{pmatrix} 1 & 0 & 1 \\ -1 & 0 & 1 \\ 0 & 2 & -1 \end{pmatrix} \mapsto \begin{pmatrix} 1 & 1 & 1 \\ -1 & 1 & 1 \\ 0 & -1 & 1 \end{pmatrix}$$

ここで得られた $\mathbf{b}_1$ は $\langle B \rangle_{\mathbb{Z}}$ の最短ベクトルになっている。

8.3.3 実行時間 (Running Time)

前小節で示したアルゴリズムは停止すれば δ-LLL 簡約基底が得られることを示した。本小節では，アルゴリズムが現実的な反復回数で停止することを示す。ここで，簡約ステップの反復回数を求める。基底 $B = (\mathbf{b}_1 | \cdots | \mathbf{b}_n)$ について，$\langle B \rangle_{\mathbb{Z}}$ の部分格子

$$d := \prod_{k=1}^{n} \det(\langle \mathbf{b}_1, \ldots, \mathbf{b}_k \rangle_{\mathbb{Z}})^2$$

と定める。まず，$\det(\langle \mathbf{b}_1, \ldots, \mathbf{b}_k \rangle_{\mathbb{Z}})^2 = \prod_{i=1}^{k} \|\mathbf{b}_i^*\|^2$ となることから，簡約ステップは d の値に影響しない。次に，$\mathbf{b}_i$ と $\mathbf{b}_{i+1}$ を交換した基底を $\mathbf{b}_1', \ldots, \mathbf{b}_n'$ とする。つまり，

$$\mathbf{b}_k' = \begin{cases} \mathbf{b}_{i+1} & \text{if } k = i \\ \mathbf{b}_i & \text{if } k = i+1 \\ \mathbf{b}_k & \text{otherwise} \end{cases}$$

とし，$d' := \prod_{k=1}^{n} \det(\langle \mathbf{b}'_1, \ldots, \mathbf{b}'_k \rangle_{\mathbb{Z}})^2$ とすると，

$$
\begin{aligned}
\frac{d'}{d} &= \frac{\det(\langle \mathbf{b}'_1, \ldots, \mathbf{b}'_i \rangle_{\mathbb{Z}})}{\det(\langle \mathbf{b}_1, \ldots, \mathbf{b}_i \rangle_{\mathbb{Z}})} \\
&= \frac{\det(\langle \mathbf{b}_1, \ldots, \mathbf{b}_{i-1}, \mathbf{b}_{i+1} \rangle_{\mathbb{Z}})}{\det(\langle \mathbf{b}_1, \ldots, \mathbf{b}_i \rangle_{\mathbb{Z}})} \\
&= \frac{\prod_{k=1}^{i-1} \| \mathbf{b}_j^* \|^2 \cdot \| \mu_{i+1} \mathbf{b}_i^* + \mathbf{b}_{i+1}^* \|}{\prod_{k=1}^{i} \| \mathbf{b}_j^* \|^2} \\
&= \frac{\| \mu_{i+1} \mathbf{b}_i^* + \mathbf{b}_{i+1}^* \|^2}{\| \mathbf{b}_i^* \|^2} \\
&< \sqrt{\delta}
\end{aligned}
$$

$1 \le d_k \le \sqrt{\delta}^k d_0$ となる．従って，

$$
k \le \frac{\log d_0}{\log(1/\sqrt{\delta})} \le \frac{1}{\log(1/\sqrt{\delta})} \cdot \frac{n(n+1)}{2} \log(\max_i \| \mathbf{b}_i \|)
$$

よって，次の定理が得られた．

定理 8.2　LLL 簡約アルゴリズムによって，$\| \mathbf{b}_1 \| \le \left(\frac{2}{\sqrt{3}} \right)^n \lambda$ となる簡約基底 $\mathbf{b}_1, \ldots, \mathbf{b}_n$ が得られる．ただし，アルゴリズムが停止するまでの反復回数の上限は次の通りである．

$$
\left\lfloor \frac{1}{\log(1/\sqrt{\delta})} \cdot \frac{n(n+1)}{2} \log(\max_i \| \mathbf{b}_i \|) \right\rfloor
$$

8.3.4　最近平面アルゴリズム

ここまでの準備を踏まえて，ここで最近平面アルゴリズムを述べる．

アルゴリズム　2　最近平面アルゴリズム

Input:　整数基底 $B \in \mathbb{Z}^{m \times n}$ と目標ベクトル $\mathbf{t} \in \mathbb{Z}^m$
Output:　格子ベクトル $x \in \langle B \rangle_{\mathbb{Z}}$ s.t. $\| \mathbf{t} - \mathbf{x} \| \le 2 \left(\frac{2}{\sqrt{3}} \right)^n \mathrm{dist}(\mathbf{t}, \langle B \rangle_{\mathbb{Z}})$
1:　　LLL 簡約アルゴリズムを B に対して実行させる．
2:　　$\mathbf{b} \leftarrow \mathbf{t}$
3:　　**for** $j = n, \ldots, 1$ **do**
4:　　　　$\mathbf{b} \leftarrow \mathbf{b} - \left\lceil \frac{(\mathbf{b}, \mathbf{b}_j^*)}{(\mathbf{b}_j^*, \mathbf{b}_j^*)} \right\rfloor \mathbf{b}_j$
5:　　**end for**
6:　　**return** $\mathbf{t} - \mathbf{b}$

例題 8.3　例題 8.2 で得られた δ-LLL 簡約基底

$$B := \begin{pmatrix} 1 & 1 & 1 \\ -1 & 1 & 1 \\ 0 & -1 & 1 \end{pmatrix}$$

について，格子 $L := \langle B \rangle_{\mathbb{Z}}$ を考える。最近平面アルゴリズムを用いて，$\mathbf{t} = (9, 8, -1)^T$ に最も近い L の元を求める。

まず，B にグラム・シュミットの直交化を施し，

$$B^* = \begin{pmatrix} 1 & 1 & 2/3 \\ -1 & 1 & 2/3 \\ 0 & -1 & 4/3 \end{pmatrix}$$

を得る。続いて，最近平面アルゴリズムを施すことで，

$$\begin{pmatrix} 9 \\ 8 \\ -1 \end{pmatrix} \mapsto \begin{pmatrix} 5 \\ 4 \\ -5 \end{pmatrix} \mapsto \begin{pmatrix} 0 \\ -1 \\ 0 \end{pmatrix} \mapsto \begin{pmatrix} -1 \\ 0 \\ 0 \end{pmatrix}$$

最近ベクトル $(10, 8, -1)^T$ が得られた。

補題 8.3　整数基底 $B \in \mathbb{Z}^{m \times n}$ と目標ベクトル $\mathbf{t} \in \mathbb{Z}^n$ について，$\mathbf{y}$ を $\langle B \rangle_{\mathbb{Z}}$ における $\mathbf{t}$ の最近ベクトルとする。このとき，最近平面アルゴリズムにより，$\|\mathbf{t} - \mathbf{x}\| \le 2 \left(\frac{2}{\sqrt{3}} \right)^{n-1} \|\mathbf{t} - \mathbf{y}\|$ を満たす $\mathbf{x}$ が得られる。

証明：　平面アルゴリズムは，次のように言い換えられる。

- $c \in \mathbb{Z}$ を超平面 $c\mathbf{b}_n + \mathrm{span}_{\mathbb{R}}\{\mathbf{b}_1, \dots, \mathbf{b}_{n-1}\}$ が $\mathbf{t}$ に最も近くなるように選ぶ。

- $\mathbf{t}'$ を $\mathbf{t} - c\mathbf{b}_n$ の $\mathrm{span}_{\mathbb{R}}\{\mathbf{b}_1, \dots, \mathbf{b}_{n-1}\}$ への射影とし，$\mathbf{t}'$ に近似的に最も近い格子点 $\mathbf{x}' \in \langle \mathbf{b}_1, \dots, \mathbf{b}_{n-1} \rangle_{\mathbb{Z}}$ を再帰的に見出す。

- $\mathbf{x} := \mathbf{x}' + c\mathbf{b}_n$ を出力する。

$\mathbf{y} \in \langle B \rangle_{\mathbb{Z}}$ を $\mathbf{t}$ に最も近い格子点とする。$\|\mathbf{t} - \mathbf{x}\| \le 2 \left(\frac{2}{\sqrt{3}} \right)^n \|\mathbf{t} - \mathbf{y}\|$ を示す。

まず，$\|\mathbf{t} - \mathbf{y}\| < \frac{\|\mathbf{b}_n^*\|}{2}$ の場合を考える。$\mathbf{y}$ は $c\mathbf{b}_n + \mathrm{span}_{\mathbb{R}}\{\mathbf{b}_1, \dots, \mathbf{b}_{n-1}\}$ に属する。よって，$\mathbf{y}' := \mathbf{y} - c\mathbf{b}_n$ は $\langle \mathbf{b}_1, \dots, \mathbf{b}_{n-1} \rangle_{\mathbb{Z}}$ において $\mathbf{t}'$ に最も近い格子点である。帰納法

の仮定により，

$$\| \mathbf{t}' - \mathbf{x}' \| \le 2 \left(\frac{2}{\sqrt{3}} \right)^{n-1} \| \mathbf{t}' - \mathbf{y}' \| = 2 \left(\frac{2}{\sqrt{3}} \right)^{n-1} \| \mathbf{t} - \mathbf{y} \|$$

となる $\mathbf{x}' \in \langle \mathbf{b}_1, \ldots, \mathbf{b}_{n-1} \rangle_{\mathbb{Z}}$ が得られる．従って，$\mathbf{x} := \mathbf{x}' + c\,\mathbf{b}_n \in \langle \mathbf{b}_1, \ldots, \mathbf{b}_n \rangle_{\mathbb{Z}}$ とすると，

$$\| \mathbf{t} - \mathbf{x} \| \le 2 \left(\frac{2}{\sqrt{3}} \right)^{n-1} \| \mathbf{t} - \mathbf{y} \|$$

となる．

　次に，$\| \mathbf{t} - \mathbf{y} \| \ge \frac{\| \mathbf{b}_n^* \|}{2}$ の場合を考える．仮定より，

$$\| \mathbf{t} - \mathbf{x} \| \le \left(\frac{2}{\sqrt{3}} \right)^{n} \| \mathbf{b}_n^* \|$$

を示せば十分である．まず，$\mathbf{t} - \mathbf{x}' = \displaystyle\sum_{i=1}^{n} \mu_i \mathbf{b}_i^*$ とすると，$|\mu_i| \le \frac{1}{2}$ となる．さらに，$\mathbf{b}_1, \ldots, \mathbf{b}_n$ は δ-LLL 簡約基底であるので，$\alpha := \frac{2}{\sqrt{4\delta-1}}$ について，$\| \mathbf{b}_i^* \| \le \alpha \| \mathbf{b}_{i+1}^* \|$ を満たす．よって，

$$
\begin{aligned}
\| \mathbf{t} - \mathbf{x} \|^2 &= \sum_{i=1}^{n} \mu_i^2 \| \mathbf{b}_i^* \|^2 \\
&\le \frac{1}{4} \sum_{i=1}^{n} \alpha^{2(n-i)} \| \mathbf{b}_n^* \|^2 \\
&= \frac{1}{4} \frac{\alpha^{2n} - 1}{\alpha^2 - 1} \| \mathbf{b}_n^* \|^2 \\
&= \frac{\alpha^{2(n-1)}}{4} \left(1 + \frac{1 - \alpha^{2(1-n)}}{\alpha^2 - 1} \right) \| \mathbf{b}_n^* \|^2 \\
&\le \left(\frac{4}{3} \right)^{n} \| \mathbf{b}_n^* \|^2
\end{aligned}
$$

となり，目的の不等式が得られた． □

8.4　格子公開鍵暗号 (Lattice Public-Key Cryptography)

8.4.1　GGH 方式 (GGH Scheme)

　格子の性質を応用した複数の暗号系が提案されている．ここでは，そのうち理解しやすい GGH 暗号系の例を紹介する．

　次の枠組みを GGH 暗号系という．

8.4 格子公開鍵暗号 (Lattice Public-Key Cryptography)

秘密鍵: R を $\{-l,\ldots,l\}^{n\times n}$ からランダムに選び，秘密鍵とする。

公開鍵: まず，下三角行列 L を対角成分を $\{-1,1\}$ からランダムに選び，その他の下三角成分を $\{-1,0,1\}$ からランダムに選んだものとする。次に，上三角行列 U を対角成分を $\{-1,1\}$ からランダムに選び，その他の上三角成分を $\{-1,0,1\}$ からランダムに選んだものとする。行列の積 $B := RLU$ と $d := \frac{1}{2}\min_i \|\mathbf{r}_i^*\|$ を公開鍵とする。

暗号化: 入力として，整数ベクトル $\mathbf{x}$ とランダムに $\|\mathbf{r}\| \le d$ となる小さな摂動ベクトル $\mathbf{r}$ を選び，$\mathbf{t} := B\mathbf{x} + \mathbf{r}$ を出力とする。

復号: 基底 R に最近平面アルゴリズムを適用し，$\mathbf{t}$ からの距離が d 以内の一意の格子点 $\mathbf{y}$ を見出し，入力 $\mathbf{x} = B^{-1}\mathbf{y}, \mathbf{r} = \mathbf{t} - \mathbf{y}$ を復元する。

まず，秘密鍵の R の縦ベクトルを基底とする格子が平文の空間となるが，基底ベクトルの成分の絶対値が小さく設定されていることより，摂動ベクトル $\mathbf{r}$ が十分小さければ，最近平面アルゴリズムによって復号が可能である。

公開鍵を定めるために，作られる行列 LU は $|\det(LU)| = 1$ であるため，すべての成分が整数からなる逆行列 $(LU)^{-1}$ が存在する。このことから $B := RLU$ は格子 $\langle R\rangle_{\mathbb{Z}}$ の基底である。得られる基底が CVP に有用な最近平面アルゴリズム適用可能な基底でない保証はないが，最近平面アルゴリズム適用可能な基底であった場合，再度行列 LU を選び直せばよい。加えて，実際，公開鍵から秘密鍵を得るのは困難であり，公開鍵を用いて暗号化は容易である。

また，秘密鍵 R を用いた復号は補題 8.3 の証明にある $\|\mathbf{t} - \mathbf{y}\| < \frac{\|\mathbf{b}_n^*\|}{2}$ の場合のみの適用となるため，最近平面アルゴリズムによって一意に得られた格子点は最近点である。従って，復号は正しく行われる。

一方，公開鍵 B を用いて復号を試みても，近似的に近接した格子点が得られるのみであるため，復号は正しく行われる可能性が低くできる。ただし，この暗号系については，安全性を担保されるために鍵のサイズを非常に大きくする必要があることが知られており，実用には用いられていない。

例題 8.4 GGH 方式の具体例について述べる。

鍵生成: $\{-10,\ldots,10\}$ の元をランダムに選び，10×10 行列 R を構成する。つづいて，三角行列 L, U を構成し，それらを掛け合わせて B とする。R が秘密鍵，B が公開鍵となる。

$$R := \begin{pmatrix}
-1 & 1 & 4 & -4 & -1 & -5 & 2 & 5 & 3 & 4 \\
2 & 1 & -3 & 2 & -4 & -3 & 2 & 1 & 1 & 3 \\
-3 & -4 & -2 & -3 & 3 & -2 & -2 & -4 & 0 & 1 \\
5 & -1 & 3 & -3 & 2 & -4 & 3 & 3 & 1 & -4 \\
5 & -5 & -3 & -2 & 2 & -2 & -2 & -2 & -1 & -3 \\
-1 & 0 & -2 & 5 & 3 & 0 & -5 & -2 & 1 & 1 \\
-3 & 5 & 1 & 3 & 4 & -5 & 1 & 4 & -3 & 0 \\
-3 & 5 & -4 & 0 & -4 & -4 & 4 & 3 & -3 & -4 \\
-1 & 1 & -1 & -4 & -5 & 4 & 2 & -5 & -3 & -2 \\
2 & -2 & 1 & -2 & -3 & -1 & -2 & 1 & -1 & -1
\end{pmatrix},$$

$$L := \begin{pmatrix}
1 & 0 & 0 & 0 & 0 & 0 & 0 & 0 & 0 & 0 \\
1 & -1 & 0 & 0 & 0 & 0 & 0 & 0 & 0 & 0 \\
-1 & 1 & 1 & 0 & 0 & 0 & 0 & 0 & 0 & 0 \\
1 & 1 & -1 & 1 & 0 & 0 & 0 & 0 & 0 & 0 \\
1 & 1 & 0 & 0 & 1 & 0 & 0 & 0 & 0 & 0 \\
0 & 1 & -1 & 0 & 1 & -1 & 0 & 0 & 0 & 0 \\
1 & 0 & -1 & 1 & -1 & 1 & -1 & 0 & 0 & 0 \\
-1 & -1 & 1 & 1 & 1 & -1 & 1 & -1 & 0 & 0 \\
0 & 0 & 0 & -1 & 0 & 0 & 0 & -1 & -1 & 0 \\
1 & -1 & -1 & -1 & 0 & 0 & 0 & 0 & -1 & 1
\end{pmatrix},$$

$$U := \begin{pmatrix}
1 & -1 & 0 & -1 & 1 & 1 & -1 & 0 & -1 & -1 \\
0 & 1 & -1 & 0 & -1 & -1 & 1 & 1 & -1 & 0 \\
0 & 0 & 1 & 0 & -1 & 1 & 1 & -1 & -1 & -1 \\
0 & 0 & 0 & 1 & 1 & 1 & 0 & 1 & 0 & -1 \\
0 & 0 & 0 & 0 & -1 & 1 & -1 & -1 & -1 & -1 \\
0 & 0 & 0 & 0 & 0 & -1 & 0 & -1 & 1 & 0 \\
0 & 0 & 0 & 0 & 0 & 0 & 1 & 1 & -1 & 0 \\
0 & 0 & 0 & 0 & 0 & 0 & 0 & -1 & 1 & -1 \\
0 & 0 & 0 & 0 & 0 & 0 & 0 & 0 & 1 & 1 \\
0 & 0 & 0 & 0 & 0 & 0 & 0 & 0 & 0 & 1
\end{pmatrix},$$

8.4 格子公開鍵暗号 (Lattice Public-Key Cryptography)

$$B := RLU = \begin{pmatrix} -8 & -8 & 28 & 4 & -5 & 11 & 10 & -20 & -1 & 8 \\ 8 & -21 & 7 & -7 & 36 & 4 & -20 & -1 & 18 & 6 \\ -2 & 5 & -3 & -8 & -14 & -20 & 4 & -16 & 9 & 9 \\ -4 & 4 & 14 & 10 & -10 & 10 & 20 & -6 & -5 & -11 \\ 0 & 5 & -1 & -2 & -11 & -5 & 9 & -6 & 0 & -4 \\ 7 & 0 & -12 & -11 & -5 & 0 & -8 & 7 & -22 & -6 \\ 5 & -11 & 12 & 6 & 14 & 28 & -4 & -1 & -6 & -20 \\ -1 & -15 & 19 & 15 & 35 & 18 & -4 & -2 & 36 & -4 \\ -3 & 3 & -6 & 1 & 9 & -22 & -2 & -6 & 40 & 14 \\ -10 & 7 & 11 & 9 & -15 & 1 & 19 & -6 & 3 & 5 \end{pmatrix}.$$

暗号化: 摂動ベクトルとして

$$\mathbf{r} := (0, 1, 0, 0, 1, 0, 0, -1, 1, -1)^T$$

と定め, 平文を

$$\mathbf{x} := (19, 2, 66, -44, -46, 36, -52, -63, 4, 71)^T$$

と定めると暗号文は

$$\mathbf{t} := B\mathbf{x} + \mathbf{r} = (2456, 1519, -1385, 1440, -433, 403, 3164, 1236, -3231, -543)^T$$

となる。

復号化: 整数基底 R と目標ベクトル $\mathbf{t}$ に対し, アルゴリズム 2 を適用すると, $\mathbf{x}$ が復号される。

安全性: 整数基底 B と目標ベクトル $\mathbf{t}$ に対し, アルゴリズム 2 を適用しても摂動ベクトル $\mathbf{r}$ とは異なるベクトル $(5, 4, 4, 4, 2, -1, 0, 1, -1, -2)^T$ が出力されて, 復号に失敗する。

練習問題

記号は 8.1 節で定義したものとする。また，$\mathbf{a}_1 = (5, 76)^T, \mathbf{a}_2 = (92, -7)^T$ とする。

問題 8.1 $\mathbf{b}_1$ と $\mathbf{b}_2$ を求めよ。

問題 8.2 $\mathbf{p}$ を求めよ。

問題 8.3 $\mathbf{r} = (7, 3)^T$ とする。格子 L における $\mathbf{t}$ の最近ベクトルが $\mathbf{p}$ であることを示せ。

問題 8.4 与えられた基底ベクトルを作図することで，暗号文 $(470, 119)^T$ を復号せよ。

問題 8.5 グラム・シュミットの方法で次の行列の縦ベクトルを直交化せよ。加えて，グラム・シュミット係数行列を求めよ。

$$(1) \begin{pmatrix} 1 & 2 & 3 \\ -1 & 0 & 3 \\ 1 & 4 & 0 \end{pmatrix}, \qquad (2) \begin{pmatrix} 0 & 1 & 1 \\ -1 & 1 & 0 \\ 2 & -1 & -2 \end{pmatrix}, \qquad (3) \begin{pmatrix} -1 & -1 & 1 \\ -1 & 1 & 1 \\ 1 & -1 & 1 \end{pmatrix}$$

問題 8.6 次の行列の縦ベクトルで生成される格子 L の行列式 $\det(L)$ を求めよ。

$$(1) \begin{pmatrix} 1 & 1 \\ 0 & -1 \\ 2 & 0 \end{pmatrix}, \qquad (2) \begin{pmatrix} 2 & 1 \\ -1 & -1 \\ 1 & 1 \end{pmatrix}, \qquad (3) \begin{pmatrix} 6 & 0 \\ 1 & -1 \\ 0 & 0 \end{pmatrix}$$

問題 8.7 問題 8.5 で与えられた行列について，縦ベクトルからなる基底の δ-LLL 簡約基底を求めよ。

問題 8.8 問題 8.4 で与えられた暗号ベクトルと基底行列について，最近平面アルゴリズムを用いて復号せよ。

問題 8.9 例題 8.3 で用いた基底の下で，以下で与えられた暗号ベクトルを最近平面アルゴリズムを用いて復号せよ。

$$(1)\ (7, 10, 2)^T, \qquad (2)\ (-5, 14, 6)^T, \qquad (3)\ (16, 36, 13)^T$$

第9章　ハッシュ関数暗号
(Hash Function Cryptography)

　ハッシュ（Hash）は，「切り刻んで混ぜる」という意味で使われるようになった。この用語は，1953 年 1 月 IBM の社内メモで使ったとされており，ACM（American Computer Magazine）の学会誌に掲載された論文で専門用語に昇格した。その後，ハッシュ関数（Hash Function）として種々の場面で利用されている。ハッシュ関数とは，あるデータが与えられたとき，そのデータを代表する数値（**ハッシュ値** という）を得る操作，またはそのような数値を出力する関数のことである。このようなハッシュ値を得る方法として，簡単なハッシュ関数，完全ハッシュ関数，最小完全ハッシュ関数，可変長データに対するハッシュ関数，特定用途のハッシュ関数，チェックサムを用いたハッシュ関数，暗号学的ハッシュ関数などがある。大部分のハッシュ関数は主に検索の高速化や改ざんの検出などに利用されている。パスワードなどの認証においてはハッシュ値で認証を行えばよいので，可逆である必要はない（一方向性）。このような認証に使うハッシュ関数は最後に示した **暗号学的ハッシュ関数**（Cryptographic Hash Function）であり，ハッシュ値から入力されたメッセージを類推できないような頑強さが要求される。本章では，情報セキュリティ分野で用いられる **暗号学的ハッシュ関数** を取り上げて説明する。

9.1　暗号学的ハッシュ関数

　一般的なハッシュ関数の特徴は，入力するメッセージの長さは任意であるが，ハッシュ値は固定長であり，メッセージが異なればハッシュ値も異なる。このことから，ハッシュ関数は，**攪拌処理**（Stir Processing）すなわち切り刻んでまぜるだけではなく，圧縮処理も加わることになる。また，ハッシュ関数を単に **圧縮関数**（Compression Function）ともいう。このため，異なるメッセージに対して同じハッシュ値を出力するという **衝突**（Collision）が起こる。そこで，ここで取り扱う暗号学的ハッシュ関数について，安全性を評価する項目を以下に示す。

(1) **原像計算困難性**（Preimage Resistance）：　ハッシュ値が一致する異なる二つの入力を見つけることが困難なことである。

(2) **第 2 原像計算困難性**（Second Preimage Resistance）：　入力が与えられたとき，ハッシュ値が一致するような別の異なる入力を見つけることが困難なことである。

(3) **衝突困難性**（Collision Regisrance）： ハッシュ値が与えられたとき，それに対応する入力を見つけることが困難なことである．すなわち，頑強な一方向性である．

　これらの定義から安全な暗号学的ハッシュ関数を作ることは，容易ではないことが分かる．すなわち，入力 x からハッシュ値 $y = H(x)$ を計算することは容易であるが，ハッシュ値 y からそれに対応する入力の一つ x を求めることが困難でなければならない．これは，上の原像困難性である．さらに，ハッシュ値が等しくなる $H(x) = H(x')$ ような異なる入力 x および x' が容易に発見されないことも必要である．

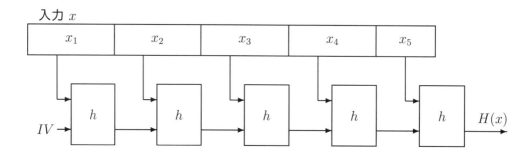

図 **9.1** Merkle–Damgard 繰り返し構造

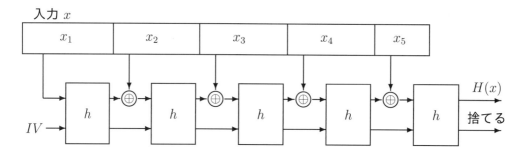

図 **9.2** Sponge 繰り返し構造

　このような暗号学的ハッシュ関数を構築するためには，図 9.1 や図 9.2 に示すように，まず入力 x をブロック（x_1, x_2, x_3, x_4, x_5）に分解し（最後のブロック x_5 には無意味な数値を埋める Padding 処理を行う），小さなハッシュ関数（または，圧縮関数）h を構築して，それぞれのブロックを小さなハッシュ関数 h によって繰り返し処理を行う方法が取られる．このような方法を Merkle–Damgard **繰り返し構造**（単に，MD 構造），および Sponge **繰り返し構造** という．ここで，IV は初期ベクトル（Initial Vector）であり，図 5.2 で示す IV と同じ意味を持つ．このような繰り返し方法によるハッシュ関数 $H(x)$ の安全

性は，小さなハッシュ関数 h の安全性に帰着できる。このことを数学的に証明することが可能である。なお，前者の単純な MD 構造は攻撃に対する弱点が見つかり，後者のような構造が検討されている。また，小さなハッシュ関数には ARX（Addition–Rotation–XOR）型と **S–box**（Substitution–box）型がある。

9.2　ARX 型ハッシュ関数

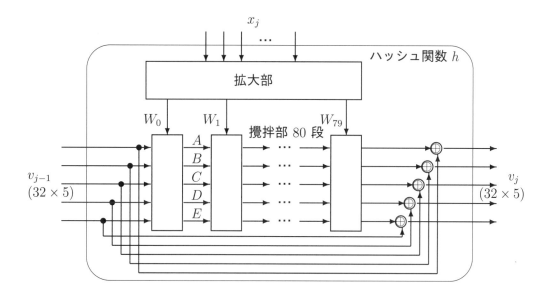

図 9.3　**SHA–1 のハッシュ関数 h の概略**

暗号学的ハッシュ関数には SHA–1（160 ビット），SHA–244（244 ビット），SHA–256（256 ビット），SHA–384（384 ビット），SHA–512（512 ビット）などがある。ここではまず SHA–1 について示す。このハッシュ関数 h の内部構成は図 9.3 に示すようになり，攪拌部は 80 段である。この攪拌部 1 段の内部構成は図 9.4 のようになる。まず，5 つの入力 A～E は 32 ビット × 5 = 160 ビット であり，この出力はそれぞれ次の段の入力 A～E となる。ここで，K_k（k は段数）は定数であり，次の値である。

$$K_k = \texttt{5a827999} \ (0 \le k < 20) \qquad K_k = \texttt{6ed9eba1} \ (20 \le k < 40)$$

$$K_k = \texttt{8f1bbcdc} \ (40 \le k < 60) \qquad K_k = \texttt{ca62c1d6} \ (60 \le k < 80)$$

また，初期値 IV は $\texttt{67452301}$, $\texttt{efcdab89}$, $\texttt{98badcfe}$, $\texttt{10325476}$, $\texttt{c3d2e1f0}$ を利用する。さらに，ROL^n は 32 ビットに対して，n 回 **左回転**（Rotate Left）することを意味

する。$f_k(x, y, z)$ は次式で計算される。

$$f_k(x, y, z) = x\,y \vee \overline{x}\,z \ (0 \leq k < 20) \qquad\qquad f_k(x, y, z) = x \oplus y \oplus z \ (20 \leq k < 40)$$

$$f_k(x, y, z) = x\,y \vee x\,z \vee y\,z \ (40 \leq k < 60) \qquad f_k(x, y, z) = x \oplus y \oplus z \ (60 \leq k < 80)$$

ここで，$x\,y$ は 32 ビットの x および y におけるビット毎の **論理積**（AND）であり，記号 $\vee$ はビット毎の **論理和**（OR）である。また，記号 $\oplus$ はビット毎の **排他的論理和**（EOR または XOR）である。さらに，W_k は図 9.5 に示す 32 ビット並列のシフトレジスタを利用して生成する。この動作は，512 ビット入力 x_j を 32 ビット毎 16 個に分割し，すべてシフトレジスタに入力した後，入力スイッチを帰還側に倒して 32 ビット W_k を 80 段分順次出力する。このような仕様のもとで，C 言語プログラムを作成すると付録 E E.17 のようになる。

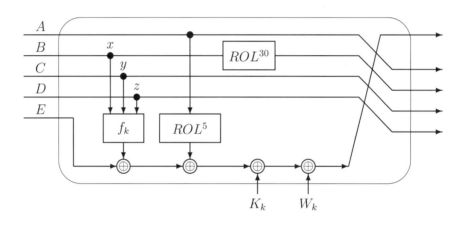

図 9.4　**SHA–1 の撹拌部 1 段の構成**

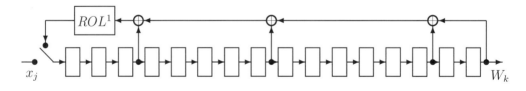

図 9.5　**SHA–1 の W_k を生成する 32 ビット並列シフトレジスタ**

一方，SHA–256 の場合のハッシュ関数 h は図 9.3 と同じような構成をとり，撹拌部は 64 段，入力 $A \sim H$ は 32 ビット × 8 = 256 ビット である。その撹拌部 1 段は図 9.6 に示すようになる。図中の F_0，F_1，f_{CH} および f_{Mja} の演算はそれぞれ次式である。

$$F_0 \ = \ ROR^2 \oplus ROR^{13} \oplus ROR^{22}, \qquad F_1 \ = \ ROR^6 \oplus ROR^{11} \oplus ROR^{25},$$

$$f_{CH}(x, y, z) \quad = \quad x\,y \vee \overline{x}\,z, \qquad\qquad f_{Mja}(x, y, z) \quad = \quad x\,y \vee x\,z \vee y\,z$$

ROR^n は 32 ビットに対して，n 回 **右回転**（Rotate Right）することを意味する。また，K_k は SHA-1 と同じ定数であり，W_k は SHA-1 の場合と同様，図 9.7 に示すシフトレジスタで生成する。図中の G_0 および G_1 の演算は，それぞれ次式である。

$$G_0 \quad = \quad ROR^7 \oplus ROR^{18} \oplus SHR^3, \qquad G_1 \quad = \quad ROR^{17} \oplus ROR^{19} \oplus SHR^{10}$$

ここで，SHR^n は 32 ビットの n ビット **右シフト**（Shift Right）である。

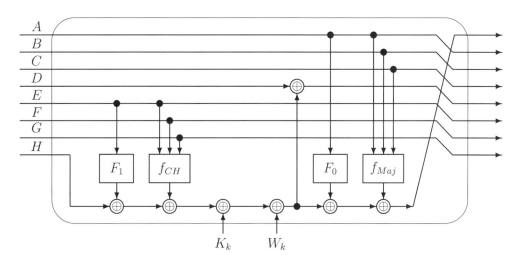

図 9.6　SHA–256 の攪拌部 1 段の構成

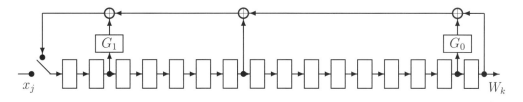

図 9.7　SHA–256 の W_k を生成する 32 ビット並列シフトレジスタ

例題 9.1　ハッシュ関数において，特殊な入力値に対しても攪拌処理が行われているか確認する。まず，付録 E E.17 のハッシュ関数 hash–1 のプログラムを利用して入力 $wk[0] \sim wk[15]$ に対する出力 $OA \sim OE$ の値（ハッシュ値）を示すと表 9.1 のようになった。この表において，1 行目は入力 $wk[0] \sim wk[15]$ がすべてゼロにした場合のハッシュ値であり，2 行目から 15 行目はカウンタのように $wk[15]$ のみを 1〜15 まで変化させた場合である。

最後の行は入力 $wk[0] \sim wk[15]$ のすべてを FFFFFFFF にした場合である。この結果から，攪拌処理が十分に行われていることが分かる。また，すべてゼロや FFFFFFFF の特殊な場合のハッシュ値から入力値が推定できないことも分かる。

表 9.1 ハッシュ関数 hash–1 の入力に対する出力

$wk[15]$	OA	OB	OC	OD	OE
00000000	D0193A4C	7923DE64	0D7CFFF5	F69CD925	37D42DD7
00000001	4557BF4B	4063564F	4C3DB6F0	8E556E3C	719392B4
00000002	A6348544	8E7289B4	DCA0FF21	755521F8	5CEDC0AC
00000003	E6386A1F	FA9C01D1	8DE6B8C2	0A64008D	70D66F09
00000004	14E82ECA	6C72F391	B88F1DFB	8C6473BE	CEC11BE8
00000005	B9234750	625672AD	4BE46D07	74229D2E	DCE1E2B0
00000006	31D74631	667E46D9	EB36094F	23C166E9	78254467
00000007	46A7A951	FC2C74F0	CE4AA578	6E830D76	3767223B
00000008	74D42216	5F5DA5CB	E76BE9CA	B6B03CD3	0D3185C8
00000009	B4B60F33	53226768	8D6299C0	6F857CA2	8EABB297
0000000A	88E660F7	83D50B78	7F81F841	ED24FFF7	63BB169C
0000000B	72DC146A	A9CE91B7	95CFF66D	568527FF	4E88C27E
0000000C	BF6BF58A	5A88FC9A	984AE105	652DF507	28CAA246
0000000D	EBD8A8B8	74E02C94	9A0DB386	B2C969BD	0D59412A
0000000E	9004B83A	F662BB72	566F173A	19E6E973	CF676607
0000000F	727EFB86	8299CEC0	CC0A2B9D	C2C26C5E	FDB9FD12
FFFFFFFF	17EBB104	225DCDFB	5BEC375B	B193D1B3	E7BDC0CA

9.3 S–box 型ハッシュ関数

S–box は第 5 章で述べたように，平文と暗号文との相関関係（線形性）を壊す仕組み（攪拌処理）であり，暗号文の解読に対する耐性が強い。従って，**S–box** は第 5 章の AES 共通鍵暗号方式における $S_{RD}(x)$ 関数および付録 A の DES 共通鍵暗号方式における図 A.2 の f 関数に見られるように暗号化および復号の一部に利用されている。また，これ自身攪拌効果を有するので，ハッシュ関数の役割も持っている。

まず，付録 A 図 A.2 に示すように，48 ビット入力に対して 32 ビット出力の f 関数（S–box）は，6 ビット入力 4 ビット出力の S–box を 8 個用いて実現している。暗号化および復号において同じ処理の流れになるように，このルックアップテーブルを作成するた

めに大型コンピュータで何ケ月も計算したという。そして，これらの S–box はそれぞれ異なるルックアップテーブルで実現されている。一般的に，このような S–box は m 入力 n 出力のルックアップテーブルで実現される。

一方，第 5 章で示した $S_{RD}(\alpha)$ 関数（アファイン変換）は 8 入力 8 出力の S–box であり，次式で作成される。

$$S_{RD}(\alpha) \;=\; \begin{pmatrix} 1 & 1 & 1 & 1 & 1 & 0 & 0 & 0 \\ 0 & 1 & 1 & 1 & 1 & 1 & 0 & 0 \\ 0 & 0 & 1 & 1 & 1 & 1 & 1 & 0 \\ 0 & 0 & 0 & 1 & 1 & 1 & 1 & 1 \\ 1 & 0 & 0 & 0 & 1 & 1 & 1 & 1 \\ 1 & 1 & 0 & 0 & 0 & 1 & 1 & 1 \\ 1 & 1 & 1 & 0 & 0 & 0 & 1 & 1 \\ 1 & 1 & 1 & 1 & 0 & 0 & 0 & 1 \end{pmatrix} y^T \oplus \begin{pmatrix} 0 \\ 1 \\ 1 \\ 0 \\ 0 \\ 0 \\ 1 \\ 1 \end{pmatrix}$$

$$y \;=\; \alpha^{-1} \quad (\alpha \neq 0), \qquad y \;=\; 0 \quad (\alpha = 0)$$

ここで，α は原始多項式 $f(x) = x^8 + x^4 + x^3 + x^2 + 1$ による代数拡大体 $F(2^8)$ の要素である。この $S_{RD}(\alpha)$ 関数において，α に 00 から FF まで順番に代入してその値を求めると以下のようになる（付録 E E.18 のプログラムを実行結果）。

```
ルックアップテーブル A:
     0   1   2   3   4   5   6   7   8   9   A   B   C   D   E   F
0:  63, CF, 3A, 8C, E1, 66, 69, 77, 16, D4, 51, 5A, 11, DA, 10, 85,
1:  AE, F8, 09, EA, 2D, A2, BD, 83, FF, 07, AB, F2, 1D, 9F, 9A, 90,
2:  84, F1, 46, 74, 4D, 3F, 86, F5, 13, DE, 45, 2F, A6, E8, 29, F7,
3:  17, 8B, EF, 27, B6, C8, 34, CD, 3E, D9, 4B, 6E, 79, 57, 0B, EE,
4:  78, 08, B5, 93, DF, 1A, 91, DB, 4F, 3B, D3, 5F, 1B, CE, 65, 32,
5:  9C, C1, 7B, 53, 5E, 44, 70, 18, 95, 8E, E5, 33, C3, 7F, 06, F4,
6:  4C, 60, 38, 88, B4, CC, 61, 67, 36, C9, 6B, 73, 43, 7E, 59, 4A,
7:  31, C7, 2A, AC, FC, 5C, 40, 25, B2, 9D, 9E, C5, 2E, F9, 56, 54,
8:  50, 05, AF, A7, B7, 97, 8A, B0, 99, CB, 6F, 26, E9, 76, 49, 6A,
9:  2C, FD, 03, FE, 58, 15, 8F, BA, 8D, BE, D8, 14, D0, 04, F0, 19,
A:  CA, 30, 98, 94, D1, 5B, 4E, 64, 6D, 22, BC, DC, 41, 7A, 0C, E0,
B:  39, D7, 0A, B1, C6, 75, 12, 81, FB, 52, 01, FA, 0D, BF, 87, AA,
C:  AD, A3, E2, 3D, 82, A0, B9, D6, 55, 0F, BB, D2, 00, A5, B3, C2,
D:  20, B8, 89, EB, 72, 1C, C0, 24, ED, 23, E3, 62, 3C, DD, 1E, C4,
E:  71, 47, 2B, F3, 42, 21, E7, 37, 96, D5, 0E, E4, 6C, 7D, 02, A1,
F:  E6, 68, 28, A8, A9, F6, 48, 35, 92, 80, A4, EC, 7C, 5D, 1F, 9B,
```

これから，かなり攪拌されていることが分かる。さらに，このルックアップテーブルと逆対応（1 対 1 対応）のルックアップテーブルは以下のようになる。

ルックアップテーブル B:
```
    0    1    2    3    4    5    6    7    8    9    A    B    C    D    E    F
0:  CC,  BA,  EE,  92,  9D,  81,  5E,  19,  41,  12,  B2,  3E,  AE,  BC,  EA,  C9,
1:  0E,  0C,  B6,  28,  9B,  95,  08,  30,  57,  9F,  45,  4C,  D5,  1C,  DE,  FE,
2:  D0,  E5,  A9,  D9,  D7,  77,  8B,  33,  F2,  2E,  72,  E2,  90,  14,  7C,  2B,
3:  A1,  70,  4F,  5B,  36,  F7,  68,  E7,  62,  B0,  02,  49,  DC,  C3,  38,  25,
4:  76,  AC,  E4,  6C,  55,  2A,  22,  E1,  F6,  8E,  6F,  3A,  60,  24,  A6,  48,
5:  80,  0A,  B9,  53,  7F,  C8,  7E,  3D,  94,  6E,  0B,  A5,  75,  FD,  54,  4B,
6:  61,  66,  DB,  00,  A7,  4E,  05,  67,  F1,  06,  8F,  6A,  EC,  A8,  3B,  8A,
7:  56,  E0,  D4,  6B,  23,  B5,  8D,  07,  40,  3C,  AD,  52,  FC,  ED,  6D,  5D,
8:  F9,  B7,  C4,  17,  20,  0F,  26,  BE,  63,  D2,  86,  31,  03,  98,  59,  96,
9:  1F,  46,  F8,  43,  A3,  58,  E8,  85,  A2,  88,  1E,  FF,  50,  79,  7A,  1D,
A:  C5,  EF,  15,  C1,  FA,  CD,  2C,  83,  F3,  F4,  BF,  1A,  73,  C0,  10,  82,
B:  87,  B3,  78,  CE,  64,  42,  34,  84,  D1,  C6,  97,  CA,  AA,  16,  99,  BD,
C:  D6,  51,  CF,  5C,  DF,  7B,  B4,  71,  35,  69,  A0,  89,  65,  37,  4D,  01,
D:  9C,  A4,  CB,  4A,  09,  E9,  C7,  B1,  9A,  39,  0D,  47,  AB,  DD,  29,  44,
E:  AF,  04,  C2,  DA,  EB,  5A,  F0,  E6,  2D,  8C,  13,  D3,  FB,  D8,  3F,  32,
F:  9E,  21,  1B,  E3,  5F,  27,  F5,  2F,  11,  7D,  BB,  B8,  74,  91,  93,  18,
```

すなわち，ルックアップルテーブル A の最初の値 63 はルックアップテーブル B の 6 行 3 列目が 00 であることを表す。逆に，ルックアップテーブル B の最初の値 CC はルックアップテーブル A の C 行 C 列目が 00 であることを表す。これらのルックアップテーブルは互いに逆テーブル（逆変換）になっている。このようなルックアップテーブルを作成して S–box を実現する。また，表 3.7 に示す原始多項式 $f(x)$ を変えれば動的にルックアップテーブルを変更でき，動的な S–box を構成できる。

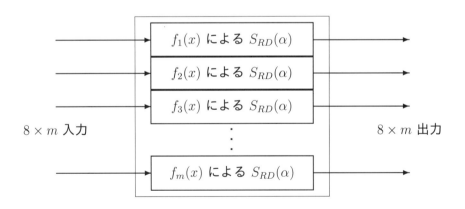

図 9.8　複数の原始多項式による S–box（ハッシュ関数 h）の構成例

さらに，図 9.8 に示すように，異なる複数の原始多項式 $f_k(x)$ $(k = 1, 2, 3, \cdots, m)$ による $S_{RD}(\alpha)$ を用いて $8 \times m$ 入力・$8 \times m$ 出力の大きな S–box（ハッシュ関数 h）を構

成することができる。そして，この S–box（ハッシュ関数 h）を用いて，図 9.9 のように構成すれば，$8 \times m$ 出力のハッシュ値 $H(x)$ を得ることができる。

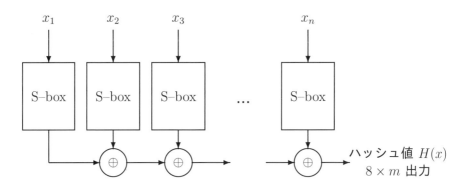

図 **9.9**　**S–box** によるハッシュ関数の構成例

ここで，原始多項式 $f_k(x)$ $(k = 1, 2, 3, \cdots, 12)$ は，表 3.7 の周期が 255 の原始多項式から，例えば以下のような多項式を用いる。

$$
\begin{aligned}
f_1(x) &= x^8 + x^4 + x^3 + x^2 + 1, & f_2(x) &= x^8 + x^6 + x^3 + x^2 + 1, \\
f_3(x) &= x^8 + x^7 + x^5 + x^3 + 1, & f_4(x) &= x^8 + x^6 + x^5 + x^4 + 1, \\
f_5(x) &= x^8 + x^7 + x^2 + x + 1, & f_6(x) &= x^8 + x^5 + x^3 + x + 1, \\
f_7(x) &= x^8 + x^6 + x^5 + x + 1, & f_8(x) &= x^8 + x^7 + x^6 + x + 1, \\
f_9(x) &= x^8 + x^5 + x^3 + x^2 + 1, & f_{10}(x) &= x^8 + x^7 + x^3 + x^2 + 1, \\
f_{11}(x) &= x^8 + x^6 + x^5 + x^2 + 1, & f_{12}(x) &= x^8 + x^6 + x^5 + x^3 + 1
\end{aligned}
$$

　一般的に，S–box ではルックアップテーブルを作成するので，逆変換テーブルを作成することが容易である。すなわち，可逆的である。このため，S–box は主に暗号化および復号に用いられる。ハッシュ関数として用いる場合は，図 9.9 に示すように一方向性になるように構成する必要がある。

9.4 ハッシュ関数を用いた暗号および復号

　ハッシュ関数は一方向性であるため，図 5.5 の CTR モード暗号の処理手順を参考にして，ハッシュ関数 h を図 9.10 に示すように配置すれば，平文の暗号および復号として利用できる。すなわち，ハッシュ関数 h の入力を鍵 Key として，その出力と平文 P_k との排他的論理和を取り暗号文 C_k とする。復号は平文の代わりに暗号文 C_k と排他的論理和を行えば，平文 P_k が得られる。

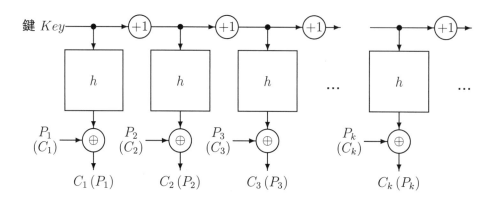

図 9.10　ハッシュ関数による暗号化（( ) 内は復号）

9.5 バースデーパラドックス

　これは，n ビット出力のハッシュ関数において，衝突確率 P を見つけるために必要なハッシュ関数の計算回数 k を求める問題である。まず，N 個の要素から無作為に 1 個を選択する試行を繰り返す。このとき，k 回の試行で 2 回以上選択（衝突）される要素の確率を P とすれば，次の関係式を得る。

$$1 - P = \left(1 - \frac{1}{N}\right) \times \left(1 - \frac{2}{N}\right) \times \cdots \times \left(1 - \frac{k-1}{N}\right)$$

$\frac{k-1}{N} \approx 0$ のとき，$1 - \frac{i}{N} \approx e^{-\frac{i}{N}}$ から以下のように近似できる。

$$1 - P \approx e^{-\frac{1}{N}} \times e^{-\frac{2}{N}} \times \cdots \times e^{-\frac{k-1}{N}} = e^{-\frac{k(k-1)}{2N}} \approx e^{-\frac{k^2}{2N}} \quad \rightarrow$$
$$e^{-\frac{k^2}{2N}} \approx 1 - P \quad \rightarrow \quad -\frac{k^2}{2N} \approx \log(1 - P) \quad \rightarrow$$
$$k \approx \sqrt{2N \times \log \frac{1}{1-P}}$$

$P = \frac{1}{2}$ とすれば， $k \approx \sqrt{(2 \log 2) \times N} \approx 1.17 \times \sqrt{N}$ となる。具体的には，$366\,(= N)$ 人が集まれば必ず同じ誕生日の人が存在するので，この式に $N = 366$ を代入すれば，$k = 22.38$ を得る。すなわち，23 回目で同じ誕生日の人を選ぶ確率が $P = \frac{1}{2}$ となる。これは，あまりにも少なく感じられるので，**バースデーパラドックス**（Birthday Paradox）と呼ばれている。従って，n ビット出力のハッシュ関数においては $N = 2^n$ であるから，上式は以下となる。

$$k \approx \sqrt{2^{n+1} \times \log \frac{1}{1-P}} = 2^{\frac{n+1}{2}} \times \sqrt{\log \frac{1}{1-P}}$$

これから，約 $k = 1.17 \times 2^{\frac{n}{2}}$ 回の計算で衝突が起こる確率は $P = \frac{1}{2}$ となる。このことから，ハッシュ関数の出力長は 160 ビット以上でなければならないとされている。現在では 260 ビット以上にすることが推奨されている。

例題 9.2　$366\,(= N)$ 人の中から同じ誕生日の人を見つけるまでの回数 k に対する確率 P を求める。この場合，次式となる。

$$P \approx 1 - e^{-\frac{k^2}{2N}} = 1 - e^{-\frac{k^2}{732}} = 1 - e^{-0.001366 \times k^2}$$

これを計算すると表 9.2 のようになった。この表から 23 回目で $P = 0.5145$ となり，$P = \frac{1}{2}$ を超える。45 回目では 9 割を超え，70 回目ではほとんど 1 となる。すなわち，366 人から 約 45 回目でほとんど同じ誕生日の人を見つけていることになる。少ない回数のように思われるがいかがだろうか。なお，366 の数は 9 ビット（$2^9 = 512$）で表わすことができる。

表 9.2　回数 k に対する確率 P の変化

k	P	k	P	k	P	k	P
10	0.1277	15	0.2646	20	0.4210	23	0.5145
25	0.5742	30	0.7075	35	0.8124	40	0.8876
45	0.9371	50	0.9671	55	0.9840	60	0.9927
65	0.9969	70	0.9988	75	0.9995	80	0.9999

練習問題

問題 9.1　$x = \mathtt{efcdab89}$，$y = \mathtt{98badcfe}$，$z = \mathtt{10325476}$ として，SHA–1 で用いる関数 $f_x(x, y, z) = x\,y \vee \overline{x}\,z$，$f_x(x, y, z) = x \oplus y \oplus z$，$f_x(x, y, z) = x\,y \vee x\,z \vee y\,z$ の値を求めなさい。

問題 9.2　図 9.5 に示す hash–1 のハッシュ関数 h において，入力 x_j がすべて 0x00000000 および 0xFFFFFFFF であるときのシフトレジスタの動作を示しなさい。

問題 9.3　同様に，図 9.7 に示す hash–256 のハッシュ関数 h において，入力 x_j がすべて 0x00000000 および 0xFFFFFFFF であるときのシフトレジスタの動作を示しなさい。

問題 9.4　図 9.3 に示す SHA–256 のハッシュ関数 h のプログラムを作成しなさい。

第10章　デジタル認証

(Digital Authentication)

　ホームページなどの改ざんを検知する方法として，メッセージ認証コード （MAC, Message Authentication Code）を利用する方法がある。また，デジタル署名または電子署名を用いる方法もある。このデジタル署名だけでは配布されている公開鍵が本当に正しいか確認することができない。そこで，公開鍵が正しいことを証明するための **デジタル証明書**（Digital Certificate）が必要になる。すなわち，デジタル証明書をデジタル署名に付加することによって，データの改ざんを検知できるだけではなく，公開鍵が正しいものであることを確認できる。さらに，**認証局**（Certificate Authority）を通して，データの作成者を証明することができる。本章では，メッセージ認証コード生成および認証局を通してのデジタル署名の仕組みについて示す。

10.1　メッセージ認証コード

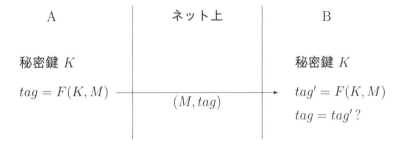

図 10.1　メッセージ認証コード MAC による認証

　メッセージ認証コード（MAC, Message Authentication Code）は，メッセージ M が改ざんされているかどうかを検証するコード tag であり，このコード tag を生成する関数 $F(K, M)$ を MAC 関数という。すなわち，図 10.1 に示すように，A と B が秘密鍵 K を共有し，A から B へメッセージ M を送るとき，MAC 関数を用いてコード $tag = F(K, M)$ を生成し，メッセージとコードの組 (M, tag) を B に送る。B では受け取ったメッセージ M からコード tag' を生成して，送られてきたコード tag と比較して等しくなければメッセージ M は改ざんされていることになる。このようにして，メッセージ M が改ざんされているかどうかを判別する。このような tag を生成する MAC 関数として，ブロック

10.1 メッセージ認証コード

暗号関数 E を利用する方法およびハッシュ関数 H を利用する方法がある。これらについて以下に示す。

（a） ブロック暗号化関数を利用する方法

この MAC 関数は，図 5.2 (a) に示す CBC モード暗号化手順を利用して，図 10.2 のように構成する。図において，暗号化関数 E_2 は 2 つの秘密鍵を利用して，より改ざんを困難にする場合である。ここで，ブロック暗号化関数 E の入力 $(M_1, M_2, M_3, \cdots, M_n)$ は有限バイトであるため，$M = M_1 + M_2 + M_3 + \cdots + M_n$ である。

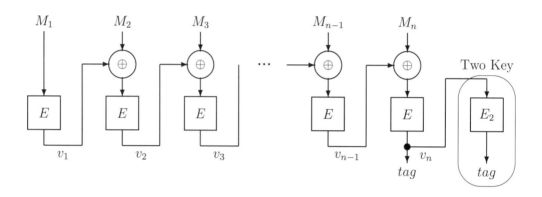

図 10.2 ブロック暗号化関数を用いた MAC 関数

（b） ハッシュ関数を利用する方法

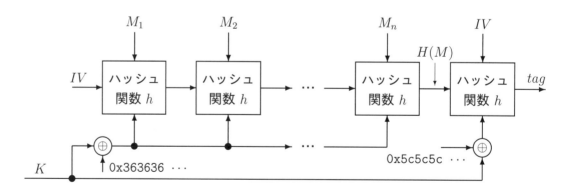

図 10.3 ハッシュ関数を用いた MAC 関数

ハッシュ関数を用いた MAC 関数は図 10.3 に示すように構成され，秘密鍵 K はそれぞれ 0x363636 ⋯ および 0x5c5c5c ⋯ と排他的論理和を取り，ハッシュ関数の鍵 K_k に加えられる。前段のハッシュ関数 h はメッセージ M の長さ分取られ，後段のハッシュ関数 h は 1 個でよい。このように 2 段にすることによって，より改ざんを困難にしている。

10.2 デジタル署名の仕組み

ホームページなどにおいて，本物に成り済まして相手からカード情報などを搾取するフィッシングなどがよくある。このような場合，デジタル証明書によって成り済ましかどうかを確認する方法が取られる。このデジタル証明書によるデジタル署名の仕組みを示す。すなわち，図 10.4 に示すように，**認証局**（Certificate Authority）を介して以下の手順に従って行われる。

(1)　まず，予め Web サーバは認証局に対して，公開鍵や ID などの認証局の公開鍵を用いて暗号化し，デジタル証明書の発行を申請する。

(2)　認証局では厳正に審査の結果デジタル証明書を発行する。そしてまた，このデジタル証明書を保管する。

(3)　デジタル証明書を受け取った Web サーバはこれを保管する。

(4)　次に，クライアント PC が Web サーバに対してデータを送るため，Web サーバに接続要求を出す。

(5)　これに対して，保管してあるデジタル証明書を送信する。

(6)　受け取ったデジタル証明書が認証局から発行されたものか認証局に確認する。

(7)　認証局からデジタル証明書を受け取り，確認する。

(8)　確認ができたら，Web サーバの公開鍵を用いて，送るべきデータを暗号化し，Web サーバに送信する。

ここで，デジタル証明書には，発行者，有効期間の開始・終了，公開鍵などの内容が含まれる。

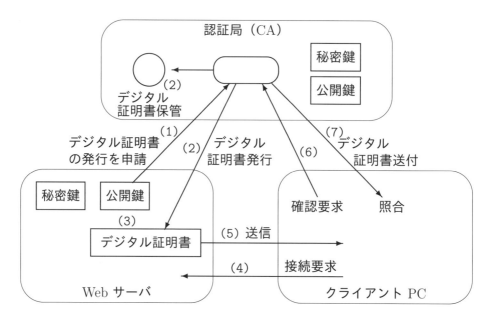

図 10.4　デジタル証明書によるデジタル署名の仕組み

練習問題

問題 **10.1**　ハッシュ関数 SHA–1 を用いて MAC 関数のプログラムを作成しなさい。

第11章　暗号学的擬似乱数

(Cryptographic Pseudo Random Number)

　暗号技術で利用する **擬似乱数** は，鍵生成，暗号通信で使われる使い捨て数（Nonce），パスワードを暗号化する際に付与される数（Salt），ワンタイムパッドなどである。一般の擬似乱数は，その方法と過去の出力が既知であれば，次に生成される出力を予測することは可能である。このため，暗号学的に安全とはいえない。暗号学においては，擬似乱数生成には明確な定義がある。すなわち，**一様分布**（Uniform distribution）であること，および過去の乱数から次の乱数を予測することが不可能（**予測不可能性**）であることである。そこで，本章では暗号学的な乱数の生成法と検証法について示す。

11.1　擬似乱数生成器

　暗号技術で利用する **擬似乱数**（Pseudo Random Number）を生成する方法として，線形合同法（Linear Congruential Method），ハッシュ関数を用いる方法，暗号化関数を用いる方法などがある。これらについて，以下に説明する。

（1）　線形合同法：　よく用いられる方法であり，図 11.1 に示す方法で擬似乱数を生成し，その計算式は次式である。

$$S_{n+1} = A \times S_n + C \pmod{M}$$

ここで，A, C および M は定数であり，$M > A$ および $M > C$ である。また，C および M は一般に素数を用いる。このままでは予測不可能性とはならないので，工夫が必要である。

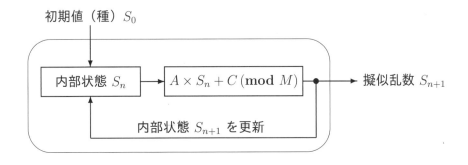

図 **11.1**　線形合同法による擬似乱数生成

例えば，擬似乱数が $0 \leq S_n < \frac{M}{2}$ のとき 0 を，$\frac{M}{2} < S_n \leq M$ のとき 1 を出力するビット列である。このビット列から必要個数を取り出して鍵などに利用する方法である。

(2) **ハッシュ関数を用いる方法：** この方法は図 11.2 に示すように内部状態 S_n を一方向性ハッシュ関数によって攪拌して擬似乱数を生成する方法である。ここで，内部状態 S_n の更新は $S_n + 1 \rightarrow S_{n+1}$ であり，カウンタである。これによって，第三者に内部状態 S_n を推測されることを困難にしている。

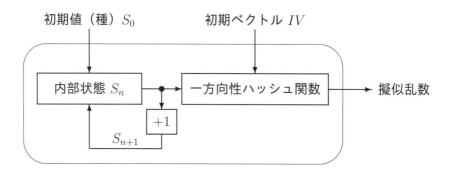

図 **11.2** ハッシュ関数を用いる擬似乱数生成

(3) **暗号化関数を用いる方法：** この方法は図 11.3 に示すように暗号化関数 E を用いて擬似乱数を生成する方法である。ここで，内部状態を更新する方法は前述の (2) と同じカウンタである。また，暗号化関数 E は第 5 章 5.1 で示す AES 共通鍵暗号（図 5.1 参照）などを用いる。

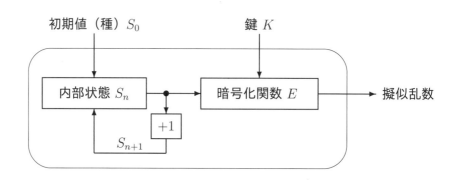

図 **11.3** 暗号化関数を用いる擬似乱数生成

11.2 ANSI X9.17

ANSI（American National Standard Institute，米国規格協会）X9.17 は，図 11.4 に示すように，現在時刻を暗号化関数 E_1 によって攪拌処理を行い，内部状態 S_n と排他的論理和を行う。この出力を暗号化関数 E_2 を通して擬似乱数を得る。一方，内部状態 S_n は，暗号化関数 E_1 の出力と暗号化関数 E_2 の出力との排他的論理和を行った後再び暗号化関数 E_3 を通して，その出力を次の内部状態 S_{n+1} にする。これによって，第三者に内部状態を推測されることはない。

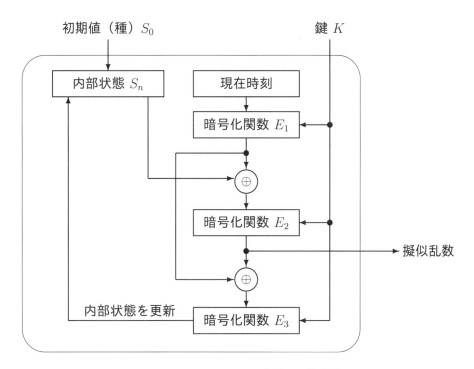

図 11.4　ANSI X9.17 の擬似乱数生成

11.3　擬似乱数の検証

擬似乱数が暗号学的に利用可能かどうかを付録 C に示す統計的検定手法を用いて検証する必要がある。すなわち，冒頭でも示したように，**一様分布**（Uniform Distribution）であること，**予測不可能性** であることの二つである。一様分布の検証は次のように行う。まず，擬似乱数の取り得る最大値 M を n 等分し，かなり多く（N 個）の擬似乱数を生成して，擬似乱数 x が区間 $(k-1)\Delta \leq x < k\Delta$（$\Delta = \frac{M}{n}$）に入る個数 N_k（**度数** (Frequency)

という）を求め，確率 $p_k = \frac{N_k}{N}$ を計算する。また，理論的な度数は $\frac{N}{n}$ であり，$\frac{1}{n}$ は区間 $(k-1)\Delta \leq x < k\Delta$ に入る理論的確率である。p_k がほぼ **正規分布**（Normal Distribution）$N(\frac{1}{n}, s^2)$ $(s^2 :$ 標本分散) に従うならば，次式によって **不偏分散**（Unbiased Variance）v_n^2 を求める。

$$v_n^2 = \frac{1}{n-1} \cdot \sum_{k=1}^{n} \left(p_k - \frac{1}{n} \right)^2$$

また，次式を計算する。

$$
\begin{aligned}
\alpha &= \sum_{k=1}^{n} \frac{(度数\,N_k - 理論度数)^2}{理論度数} \\
&= \sum_{k=1}^{n} \frac{(N_k - \frac{N}{n})^2}{\frac{N}{n}} = n\,N \cdot \sum_{k=1}^{n} \left(p_k - \frac{1}{n} \right)^2 = n(n-1)\,N \cdot v_n^2
\end{aligned}
$$

この値 α は，N がかなり大きいとき，**自由度** $n-1$ の χ^2 **分布** に従うことが知られている（参考文献 [8] または付録 C C.3 より）。そこで，ある値 γ を求めて，$\gamma > \alpha$ であれば，擬似乱数が一様分布に従うことを受け入れる（有意）とする。ここで，γ は **有意水準**（Significance Level）を決めて求められる値であり，有意水準 5 ％（外れる確率 0.05）では $n = 10$ のとき χ^2 分布表（付録 C 表 C.2）の自由度 9 の値 $\gamma = 16.919$ を得る。また，有意水準 10 ％（外れる確率 0.1）では $\gamma = 14.6837$ を得る。このようにして，擬似乱数の検証を行うことができる。上式から分かるように不偏分散 v_n^2 を計算して，有意性を検証することもできる。ちなみに，p_k をほぼ正規分布に従うというより t **分布**（付録 C C.4）に従うとした方がよい。従って，p_k の **信頼区間**（Confidence Interval）は次式となる。

$$\frac{1}{n} - t_\gamma \cdot v_n \leq p_k \leq \frac{1}{n} + t_\gamma \cdot v_n$$

ここで，t_γ は付録 C 表 C.3 において，有意水準と自由度から求められる値である。有意水準 5 ％ および自由度 9 の場合，付録 C 表 C.3 から $t_\gamma = 2.2622$ である。

例題 11.1 線形合同法によって乱数列を発生し，$N = 1000$ 個を取り出して一様分布の検定を行う。便宜上，乱数 S_n を M で割った値を検定する。まず，$M = 19973$，$A = 5$，$C = 7187$，$S_0 = 4391$ の値で乱数列 S_n を発生する。その乱数列において，101 個目から連続した $N = 1000$ 個取り出し，0〜1 を 10 等分して $\frac{S_n}{M}$ の度数分布表を作成すると，表 11.1 のようになった。これから，上式 α の値を求めると $\alpha = 5.68$ となった。有意水準 5 ％ は $n = 10$ のとき χ^2 分布表（付録 C 表 C.2）の自由度 9 の値 $\gamma = 16.919$ を得る。従って，$\gamma > \alpha$ であるため，擬似乱数列は一様分布であることを受け入れる。なお，不偏

分散 v_n^2 の値は $v_n^2 = 0.000063$ である。また，p_k の信頼区間は $0.082 \leq p_k \leq 0.118$ となり，p_k のすべてがこの範囲内である。

表 **11.1** 　線形合同法による擬似乱数列の度数分布表

	$k=1$	$k=2$	$k=3$	$k=4$	$k=5$	$k=6$	$k=7$	$k=8$	$k=9$	$k=10$
N_k	93	90	95	110	102	89	101	110	102	108
p_k	0.093	0.090	0.095	0.110	0.102	0.089	0.101	0.110	0.102	0.108

例題 11.2　図 11.2 に示す一方向性ハッシュ関数において図 9.3 に示す SHA–1 を用いる。この擬似乱数発生において，同様に，$N = 1000$ 個を取り出して一様分布の検定を行う。同様に，乱数を最大値で割った値の度数分布表を作成すると，表 11.2 に示すようになった。また，α の値を計算すると $\alpha = 6.68$ となった。従って，有意水準 5% では $\gamma = 16.919 > \alpha$ であるため擬似乱数列は一様分布であることを受け入れることになる。

表 **11.2**　ハッシュ関数による擬似乱数列の度数分布表

	$k=1$	$k=2$	$k=3$	$k=4$	$k=5$	$k=6$	$k=7$	$k=8$	$k=9$	$k=10$
N_k	101	110	113	94	100	89	106	88	105	94
p_k	0.101	0.110	0.113	0.094	0.100	0.089	0.106	0.088	0.105	0.094

　一方，予測不可能性を検証するには，擬似乱数列の周期性，統計的乱数性，線形複雑度，相関関係などを評価する必要がある。これらについて，以下に述べる。

　まず，周期性について，線形合同法によって求められた擬似乱数列の最大周期は M である。図 11.2，図 11.3 および図 11.4 に示す乱数発生の最大周期は内部状態数であり，n ビットで内部状態を表すとすれば 2^n である。従って，実際に生成された擬似乱数列の周期が最大周期になっていることを確認する必要がある。

　次に，統計的乱数性は，擬似乱数列において，一つおきの列，2 つおきの列，m 個おきの列においても乱数列が一様分布であることである。すなわち，m 個おきに取り出した乱数列においても一様分布に従わなければならない。従って，上述の一様分布の検証によって行うことになる。また，任意の連続する 2 個の乱数 x_n, x_{n+1} に相関がある場合，連続する 2 個の乱数 x_n, x_{n+1} の差 $x_{n+1} - x_n$ の分布がある値付近に集中する。乱数として利用できるためには，無相関であることが望ましい。従って，差 $x_{n+1} - x_n$ の分布が $-M \leq x_{n+1} - x_n \leq M$ においてほぼ一様分布であれば，任意の連続する 2 個の乱数 x_n

と x_{n+1} の関係はほぼ無相関となる。また，線形複雑度とは，連続する 2 つの乱数 x_n と x_{n+1} から次の乱数 x_{n+2} が類推できないことである。すなわち，$x_{n+1} - x_n$ と $x_{n+2} - x_{n+1}$ の関係も無相関であることが望ましい。

例題 11.3 例題 11.1 と同様の条件で，続く 2 つの擬似乱数の差の分布を調べる。ここで，$(S_{n+1} - S_n + M)/2M$ の計算を行い，擬似乱数を 0〜1 の間にしてその分布を求めると表 11.3 のようになった。表から $k = 5$ および $k = 6$ の度数が比較的高くなっている。

表 11.3　乱数列の差の度数分布表

	$k=1$	$k=2$	$k=3$	$k=4$	$k=5$	$k=6$	$k=7$	$k=8$	$k=9$	$k=10$
N_k	36	68	78	123	186	180	123	127	66	13
p_k	0.036	0.068	0.078	0.123	0.186	0.180	0.123	0.127	0.066	0.013

さらに，乱数列は図 11.2 に示す初期ベクトル IV，図 11.3 および図 11.4 に示す鍵 K によって異なる。そこで，異なる 2 つの鍵 K_1 および K_2 によって生成される擬似乱数列からそれぞれ N 個の乱数を取り出し，それぞれの乱数列 $\{x_n\}$ および $\{y_n\}$ について次の **相関係数**（Correlation Coefficient）ρ を求める（参考文献 [8] より）。

$$\rho = \frac{\mathrm{Cov}(X, Y)}{\sigma_X \cdot \sigma_Y}$$

ここで，$\mathrm{Cov}(X, Y)$ は **共分散**（Covariance），σ_X^2 および σ_Y^2 は **分散**（Variance）であり，それぞれ次式である。

$$\mathrm{Cov}(X, Y) = \frac{1}{N} \cdot \sum_{n=1}^{N} (x_n - \overline{x})(y_n - \overline{y})$$

$$\sigma_X^2 = \frac{1}{N} \cdot \sum_{n=1}^{N} (x_n - \overline{x})^2, \qquad \sigma_Y^2 = \frac{1}{N} \cdot \sum_{n=1}^{N} (y_n - \overline{y})^2$$

$$\left(\overline{x} = \frac{1}{N} \cdot \sum_{n=1}^{N} x_n, \quad \overline{y} = \frac{1}{N} \cdot \sum_{n=1}^{N} y_n \right)$$

求めた相関係数 ρ が $\rho \approx 0$ であれば 2 つの擬似乱数列の **相互相関**（Cross–Correlation）は無相関となる。そこで，$0.1 > |\rho|$ であれば，この相互相関は無相関と見なす。また，一つの鍵で生成した擬似乱数列の **自己相関**（Autocorrelation）は，ある乱数 x_n から N 個取り出した乱数列 $\{x_n\}$ と，k 個ずらした乱数 x_{n+k} から N 個を取り出した乱数列 $\{y_n\}$ について，同様に上の相関係数 ρ を求める。同様に，$0.1 > |\rho|$ であれば，この自己相関

は無相関と見なす。

例題 11.4　図 11.2 の擬似乱数生成における 2 つの初期ベクトルの違いによる相関係数を検証する。まず，ハッシュ関数を図 9.4 の SHA–1 とする。そして，初期ベクトル IV を 67452301, efcdab89, 98badcfe, 10325476, c3d2e1f0 とした擬似乱数列を $\{x_n\}$ とする。また，初期ベクトルを c3d2e1f0, 10325476, 98badcfe, efcdab89, 67452301（逆）にした擬似乱数列を $\{y_n\}$ とする。これらの擬似乱数を 10000 個生成し，平均 $\overline{x}$ および $\overline{y}$，分散 σ_X^2 および σ_Y^2，相関係数 ρ を求めると，それぞれ次のようになる。

$$\overline{x} = 0.500857, \qquad \overline{y} = 0.502280,$$
$$\sigma_X^2 = 0.082959, \qquad \sigma_Y^2 = 0.083687, \qquad \rho = -0.011834$$

従って，$0.1 > |\rho|$ となり，この 2 つの擬似乱数列の間に相関はないことが分かる。

例題 11.5　上と同じ図 11.2 のハッシュ関数を用いた擬似乱数発生における自己相関について検証する。まず，擬似乱数を 20000 個生成する。最初から 10000 個の擬似乱数列を $\{x_n\}$，1000 個ずらした擬似乱数列を $\{y_n\}$ とする。このとき，平均 $\overline{x}$ および $\overline{y}$，分散 σ_X^2 および σ_Y^2，相関係数 ρ を求めると，それぞれ次のようになる。

$$\overline{x} = 0.500857, \qquad \overline{y} = 0.501033,$$
$$\sigma_X^2 = 0.082959, \qquad \sigma_Y^2 = 0.083296, \qquad \rho = -0.007011$$

従って，$0.1 > |\rho|$ となり，この 2 つの擬似乱数列の間に相関はないことが分かる。さらに，擬似乱数列 $\{y_n\}$ を 2000 個，3000 個，4000 個，5000 個，6000 個，7000 個，8000 個，9000 個ずらした場合，相関係数 ρ を計算するとそれぞれ次式となる。

$$-0.000284, \qquad -0.003418, \qquad 0.009922, \qquad 0.008185,$$
$$-0.015584, \qquad -0.008674, \qquad 0.009399, \qquad -0.005217$$

いずれの場合も無相関であることが分かる。

例題 11.6　図 11.3 に示す擬似乱数生成において，2 つの鍵によって生成される擬似乱数列 $\{x_n\}$ および $\{y_n\}$ の相関関係を検証する。まず，暗号化関数 E を DES 暗号化関数（付録 A を参照）を用い，下位 31 ビットを用いて 0〜1 の擬似乱数列とする。そして，

2 つの鍵を $K1 = 9967$ と $K2 = 9973$ としてそれぞれ 10000 個の擬似乱数列 $\{x_n\}$ および $\{y_n\}$ を生成する。これから，平均 $\overline{x}$ および $\overline{y}$，分散 σ_X^2 および σ_Y^2，相関係数 ρ を求めると，それぞれ次のようになる。

$$\overline{x} = 0.495187, \qquad \overline{y} = 0.496620,$$
$$\sigma_X^2 = 0.082330, \qquad \sigma_Y^2 = 0.082225, \qquad \rho = 0.008846$$

従って，$0,1 > |\rho|$ となり，無相関である。

練習問題

問題 11.1 DES 暗号化関数（付録 A を参照）を用いて，図 11.3 の擬似乱数発生を行い，下位 31 ビットを用いて 0〜1 の擬似乱数列とする。そして，10 個以降 1000 個の擬似乱数列 $\{x_n\}$ を生成して，一様分布であるか検証しなさい。ただし，共通鍵 K を 9967 で計算する。

問題 11.2 図 11.3 に示す擬似乱数生成において，暗号化関数 E を DES 暗号化関数（付録 A を参照）を用い，下位 31 ビットを用いて 0〜1 の擬似乱数列とする。最初から 10000 個を擬似乱数列 $\{x_n\}$ とし，1000 個，2000 個，3000 個，4000 個，5000 個，6000 個，7000 個，8000 個，9000 個ずらした 10000 個の擬似乱数列 $\{y_n\}$ との相関関係（自己相関）を調べなさい。ただし，鍵を $K = 9973$ とする。

問題 11.3 図 11.1 に示す擬似乱数生成において，$M = 19973$，$A = 5$，$C = 7187$，$S_0 = 4391$ の条件で，最初から 10000 個を擬似乱数列 $\{x_n\}$ とし，1000 個，2000 個，3000 個，4000 個，5000 個，6000 個，7000 個，8000 個，9000 個ずらした 10000 個の擬似乱数列 $\{y_n\}$ との相関関係（自己相関）を調べなさい。

問題 11.4 図 11.1 に示す擬似乱数生成において，$M = 19973$，$A = 5$，$C = 7187$，$S_0 = 4391$ の条件で，$0 \leq S_n \leq \frac{M}{2}$ のとき 0 を，$\frac{M}{2} < S_n \leq M$ のとき 1 を出力する 31 ビットの擬似乱数列 $\{x_n\}$ を生成する。この擬似乱数列 1000 個について一様分布であるか検証しなさい。

第12章　電子透かし
(Digital Watermarking)

　ネットワークの発達に伴い，電子的にやりとりされる情報が急増している。このため，コンテンツに対する著作権保護が大きな問題となってきている。そこで，コンテンツに著作者，利用許諾者，コピー回数などの情報を埋め込み，コンテンツが暗号化されたり，加工されたとしても，埋め込まれた情報を取り出す工夫が必要である。この技術として，デジタル透かしまたは **電子透かし**（Digital Watermarking）があり，知覚可能型と知覚困難型がある。電子透かしとは，一般的には後者を指し，見た目はわからないが，検出ソフトなどを利用して埋め込まれている情報を取り出す技術である。この目的は，不正コピーや改ざんなどの著作権保護が主であり，テキスト，音声，画像，動画，プログラムなどのコンテンツに，著作者，利用許諾者，コピー回数などを埋め込む。従って，コンテンツによって適した電子透かし技術が提案されている。本章では，種々の電子透かしについて示し，代表的な電子透かし技術の手法を述べる。

12.1　電子透かしの種類

（1）**置換法**：　音声や画像などのコンテンツの特定位置のデジタル値を変える方法である。例えば，埋め込む情報のビット並びにおいて，0 であればデジタル値を偶数に，1 であれば奇数に特定位置のデジタル値を置き換えるなどの方法である。取り出す場合は，特定位置のデジタル値が偶数であれば 0，奇数であれば 1 として取り出せばよい。この埋め込む情報をコンテンツの特定位置に繰り返し埋め込むことによって，コンテンツが部分的に取り出されたとしても，埋め込まれた情報が残っていることになる。なお，この場合，不可逆圧縮を行うと，埋め込まれた情報が失われる可能性がある。そこで，次に示すフーリエ変換などを行った後，周波数領域に情報を埋め込む方法をとる。

（2）**周波数領域変換法**：　JPEG の画像データは，元の画像データに **離散コサイン変換**（Discrete Cosine Transform）（付録 D D.8 の 2 次元 DCT を参照）を行い，量子化テーブル（Q テーブル）で量子化した後，符号化される。この圧縮手順における最後の符号化で情報を埋め込む。周波数領域の高い部分は少々変化しても視覚的に違和感を与えない。そこで，高い周波数領域の値を，上と同じように，埋め込む情報のビット並びにおいて，0 であれば偶数に，1 であれば奇数に置き換える方法であ

る。この具体的手法を後節で述べる。

(3) **スペクトル拡散法：** 埋め込む情報を拡散して埋め込む方法であり，周波数拡散
（Spread Spectrum）法ともいう。この方法には，埋め込む情報を信号レベルとして
拡散操作を行う直接拡散（DS: Direct Spread）方式と，埋め込み位置を周波数スペ
クトルに展開する周波数ホッピング（FH: Frequency Hopping）方式がある。特に，
後者は音楽用コンテンツに利用されている。具体的には，音楽用コンテンツにまず
離散コサイン変換（DCT）または **修正離散コサイン変換**（MDCT）を行う（付録
D を参照）。次に，変換された周波数領域を鍵によって位置を決定し，この位置を 0
であれば正数，1 であれば負数などのように操作して情報（1 ビットまたは複数ビッ
ト）を埋め込む。これを逆変換して電子透かしの入った音楽用コンテンツとする。

(4) **パッチワーク法：** 統計的手法の一種であり，ブロック毎に総和や平均などを求め，
そのずれを利用して，情報を埋め込む方法である。この具体的手法を後節で述べる。

(5) **ベクトル量子化法：** JPEG，MPEG，MP3 などの圧縮符号化においてベクトルコー
ドブックを用いる方法である。

(6) **その他：** FAX データに埋め込む方法，濃度パターンを利用する方法，量子化歪を
利用する方法，色信号を利用する方法などがある。

12.2　音楽信号に対する電子透かし

　音楽信号に対する電子透かしについて，スペクトル拡散法などのように，どの周波数
領域に埋め込むと，違和感なく聴くことができるか考えてみる。まず，人間の心理音響モ
デルにおいて，静寂の中で信号を聞き取ることができなくなる限界を **最小可聴限界** とい
う。この最小可聴限界は，周波数 $f\,[kHz]$ に対する音圧 $P\,[dB]$ で表され，その近似式は
測定値を授業科目 確率・統計学 [8] で学ぶ関数あてはめによって求められ，次式である。

$$P = 3.64 \times f^{-0.8} - 6.5 \times e^{-0.6 \times (f-3.3)^2} + 0.001 \times f^4 \qquad [dB]$$

この式の第 1 項は低音域，第 2 項は中音域，第 3 項は高音域の近似式であり，グラフで
表せば図 12.1 のようになる。この図から，$50\,[Hz]$ 以下または $15\,[kHz]$ 以上の周波数領
域に情報を埋め込むとよいことが分かる。音楽コンテンツのサンプリング周波数は一般に
$44.1\,[kHz]$ が用いられているので，高い周波数領域に埋め込む場合は $15\,[kHz] \sim 22\,[kHz]$
（サンプリング周波数の約半分）の間に埋め込むことになる。これらの周波数領域に情報

を埋め込む場合は，**離散コサイン変換**（DCT）を行ってから，これらに対応する周波数領域に情報を埋め込むことになる。周波数領域を 0〜22 [kHz] にする場合，付録 D の X_k における $k (= 0, 1, 2, \cdots, N-1)$ は周波数に対応しているので，$\frac{N}{T} \approx 22 [kHz]$ であるから，埋め込むことができる周波数領域は $k_0 \sim k_{50 \times T}$ と $k_{15000 \times T} \sim k_{22000 \times T}$ である。ここで，周期 T は $T = \frac{1}{f_0} \approx \frac{N}{22} [msec]$ である。この後，DCT 逆変換を行って，電子透かし入りの音楽コンテンツとなる。

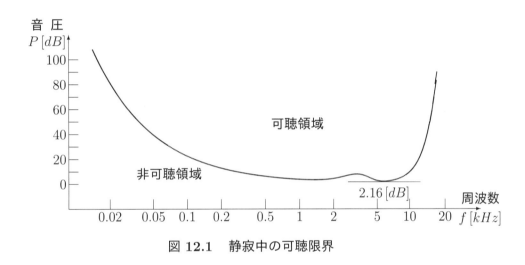

図 **12.1** 静寂中の可聴限界

例えば，$N = 110$ とすれば，基本周波数 f_0 は $f_0 = \frac{1}{T} \approx \frac{22}{N} = 0.2 [kHz]$ $(T \approx 5 [msec])$ であり，X_k は $200 [Hz]$ 毎（$k f_0 = 200 \times k [Hz]$）の値となる。従って，$15 [kHz]$ 以上の領域に情報を埋め込む場合，$X_{75} \sim X_{110}$ に埋め込むことになる。情報を埋め込む方法として，スペクトル拡散法の 10 周波数を用いた周波数ホッピングを利用すると，$\frac{T}{2} = N\tau \approx \frac{110}{44.1} \approx 2.49 [msec]$ 毎に周波数を切り替える。情報 1 ビットを埋め込む時間は $10 \times \frac{T}{2} \approx 24.9 [msec]$ 毎となり，3 分間の音楽コンテンツでは，約 7200 ビットを埋め込むことができる。また，同期ビットを含め約 10 ビットで 1 キャラクタとすれば，約 720 キャラクタとなる。

例題 12.1 $N = 220$ とした場合，$15 [kHz] \sim 22 [kHz]$ の間に埋め込むことのできるビット数を求める。まず，$f_0 = \frac{1}{T} \approx \frac{22}{N} = 0.1 [kHz]$ $(T \approx 10 [msec])$ であるから，X_k は $100 [Hz]$ 毎（$k f_0 = 100 \times k [Hz]$）の値となる。従って，$15 [kHz]$ 以上に情報を埋め込む場合，$X_{150} \sim X_{220}$ に埋め込むことになる。情報を埋め込む方法として，スペクトル拡散法の 10 周波数を用いた周波数ホッピングを利用すると，$10 \times \frac{T}{2} = 10 \times N\tau \approx \frac{2200}{44.1}$

≈ 49.9 [*msec*] 毎に 1 ビットを埋め込むので，3 分間の音楽コンテンツでは，約 3600 ビット（約 360 キャラクタ）を埋め込むことができる。

12.3　パッチワーク法による電子透かし

　ここでは，MP3 などに利用されている電子透かしの方法について説明する。この方法は上述の **パッチワーク法**（Patchwork）であり，歪みが少なくなるようにグループ単位で情報を埋め込む方法である。まず，音楽におけるデジタル値 $s(t)$ において，一定長 L で区切られたサンプル群（GOS, Group of Samples）を作成する。i 番目のサンプル群 G_i において，図 12.2 に示すように，G_i を 3 つの領域 L_1，L_2，L_3（$L = L_1 + L_2 + L_3$）に分割して，それぞれの長さにおけるサンプル値（振幅）$s(t)$ の絶対値の平均値を次式で計算する。

$$E_1 = \frac{1}{L_1} \cdot \sum_{n=0}^{L_1-1} |s(L \cdot i + n)|$$

$$E_2 = \frac{1}{L_2} \cdot \sum_{n=0}^{L_2-1} |s(L \cdot i + L_1 + n)|$$

$$E_3 = \frac{1}{L_3} \cdot \sum_{n=0}^{L_3-1} |s(L \cdot i + L_1 + L_2 + n)|$$

ここで，L_1，L_2，L_3 の分割は，秘密鍵を用いて決められた方法で行う。

　次に，E_1，E_2，E_3 について，大きい順に E_{max}，E_{mid}，E_{min} とおき，E_{max} と E_{mid} および E_{mid} と E_{min} の差を求める。すなわち，次式である。

$$A = E_{max} - E_{mid}, \qquad\qquad B = E_{mid} - E_{min}$$

埋め込む情報のビット列を b_k とおき，$B - A \geq Thd$ であれば $b_k = 0$ を，$A - B \geq Thd$ であれば $b_k = 1$ を埋め込む条件とする。ここで，Thd は埋め込み強度であり，$d\,(\leq 0.05)$ を埋め込み強度を調整する定数とすれば，次式で定義される。

$$Thd = (E_{max} + 2\,E_{mid} + E_{min}) \cdot d$$

埋め込み条件を満たさない場合は条件を満たすように A と B の値を変化させる。具体的には，$b_k = 0$ の場合 E_{mid} の領域のデジタル値を増加させ，かつ E_{min} の領域のデジタル値を減少させる。$b_k = 1$ の場合 E_{max} の領域のデジタル値を増加させ，かつ E_{mid} の領

域のデジタル値を減少させる。この増減は条件を満たすまで少しずつ行われる。なお，音楽信号 $s(t)$ の連続性を保つため，境界点では等しく取り，中央付近で安定値に向かって増加または減少するように工夫する。なお，埋め込み条件を満たす場合はこの操作を行わない。

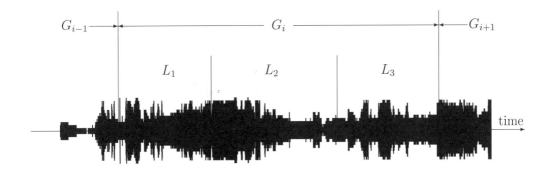

図 12.2　音声信号のサンプル群

　以上の方法で情報を埋め込む。その後圧縮などを行う。埋め込まれた情報を取り出す方法は，同じ方法でグループ化および分割を行い，サンプル値（振幅）$s(t)$ の絶対値の平均値を計算する。これから，上で示した A および B を求め，$B > A$ であれば 0 を，$A \geq B$ であれば 1 として埋め込み情報を取り出す。なお，この方法では，3 分間の音楽コンテンツにおいて，$L = 0.1\,[sec]$ の場合，1 秒間あたり $10\,[bits]$ を埋め込むことができるので，$10 \times 60 \times 3 = 1800\,[bits]$（約 180 キャラクタ）を埋め込むことが可能である。

12.4　画像に対する電子透かし

　ここでは，**周波数領域変換法** について示す。まず，JPEG における離散コサイン変換（付録 D D.8 の 2 次元 DCT を参照）は，8×8 画素において，8 ビット画素値 $f(x, y)$ ($x = 0 \sim 7$, $y = 0 \sim 7$) とすれば，次式となる。

$$F(u, v) = \frac{1}{4} \cdot C_u C_v \cdot \sum_{x=0}^{7} \sum_{y=0}^{7} f(x, y) \cdot \cos\left\{\frac{(2x+1)u\pi}{16}\right\} \cdot \cos\left\{\frac{(2y+1)v\pi}{16}\right\}$$

ここで，$C_0 = \frac{1}{\sqrt{2}}$，$C_1 = \cdots = C_7 = 1$ である。また，逆変換（IDCT）は次式である。

$$f(x, y) = \frac{1}{4} \cdot \sum_{u=0}^{7} \sum_{v=0}^{7} C_u C_v \cdot F(u, v) \cdot \cos\left\{\frac{(2x+1)u\pi}{16}\right\} \cdot \cos\left\{\frac{(2y+1)v\pi}{16}\right\}$$

12.4 画像に対する電子透かし

JPEG で用いる**量子化テーブル**（Quantum Table）は表 12.1 のようになる。このテーブルの左上方が低い周波数成分，右下方が高い周波数成分である。高い周波数成分は荒く量子化を行っても見た目の画像には違和感がないので大きな値となっている。なお，左上の $F(0,0)$ は直流成分である。この量子化テーブル（Q テーブル）を用いる画像圧縮 JPEG の処理手順を以下に示す。

表 **12.1** 量子化テーブル

(a) 輝度 $Q(u,v)$

16	11	10	16	24	40	51	61
12	12	14	19	26	58	60	55
14	13	16	24	40	57	69	56
14	17	22	29	51	87	80	62
18	22	37	56	68	109	103	77
24	35	55	64	81	104	113	92
49	64	78	87	103	121	120	101
72	92	95	98	112	100	103	99

(b) 色度 $C(u,v)$

17	18	24	47	99	99	99	99
18	21	26	66	99	99	99	99
24	26	56	99	99	99	99	99
47	66	99	99	99	99	99	99
99	99	99	99	99	99	99	99
99	99	99	99	99	99	99	99
99	99	99	99	99	99	99	99
99	99	99	99	99	99	99	99

(1)　まず，画像の一部（ブロック）である 8×8 画素 $f(x,y)$ を取り出す。下記に示す適当に選んだ 8×8 画素データについて JPEG 圧縮を行う。

236	236	176	107	163	158	108	238
236	197	60	191	255	255	171	137
238	78	72	50	231	255	255	145
203	54	178	48	153	255	255	253
130	40	90	30	113	255	255	254
240	39	44	43	150	255	255	251
238	123	16	55	232	255	255	247
238	238	204	174	229	219	202	237

(2)　次に，離散コサイン変換（2 次元 DCT）を行い，$F(u,v)$ を求めると以下のようになる。

1406.625	−244.253	212.774	291.775	29.625	−28.588	85.455	60.380
−30.786	106.582	−52.411	−10.470	3.174	−23.378	−5.449	−16.939
119.285	207.816	−47.665	−61.757	56.661	−106.875	−86.458	−59.720
−80.616	−45.909	83.517	−29.132	19.382	−12.995	25.113	−35.215
25.625	41.921	19.504	−184.232	−58.875	−22.785	67.012	10.471
−9.652	−23.460	71.199	5.591	3.870	−10.167	32.281	57.015
−12.202	22.916	32.542	−15.780	−7.910	22.235	32.415	39.461
−52.273	−38.353	10.469	26.953	−17.160	−19.294	−25.527	13.218

(3)　量子化テーブル $Q(u, v)$ を用いて，求めた $F(u, v)$ の量子化を行う。すなわち，$A(u, v) = \frac{F(u,v)}{Q(u,v)}$ を計算し，小数点以下を切り捨てると以下のようになる。

$$
\begin{array}{rrrrrrrr}
87 & -22 & 21 & 18 & 1 & 0 & 1 & 0 \\
-2 & 8 & -3 & 0 & 0 & 0 & 0 & 0 \\
8 & 15 & -2 & -2 & 1 & -1 & -1 & -1 \\
-5 & -2 & 3 & -1 & 0 & 0 & 0 & 0 \\
1 & 1 & 0 & -3 & 0 & 0 & 0 & 0 \\
0 & 0 & 1 & 0 & 0 & 0 & 0 & 0 \\
0 & 0 & 0 & 0 & 0 & 0 & 0 & 0 \\
0 & 0 & 0 & 0 & 0 & 0 & 0 & 0 \\
\end{array}
$$

右下方（高い周波数成分）がほとんどゼロである。JPEG 圧縮では高い周波数成分を取り除くことによって圧縮率が決まる。左上方 32 成分 $A'(u, v)$ だけ利用する場合，圧縮率 50 ％ となる。

(4)　埋め込む情報は，上の JPEG 圧縮データ $A'(u, v)$ の決められた成分 $A'(m, n)$ を，0 の場合偶数，1 の場合奇数のように変更することによって行う。ちなみに，上の $A(u, v)$ に $Q(u, v)$ を乗じて逆変換すれば，以下のようになる。

$$
\begin{array}{rrrrrrrr}
240 & 230 & 143 & 158 & 150 & 153 & 154 & 208 \\
246 & 161 & 86 & 131 & 218 & 256 & 185 & 138 \\
237 & 104 & 70 & 88 & 209 & 289 & 229 & 161 \\
178 & 72 & 109 & 73 & 146 & 237 & 250 & 244 \\
140 & 46 & 95 & 62 & 133 & 227 & 252 & 257 \\
199 & 66 & 26 & 32 & 154 & 265 & 258 & 231 \\
251 & 147 & 47 & 79 & 180 & 260 & 242 & 232 \\
226 & 221 & 151 & 194 & 213 & 220 & 204 & 239 \\
\end{array}
$$

JPEG などの圧縮を行うと，画像を復元した場合劣化する。この劣化する度合いを表す評価基準として 次式の $PSNR$（Peak Signal Noise Ratio）がある。

$$
PSNR = 10 \cdot log_{10} \frac{MAX^2}{MSE} \qquad [dB]
$$

ここで，MAX は最大ピクセル値（8 ビットであれば 255）であり，MSE（Mean Square Error）は次式である。

$$
MSE = \frac{1}{M \cdot N} \cdot \sum_{x=0}^{M-1} \sum_{y=0}^{N-1} \{f(x, y) - f'(x, y)\}^2
$$

ここで，M および N は縦横の画素数であり，$f(x, y)$ および $f'(x, y)$ はそれぞれ元画像および復元画像の位置 (x, y) の画素値である。この評価量 $PSNR$ は元画像と復元画像が同じであれば $MSE = 0$ となるので無限大の値をとり，大きな値をとればとるほど復元画像が元画像に近いことになる。上の量子化テーブルでは $20\,[dB]$ 程度となる。実際に計算すると $PSNR = 20.122\,[dB]$ となる。この評価量を高くしたい場合は量子化テーブルの各値を小さくするとよい。従って，情報を埋め込んだ画像を復元すると当然劣化するので，この評価量 $PSNR$ を用いて電子透かし画像としての有用性を確認する必要がある。

例題 12.2 上の $A(u, v)$ において，情報を埋め込むため $A(1, 3) = 0$ を $A(1, 3) = 1$ に変更した場合，$Q(u, v)$ を乗じて逆変換すれば，復元画素値 $f'(x, y)$ は以下のようになる。

244	229	139	155	153	157	155	205
250	160	82	129	220	260	186	135
239	104	68	87	210	291	230	159
179	72	108	72	146	238	250	243
139	46	96	62	133	226	252	257
197	67	28	34	153	262	257	234
248	148	51	82	178	256	241	236
222	222	155	197	210	216	203	243

$f(x, y)$ と比較すると傾向はほぼ同じであるが，$f'(x, y)$ の各値が変更していることが分かる。この場合，$PSNR = 20.008461\,[dB]$ となり，少し劣化する。一方，$A(0, 3) = 18$ を $A(0, 3) = 19$ に変更した場合の逆変換 $f'(x, y)$ を求める。この場合以下のようになる。

242	230	141	156	152	156	155	206
249	160	83	129	220	259	186	136
239	104	68	86	211	292	230	159
180	71	106	71	147	239	251	242
143	45	92	60	135	230	253	254
201	66	23	31	156	267	258	229
253	147	45	78	182	263	243	230
228	220	148	193	214	223	205	237

同様に，$PSNR = 20.061481\,[dB]$ となり，情報を埋め込まない場合に比べ劣化しているが，$A(1, 4) = 0$ を $A(1, 4) = 1$ に変更した場合に比べ，少し改善していることが分かる。

12.5　ホログラムによる電子透かし

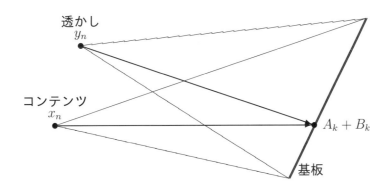

図 12.3　ホログラムによる電子透かし

　その他の電子透かし法として，**ホログラム**（Hologram）による電子透かしを取り上げ，以降に考え方を説明する。まず，図 12.3 に示すように，コンテンツデータ（例えば，画素等）x_n $(n = 0, 1, 2, \cdots, N-1)$ および透かしデータ y_n $(n = 0, 1, 2, \cdots, N-1)$ において，基板上で以下のように関数 $f_{n,k}$ および $g_{n,k}$ によって展開できるものと仮定する。

$$x_n = \sum_{k=0}^{N-1} A_k \cdot f_{n,k}, \qquad\qquad y_n = \sum_{k=0}^{N-1} B_k \cdot g_{n,k}$$

そしてまた，次式が成立すると仮定する。

$$A_k = C \cdot \sum_{n=0}^{N-1} x_n \cdot f_{n,k}, \qquad\qquad B_k = C \cdot \sum_{n=0}^{N-1} y_n \cdot g_{n,k}$$

ここで，C は **正規化定数**（Normalized Constant）である。このとき，A_k および B_k は基板上での **ホログラム** であり，基板上の点 k において 2 つのホログラムの合成は $A_k + B_k$ である。これから，もとの信号 x_n および y_n は次式（逆変換）とならなければならない。

$$x_n = \sum_{k=0}^{N-1} (A_k + B_k) \cdot f_{n,k}, \qquad\qquad y_n = \sum_{k=0}^{N-1} (A_k + B_k) \cdot g_{n,k}$$

この関係が成立するためには，次式が成立する必要がある。

$$C \cdot \sum_{i=0}^{N-1} f_{n,k} \cdot f_{n,i} = \begin{cases} 1 & (k = i) \\ 0 & (k \neq i) \end{cases}, \qquad C \cdot \sum_{i=0}^{N-1} g_{n,k} \cdot g_{n,i} = \begin{cases} 1 & (k = i) \\ 0 & (k \neq i) \end{cases},$$

$$C \cdot \sum_{i=0}^{N-1} f_{n,k} \cdot g_{n,i} = 0$$

このような関数 $f_{n,k}$ および $g_{n,k}$ の性質を **直交**（Orthogonal）性という。この具体的な関数の例としては，付録 D の DCT–IV および DST–IV から，次式があげられる。

$$f_{n,k} = \cos\left\{\frac{\left(n+\frac{1}{2}\right)\left(k+\frac{1}{2}\right)}{N}\pi\right\}, \qquad g_{n,k} = \sin\left\{\frac{\left(n+\frac{1}{2}\right)\left(k+\frac{1}{2}\right)}{N}\pi\right\}$$

この場合，規格化定数 C は $C = \frac{2}{N}$ である。コンテンツデータが 2 次元で表される場合，付録 D に示す 2 次元 DCT および 2 次元 DST を用いる。なお，コンテンツデータおよび透かしデータの両方をホログラムにする場合を示したが，透かしデータを秘匿データとしてホログラムにし，コンテンツに加える方法もある。この場合，透かしデータのホログラムがコンテンツに大きな影響を与えないような工夫が必要である。

また，乱数等で生成した $a_i\,(i = 1, 2, \cdots, N)$ を **グラム・シュミットの直交化** によって直交関数系にする方法がある。これは n 次元の軸ベクトル $u_i\,(i = 1, 2, 3, \cdots, n)$ は互いに直交（$(u_i \cdot u_j) = 0\,(i \neq j)$）し，長さが $|u_k| = 1$ であることを利用する。ここで，$(u_i \cdot u_j)$ は内積を表す。まず，ベクトル v_1 はベクトル a_1 の一次結合である。従って，$u_1 = \frac{a_1}{|a_1|}$ である。次に，ベクトル v_2 はベクトル a_1 と a_2 の一次結合であり，$(v_2 \cdot u_1) = 0$（直交）から以下となる。

$$v_2 = a_2 - k_{2,1} \cdot u_1 \quad \rightarrow \quad (v_2 \cdot u_1) = (a_2 \cdot u_1) - k_{2,1} = 0 \quad \rightarrow \quad k_{2,1} = (a_2 \cdot u_1)$$
$$\rightarrow \quad v_2 = a_2 - (a_2 \cdot u_1) \cdot u_1 = a_2 - \frac{(a_2 \cdot a_1)}{|a_1|} \cdot a_1 \quad \rightarrow \quad u_2 = \frac{v_2}{|v_2|}$$

以下同様に，ベクトル $v_n\,(n = 2, 3, \cdots, N)$ はベクトル $a_1, a_2, \cdots, a_n$ の一次結合であり，$(v_n \cdot u_j) = 0\,(j = 1, 2, \cdots, n-1)$（直交）から以下のようになる。

$$v_n = a_n - (a_n \cdot u_1) \cdot u_1 - (a_n \cdot u_2) \cdot u_2 - \cdots - (a_n \cdot u_{n-1}) \cdot u_{n-1}$$
$$= a_n - \sum_{i=1}^{n-1}(a_n \cdot u_i) \cdot u_i \quad \rightarrow \quad u_n = \frac{v_n}{|v_n|}$$

擬似乱数等でベクトル $a_1, a_2, \cdots, a_N$ の組を N 組作成し，$k\,(= 1, 2, 3, \cdots, N)$ 組目の u_n を $u_n(k)$ とおけば，上で示した透かしデータの直交関数は $g_{n,k} = u_n(k)$ となる。ここで，組間では $(u_m(k) \cdot u_n(l)) = 0\,(k \neq l)$ である。この直交関数系を利用して透かしデータのホログラムを作成し，コンテンツに加える方法で電子透かしを実現する。

これを用いた具体的例として二重情報ハイディング画像 [9] がある。これは次のような方法で情報の埋め込み画像を生成する。まず，グラム・シュミットの直交化によって 2 次元直交関数系を生成し，2 種類の埋め込み画像（ハイディング画像）をこの直交関数系で

展開し，それぞれのホログラムを作成する。情報を埋め込まれるコンテンツ画像（論文ではカギ画像としている）を数ビット分圧縮し，空いた数ビットに 2 種類のホログラムをそれぞれ量子化してカギ画像に加える。ここで，埋め込み画像は文字画像など，数ビット程度で表現できる単純な画像である。復元は逆の手順で求められる。この具体的方法については参考文献 [9] を参照されたい。

練習問題

問題 12.1　音声信号を離散コサイン変換・逆変換すると劣化する。この評価量として次式を定義する。

$$PSNR = 10 \cdot log_{10} \frac{MAX^2}{MSE} \quad [dB], \qquad MSE = \frac{1}{N} \cdot \sum_{i=0}^{N-1} \{s_i - s_i'\}^2$$

この定義に基づいて，0〜1 [msec] のとき 0，1〜3 [msec] のとき 250，3〜5 [msec] のとき 0 の繰り返し信号を，$N = 100$，$N = 200$，$N = 500$，$N = 1000$，$N = 2000$，$N = 5000$，$N = 10000$，$N = 20000$ について離散コサイン変換・逆変換（付録 D D.3 の DCT–II）した場合の $PSNR$ を求め，比較しなさい。ただし，サンプリング周波数は 44.1 [kHz] とする。また，$MAX = 255$（8 ビット）とする。

問題 12.2　例題 12.1 で示した情報埋め込み法において，$N = 440$ とした場合の埋め込みビット数を求めなさい。

問題 12.3　次に示す量子化テーブルを用いて，上と同じ 8×8 画素 $f(x,y)$ を JPEG 圧縮を行った場合，復元画像における $PSNR$ を求めなさい。

16	8	10	13	17	22	28	35
8	10	13	17	22	28	35	44
10	13	17	22	28	35	44	56
13	17	22	28	35	44	56	71
17	22	28	35	44	56	71	88
22	28	35	44	56	71	88	108
28	35	44	56	71	88	108	120
35	44	56	71	88	108	120	120

問題 12.4　本文の 8×8 画素を離散コサイン変換を行い，上の量子化テーブルを用いて $A(u,v)$ を求めると以下のように計算された。

$$
\begin{array}{rrrrrrrr}
87 & -30 & 21 & 22 & 1 & -1 & 3 & 1 \\
-3 & 10 & -4 & 0 & 0 & 0 & 0 & 0 \\
11 & 15 & -2 & -2 & 2 & -3 & -1 & -1 \\
-6 & -2 & 3 & -1 & 0 & 0 & 0 & 0 \\
1 & 1 & 0 & -5 & -1 & 0 & 0 & 0 \\
0 & 0 & 2 & 0 & 0 & 0 & 0 & 0 \\
0 & 0 & 0 & 0 & 0 & 0 & 0 & 0 \\
-1 & 0 & 0 & 0 & 0 & 0 & 0 & 0
\end{array}
$$

求めた $A(u,v)$ の1箇所を，以下のように変更（情報を埋め込む）した場合の $PSNR$ を求めなさい。

$A(u,v)$	値	$A'(u,v)$	$PSNR$	$A(u,v)$	値	$A'(u,v)$	$PSNR$
$A(0,0)$	87	88		$A(0,1)$	-30	-31	
$A(0,2)$	21	22		$A(0,3)$	22	23	
$A(0,4)$	1	2		$A(0,5)$	-1	-2	
$A(1,0)$	-3	-4		$A(1,1)$	10	11	
$A(1,2)$	-4	-5		$A(1,3)$	0	1	
$A(1,4)$	0	1		$A(1,5)$	0	1	
$A(2,0)$	11	12		$A(2,1)$	15	16	
$A(2,2)$	-2	-3		$A(2,3)$	-2	-3	
$A(2,4)$	2	3		$A(2,5)$	-3	-4	
$A(3,0)$	-6	-7		$A(3,1)$	-2	-3	
$A(3,2)$	3	4		$A(3,3)$	-1	-2	
$A(3,4)$	0	1		$A(3,5)$	0	1	
$A(4,0)$	1	2		$A(4,1)$	1	2	
$A(4,2)$	0	1		$A(4,3)$	-5	-6	
$A(4,4)$	-1	-2		$A(4,5)$	0	1	
$A(5,0)$	0	1		$A(5,1)$	0	1	
$A(5,2)$	2	3		$A(5,3)$	0	1	
$A(5,4)$	0	1		$A(5,5)$	0	1	

第13章　量子計算

(Quantum Computing)

前章までで議論したように，従来のコンピュータを用いて，正整数 n を素因数分解する効率の良い方法は知られていない。しかし，本書出版段階では実現できていない実用的な量子コンピュータの開発が成功すれば，その量子コンピュータを用いて効率良く素因数分解できることを P. W. Shor [6] が示している。このことは，実用的な量子コンピュータの開発が成功した時点で，素因数分解の困難性を根拠とする暗号が無力化されることを意味している。加えて，楕円曲線暗号等の離散対数問題の困難性を根拠とする暗号についても同様である。

本章ではこの Shor の方法を解説する。その手順は次の通りである。

まず，13.1 節において，正整数 n を因数分解する問題が，ある有限群の位数を求める問題に帰着されることを解説する。なお，この部分に量子コンピュータは使用しない。

次に，13.2 節において，その有限群の位数を求める問題の主要部分である不等式を解く問題に，量子コンピュータを用いる。つまり，この問題については，従来のコンピュータを用いて答えを導くための効率の良いアルゴリズムは知られていないが，量子コンピュータが実現できたとの仮定の下で，量子コンピュータを用いて答えを導くためのアルゴリズムが考案されている。本節でこのアルゴリズムを解説する。ただし，このアルゴリズムを解説するにあたって，量子コンピュータの動作原理から解説する文献が多いように思われるが，本書では必要最小限の数学的な仮定のみの言及に留め，いたずらに話が複雑になることを避けた。

最後に，13.3 節において，得られた不等式の解から連分数展開を用いて有限群の位数が求めることができることを示す。ここで用いる手法は初等整数論において古くから知られている方法であり，従来のコンピュータを用いて効率よく答えを得ることができる。

13.1　Shor のアルゴリズム (Shor's Algorithm)

正整数 n を因数分解する問題は，ある有限群の位数を求める問題に帰着される。これを示すことが本節の目的である。

まず，ランダムに正整数 $x < n$ を選ぶ。x と n の最大公約数 $\gcd(x, n)$ が $\gcd(x, n) > 1$

であれば，$\gcd(x, n)$ が n の因数であり，因数分解が成功したことを意味する。そこで，$\gcd(x, n) = 1$ とする。このとき，n を法 (Modulus) とする乗法に関して，x が生成する群 $\langle x \rangle := \{x^a \bmod n \mid a = 0, 1, 2, \ldots\}$ は有限群となる。選んだ x に対して，この **有限群の位数** $r = |\langle x \rangle|$ を求めることができれば，$\frac{1}{2}$ 以上の確率で n の因数分解が得られることを以下で述べる。なお，$\frac{1}{2}$ 未満の確率で因数分解が得られなければ，再度 x を選び直して同じ手順を繰り返すことで，十分大きい確率で因数分解が得られる。

まず，r が偶数であれば，$x^r \equiv 1 \bmod n$ より，$(x^{\frac{r}{2}} + 1)(x^{\frac{r}{2}} - 1) \equiv 0 \bmod n$ となる。x の位数 r の定義により，$n \nmid (x^{\frac{r}{2}} - 1)$ となる。[1] 従って，もし，$n \nmid (x^{\frac{r}{2}} + 1)$ であれば，[1] $\gcd(n, x^{\frac{r}{2}} \pm 1)$ は n の真の約数となり，n の因数分解に成功したことを意味する。r が奇数となるか，または，r が偶数であり，かつ $n \mid (x^{\frac{r}{2}} + 1)$ の場合は，[1] 因数分解が成功するための条件を満たすまで x をランダムに選び，検証する作業を繰り返す。しかし，その方法が成功するためには，因数分解が成功するための条件を満たす確率

$$\mathbf{Prob}(r \equiv 0 \mod 2 \text{ and } x^{\frac{r}{2}} \not\equiv -1 \mod n)$$

が十分大きいことが求められる。

例題 13.1 ここまでで述べた内容を例で確かめてみる。$n = 532459$ として n の因数分解をする。

最初に，$\{1, \ldots, n-1\}$ から元をひとつランダムに選び出し，x とする。選んだものが仮に $x = 44790$ だとする。ユークリッドの互除法を使うことで，$\gcd(x, n) = 1$ であることが，容易に確かめられる。

次に，$\langle x \rangle = \{x^0, x^1, x^2 \ldots\}$ に含まれる元の個数を求めることは一般には困難であるが，この場合，$r := |\langle x \rangle| = 5900$ である。よって，$x^{\frac{r}{2}} \bmod n = 101386$ となる。これは，因数分解が成功するための条件をみたしている。従って，$\gcd(n, (x^{\frac{r}{2}} + 1) \bmod n) = \gcd(n, 101387) = 709$，$\gcd(n, (x^{\frac{r}{2}} - 1) \bmod n) = \gcd(n, 101385) = 751$ となり，n の因数分解が $n = 709 \cdot 751$ として得られる。

そこで，本節の残りで次の定理を証明する。なお，定理の証明は参考文献 [2] によって示されたものである。

定理 13.1 $\gcd(x, n) = 1$ とする。異なる奇素数 $p_1, \ldots, p_k$ について，$n = p_1^{\alpha_1} \cdots p_k^{\alpha_k}$ と

---

[1]a が b を割り切るとき，$a \mid b$ と表記し，割り切らないとき，$a \nmid b$ と表記する

なるとき，

$$\mathbf{Prob}(r \equiv 0 \mod 2 \text{ and } x^{\frac{r}{2}} \not\equiv -1 \ (\mod n)) \geq 1 - \frac{1}{2^{k-1}}$$

となる。

ここで，証明に必要な記号を用意する。仮定 $\gcd(x, n) = 1$，$n = p_1^{\alpha_1} \cdots p_k^{\alpha_k}$ より，$\gcd(x, p_i^{\alpha_i}) = 1$ となる。

$$r_i := \min\{j \in \{1, 2, 3, \ldots\} \mid x^j \equiv 1 \mod p_i^{\alpha_i}\}$$

とすると，$r = \mathbf{lcm}(r_1, \ldots, r_k)$ となる。各 i に対し，$r_i = s_i 2^{t_i}$，s_i は奇数となるように，s_i, t_i を定義する。$s := \mathbf{lcm}(s_1, \ldots, s_k)$，$t := \max(t_1 \ldots, t_k)$ とすると，$r = s2^t$ となる。

補題 13.2

$$\mathbf{Prob}(r \equiv 1 \mod 2 \text{ or } x^{\frac{r}{2}} \equiv -1 \mod n) \leq \mathbf{Prob}(t_1 = \cdots = t_k)$$

証明：　$r \equiv 1 \mod 2$ または $x^{\frac{r}{2}} \equiv -1 \mod n$ ならば，$t_1 = \cdots = t_k = t$ を示せばよい。

まず，$x^{\frac{r}{2}} \equiv -1 \mod n$ かつ $r \equiv 0 \mod 2$ ならば，$t_1 = \cdots = t_k = t$ となることを対偶で示す。

中国剰余定理より，

$$x^{\frac{r}{2}} \equiv -1 \mod n \Leftrightarrow {}^{\forall}i \in \{1, \ldots, k\}, \ x^{\frac{r}{2}} \equiv -1 \mod p_i^{\alpha_i}$$

である。定義より $t_i \leq t$ となるので，対偶の仮定 $t_i \neq t$ より，$t_i < t$ である。$\frac{r}{2} = s2^{t-1}$ より $r_i \mid \frac{r}{2}$ となる。よって，$x^{r_i} \equiv 1 \mod p_i^{\alpha_i}$ より $x^{\frac{r}{2}} \equiv 1 \mod p_i^{\alpha_i}$ となり，対偶の結論 $x^{\frac{r}{2}} \not\equiv -1 \mod n$ が得られる。

また，$r \mod 2 \equiv 1$ の場合，$r \equiv 1 \mod 2 \Leftrightarrow {}^{\forall}i, r_i \equiv 1 \mod 2$ となることにより，$t_i = t = 0$ となる。　　　　　　　　　　　　　　$\square$

次の補題のために，群を一つ定義する。$\mathbb{Z}_m^{\times} := \{x \in \{1, \ldots, m-1\} \mid \gcd(x, m) = 1\}$ は m を法とする積で群をなす。$\varphi(m) := |\mathbb{Z}_m^{\times}|$ はオイラーの φ 関数と呼ばれている。なお，p が奇素数のとき，$\mathbb{Z}_{p^a}^{\times}$ は巡回群であることが知られている。

補題 13.3　任意の非負整数 j に対して，$\mathbf{Prob}(t_i = j) \leq \frac{1}{2}$ となる。

証明：　p_i は奇素数なので，$\mathbb{Z}_{p_i^{\alpha_i}}^{\times}$ は巡回群である。g を $\mathbb{Z}_{p_i^{\alpha_i}}^{\times}$ の生成元とすると，$g^{\varphi(p_i^{\alpha_i})} \equiv 1 \mod p_i^{\alpha_i}$ となる。$\varphi(p_i^{\alpha_i}) = \sigma 2^{\tau}$，$\sigma$ は奇数となるように τ, σ を定義する。なお，p_i は奇数のため，$\varphi(p_i^{\alpha_i}) = p_i^{\alpha_i - 1}(p_i - 1)$ より，$\tau \geq 1$ であることに注意しておく。

また，r_i は x を $\mathbb{Z}_{p_i^{\alpha_i}}^{\times}$ の元とみなしたときの位数なので，$\sigma 2^\tau$ は $r_i = s_i 2^{t_i}$ の倍数である。よって，$t_i \le \tau$ となる。

今，$\left|g^b\right| = \bar{\sigma} 2^{\bar{\tau}}$ とする。b が偶数のとき，$g^{\sigma 2^\tau} \equiv 1 \bmod n$ より，$(g^b)^{\sigma 2^{\tau-1}} \equiv 1 \bmod n$ となる。従って，$\bar{\tau} \le \tau - 1$ となる。b が奇数のとき，$(g^b)^{\bar{\sigma} 2^{\bar{\tau}}} = g^{b\bar{\sigma} 2^{\bar{\tau}}} \equiv 1 \bmod p_i^{\alpha_i}$ となるので，$\bar{\tau} \ge \tau$ となり，ラグランジュの定理より，$\bar{\tau} \le \tau$ となる。よって，$\bar{\tau} = \tau$ が得られる。

これらをまとめると，次式が得られる。

$$
\begin{aligned}
\mathbf{Prob}(t_i = \tau) &= \mathbf{Prob}(b \equiv 1 \bmod 2) = \frac{\sigma 2^{\tau-1}}{\sigma 2^\tau} = \frac{1}{2} \\
\mathbf{Prob}(t_i < \tau) &= \mathbf{Prob}(b \equiv 0 \bmod 2) = \frac{\sigma 2^{\tau-1}}{\sigma 2^\tau} = \frac{1}{2}
\end{aligned}
$$

$\square$

証明: ［定理 13.1 の証明］

$$
\begin{aligned}
\mathbf{Prob}(r \equiv 1 \bmod 2 \text{ or } x^{\frac{1}{2}} \equiv -1 \bmod n) &\le \mathbf{Prob}(t_1 = \cdots = t_k) && \because 補題 13.2 \\
&= \sum_j \mathbf{Prob}(t_1 = j) \cdots \mathbf{Prob}(t_k = j) \\
&\le \sum_j \mathbf{Prob}(t_1 = j) \frac{1}{2^{k-1}} && \because 補題 13.3 \\
&= \frac{1}{2^{k-1}}
\end{aligned}
$$

$\square$

13.2　量子計算 (Quantum Computing)

13.2.1　準備 (Preparation)

本小節では，本章の冒頭で述べた有限群の位数を求めるアルゴリズムを述べるために必要な記号の確認を行う。

まず，$\mathbb{C}$ を複素数体とし，虚数単位を $\sqrt{-1}$ と表記する。複素数 $c = a + b\sqrt{-1} \in \mathbb{C}$ の複素共役を $\bar{c} = a - b\sqrt{-1}$ と表し，c の絶対値を $|c| = \sqrt{c\bar{c}} = \sqrt{a^2 + b^2}$ と表記する。

$\mathbb{C}$ 上のベクトル空間 V, W に対し，$\mathbf{v}^1, \ldots, \mathbf{v}^k$ と $\mathbf{w}^1 \ldots, \mathbf{w}^m$ をそれぞれの基底とする。このとき，基底の組の集合 $\{\mathbf{v}^i \otimes \mathbf{w}^j \mid i = 1, \ldots, k, \ j = 1, \ldots, m\}$ を基底とす

るベクトル空間を $V \otimes W$ と表し，V と W の **テンソル積** (Tensor Product) という。
$\mathbf{v} = a_1 \mathbf{v}^1 + \cdots + a_k \mathbf{v}^k \in V,\ \mathbf{w} = b_1 \mathbf{w}^1 + \cdots + b_m \mathbf{w}^m \in W$ に対して，

$$\mathbf{v} \otimes \mathbf{w} := (a_1, \ldots, a_k) \begin{pmatrix} \mathbf{v}^1 \otimes \mathbf{w}^1 & \cdots & \mathbf{v}^1 \otimes \mathbf{w}^m \\ \vdots & \ddots & \vdots \\ \mathbf{v}^k \otimes \mathbf{w}^1 & \cdots & \mathbf{v}^l \otimes \mathbf{w}^m \end{pmatrix} \begin{pmatrix} b_1 \\ \vdots \\ b_m \end{pmatrix}$$

と定めることで，$\mathbf{v} \otimes \mathbf{w}$ を $V \otimes W$ の元となる。

今，$2^{N-1} < n^2 \leq 2^N$ を満たす正整数を N とし，$q := 2^N$ とする。$\mathbb{C}^2$ の元を $|0\rangle := \begin{pmatrix} 1 \\ 0 \end{pmatrix}$，$|1\rangle := \begin{pmatrix} 0 \\ 1 \end{pmatrix}$ と定め，$(\mathbb{C}^2)^{\otimes N} := \underbrace{\mathbb{C}^2 \otimes \cdots \otimes \mathbb{C}^2}_{N}$ の基底を次の様に略記することとする。

$$|011\cdots 0\rangle := |0\rangle |1\rangle |1\rangle \cdots |0\rangle := |0\rangle \otimes |1\rangle \otimes |1\rangle \otimes \cdots \otimes |0\rangle$$

加えて，$(\mathbb{C}^2)^{\otimes N}$ の標準基底を次のように表記する。

$$\begin{aligned} |0\rangle &:= |0\cdots 0000\rangle, \\ |1\rangle &:= |0\cdots 0001\rangle, \\ |2\rangle &:= |0\cdots 0010\rangle, \\ |3\rangle &:= |0\cdots 0011\rangle, \\ |4\rangle &:= |0\cdots 0100\rangle, \\ &\quad \vdots \\ |q-1\rangle &:= |1\cdots 1111\rangle \end{aligned}$$

ただし，上記の表記方法では $\mathbb{C}^2$ の元としての $|0\rangle$，$|1\rangle$ と $(\mathbb{C}^2)^{\otimes N}$ の元としての $|0\rangle$，$|1\rangle$ に同じ記号を用いているが，所属する空間を意識しながら読み進めてもらえば混同する恐れはないと思われる。

ここまでで定義した記号を用いると，

$$(\mathbb{C}^2)^{\otimes N} = \{c_0 |0\rangle + c_1 |1\rangle + \cdots + c_{q-1} |q-1\rangle \mid c_0, c_1, \ldots, c_{q-1} \in \mathbb{C}\}$$

と表すことができる。さらに，この $(\mathbb{C}^2)^{\otimes N}$ の元で長さが 1 のもの

$$c_0 |0\rangle + c_1 |1\rangle + \cdots + c_{q-1} |q-1\rangle \in (\mathbb{C}^2)^{\otimes N} \quad (|c_0|^2 + |c_1|^2 + \cdots + |c_{q-1}|^2 = 1)$$

を **系の状態** (State of the System) と呼ぶ。

13.2 量子計算 (Quantum Computing)

複素数を成分に持つ m 行 m 列の行列全体の集合を $\mathbb{C}^{m \times m}$ と表記する。行列

$$U = \begin{pmatrix} c_{11} & c_{12} & \cdots & c_{1m} \\ c_{21} & c_{22} & \cdots & c_{2m} \\ \vdots & \vdots & \ddots & \vdots \\ c_{m1} & c_{m2} & \cdots & c_{mm} \end{pmatrix} \in \mathbb{C}^{m \times m}$$

に対して，U の **随伴行列** (Adjoint Matrix) を

$$U^* := \begin{pmatrix} \bar{c}_{11} & \bar{c}_{21} & \cdots & \bar{c}_{m1} \\ \bar{c}_{12} & \bar{c}_{22} & \cdots & \bar{c}_{m2} \\ \vdots & \vdots & \ddots & \vdots \\ \bar{c}_{1m} & \bar{c}_{2m} & \cdots & \bar{c}_{mm} \end{pmatrix}$$

と表すこととする。行列の集合

$$U(m) := \{ U \in \mathbb{C}^{m \times m} \mid UU^* = U^*U = I_m \}$$

は群となる。この群を m 次の **ユニタリ群** (Unitary Group) と呼び，その元を **ユニタリ行列** (Unitary Matrix) という。系の状態にユニタリ行列を掛けることを **ユニタリ変換** (Unitary Transform) という。ただし，系の状態と行列の積は，系の状態

$$|\phi\rangle := c_0 |0\rangle + c_1 |1\rangle + \cdots + c_{q-1} |q-1\rangle$$

に対して，

$$\begin{pmatrix} a_{0,0} & \cdots & a_{0,q-1} \\ a_{1,0} & \cdots & a_{1,q-1} \\ \vdots & & \vdots \\ a_{q-1,0} & \cdots & a_{q-1,q-1} \end{pmatrix} |\phi\rangle = (|0\rangle \; |1\rangle \; \cdots \; |q-1\rangle) \begin{pmatrix} a_{0,0} & \cdots & a_{0,q-1} \\ a_{1,0} & \cdots & a_{1,q-1} \\ \vdots & & \vdots \\ a_{q-1,0} & \cdots & a_{q-1,q-1} \end{pmatrix} \begin{pmatrix} c_0 \\ c_1 \\ \vdots \\ c_{q-1} \end{pmatrix}$$

と定める。

さらに，$x \in \mathbb{Z}$ に対して，集合 $\{ x + \lambda q \mid \lambda \in \mathbb{Z} \} \cap [0, q)$ の唯一の元を $x \bmod q$ と表記する。同様に集合 $\{ x + \lambda q \mid \lambda \in \mathbb{Z} \} \cap \left[-\frac{q}{2}, \frac{q}{2} \right)$ の唯一の元を $\{x\}_q$ と表記する。$x \in \mathbb{R}$ に対して，$\lfloor x \rfloor := \max(\mathbb{Z} \cap (-\infty, x])$ とする。

三角関数の展開公式を用いることで，正整数 m と変数 θ に対し，$\cos(m\theta)$，$\frac{\sin(m\theta)}{\sin\theta}$ は $\cos\theta$ の多項式となることが分かる。それぞれの多項式を $T_m(x)$, $W_m (= U_{m-1}(x))$ と表記する。言い換えれば，これらは次のような関係式を満たす多項式として定義される。

$$\begin{aligned} T_m(\cos\theta) &= \cos(m\theta) \\ W_m(\cos\theta) &= U_{m-1}(\cos\theta) = \frac{\sin(m\theta)}{\sin\theta} \end{aligned}$$

$T_m(x)$ を第 1 種 Chebyshev 多項式，$U_m(x)$ を第 2 種 Chebyshev 多項式という。

13.2.2 量子計算アルゴリズム (Quantum Computing Algorithm)

系の状態 $c_0 \ket{0} + c_1 \ket{1} + \cdots + c_{q-1} \ket{q-1} \in (\mathbb{C}^2)^{\otimes N} \ (|c_0|^2 + |c_1|^2 + \cdots + |c_{q-1}|^2 = 1)$ を保持するための変数を **量子レジスタ** (Quantum Register) と呼ぶ。ここで量子レジスタに対する公理を提示する。

公理 13.1 [量子レジスタに対して許される操作] 量子レジスタに対しては次の 3 つの操作のみが許される。

　1 量子レジスタの値を $\ket{0}$ に設定する。

　2 量子レジスタにユニタリ変換を施す。

　3 量子レジスタを観測する。

量子計算アルゴリズム (Quantum Computing Algorithm) とは，求めたい値に対応する基底ベクトルを得るために，これらの量子レジスタに対する許された操作を重ねる手順のことをいう。

ここで，公理 13.1 の条件 3．については説明を要する。重要な点は，量子レジスタを観測するといっても，量子レジスタに保持されている系の状態を知ることができるわけではないということである。量子レジスタに対する観測によって得られる情報と，観測によって引き起こされる影響は次の公理で定められる。

公理 13.2 [量子レジスタに対する観測] 系の状態

$$c_0 \ket{0} + c_1 \ket{1} + \cdots + c_{q-1} \ket{q-1} \in (\mathbb{C}^2)^{\otimes N}$$

が保持された量子レジスタを観測すると基底ベクトル

$$\ket{0}, \ket{1}, \ldots, \ket{q-1}$$

のいずれかが得られる。それぞれの基底ベクトル $\ket{i}$ が得られる確率は $|c_i|^2$ である。また，観測後の量子レジスタの値は得られた基底ベクトルとなる。加えて，量子レジスタ全体の観測だけでなく，量子レジスタの一部分に対する観測も許される。

公理 13.3 [量子レジスタの一部分に対する観測] 系の状態

$$\sum_{i=0}^{k-1} \sum_{j=0}^{m-1} c_{i,j} \ket{i} \ket{j}$$

が保持された量子レジスタに対して，後半部分を観測すると基底ベクトル

$$|0\rangle, |1\rangle, \ldots, |m-1\rangle$$

のいずれかが得られる。それぞれの基底ベクトル $|j\rangle$ が得られる確率は $\sum_{i=0}^{k-1} |c_{i,j}|^2$ である。また，観測後の量子レジスタの値は

$$\frac{1}{\sqrt{\sum_{i=0}^{k-1} |c_{i,j}|^2}} \sum_{i=0}^{k-1} c_{i,j} |i\rangle |j\rangle$$

となる。

　観測後の量子レジスタの値が複雑に思えるかもしれないが，それほど複雑な話ではない。実際，この部分的な観測によって，後半部分は $|j\rangle$ に定まり，前半部分は一次結合の状態を保つことになる。しかし，あとに残った $\sum_{i=0}^{k-1} c_{i,j} |i\rangle |j\rangle$ を考えると，$|c_{0,j}|^2 + |c_{1,j}|^2 + \cdots + |c_{k-1,j}|^2 < 1$ となり，系の状態であるための条件を満たしていない。系の状態となるためにスカラー倍したものが公理 13.3 で与えられた観測後の量子レジスタの値である。

　さらに，ここで，公理 13.1 の条件 2. についても言及しておこう。ここでは，$q = 2^N$ は処理中に扱うすべての整数より大きい整数である。従って，従来からのコンピュータでは，条件 2. にある行列演算が現実的な時間内で計算を完了するのは不可能である。しかし，量子コンピュータでは，この処理を短時間で行う。これが，従来のコンピュータと比較して，量子コンピュータの優位な点とされている。

　加えて，どのようなユニタリ変換であっても同様に計算可能であるかについても言及しておこう。現在，実用レベルの量子コンピュータは実現できておらず，様々な実装方法が試行されているようである。仮に，ユニタリ群のある生成系を物理的に実現する形での実装となれば，その生成系で生成しにくいユニタリ変換の処理にはより多くの処理時間が必要となることが推測される。

　一般的な枠組みの話はここまでとして，次小節以降に現れる具体的なユニタリ行列を定義する。

$$H_2 := \frac{1}{\sqrt{2}} \begin{pmatrix} 1 & -1 \\ 1 & 1 \end{pmatrix}$$

とすると H_2 はユニタリ行列となる。今，

$$A = \begin{pmatrix} a_{11} & \cdots & a_{1l} \\ \vdots & & \vdots \\ a_{l1} & \cdots & a_{ll} \end{pmatrix} \in \mathbb{C}^{l \times l}, \quad B \in \mathbb{C}^{m \times m}$$

に対し,

$$A \otimes B = \begin{pmatrix} a_{11}B & \cdots & a_{1l}B \\ \vdots & & \vdots \\ a_{l1}B & \cdots & a_{ll}B \end{pmatrix} \in \mathbb{C}^{lm \times lm}, \quad A^{\otimes 1} = A, \quad A^{\otimes m} = A \otimes A^{\otimes(m-1)}$$

と定めると,同様に $H_2^{\otimes N}$ もユニタリ行列となる。$H_2^{\otimes N}$ による変換を **アダマール変換** (Hadamard Transform) という。

$$\mathbf{QFT} := \frac{1}{\sqrt{q}} \left(\exp\left(\frac{2\pi\sqrt{-1}xy}{q} \right) \right)_{x,y=0}^{q-1}$$

はユニタリ行列である。**QFT** による変換を **量子フーリエ変換** (Quantum Fourier Transform) という。

例題 13.2 上で定義した行列が具体的にどのようなものになるかを N が小さい場合に見てみよう。$N = 2$ の場合,

$$H^{\otimes N} = H^{\otimes 2} = \frac{1}{2}\begin{pmatrix} 1 & -1 & -1 & 1 \\ 1 & 1 & -1 & -1 \\ 1 & -1 & 1 & -1 \\ 1 & 1 & 1 & 1 \end{pmatrix}$$

$$\mathbf{QFT} = \frac{1}{2}\begin{pmatrix} e^0 & e^0 & e^0 & e^0 \\ e^0 & e^{\frac{2\pi\sqrt{-1}}{4}} & e^{\frac{4\pi\sqrt{-1}}{4}} & e^{\frac{6\pi\sqrt{-1}}{4}} \\ e^0 & e^{\frac{4\pi\sqrt{-1}}{4}} & e^{\frac{8\pi\sqrt{-1}}{4}} & e^{\frac{12\pi\sqrt{-1}}{4}} \\ e^0 & e^{\frac{6\pi\sqrt{-1}}{4}} & e^{\frac{12\pi\sqrt{-1}}{4}} & e^{\frac{18\pi\sqrt{-1}}{4}} \end{pmatrix} = \frac{1}{2}\begin{pmatrix} 1 & 1 & 1 & 1 \\ 1 & \sqrt{-1} & -1 & -\sqrt{-1} \\ 1 & -1 & 1 & -1 \\ 1 & -\sqrt{-1} & -1 & \sqrt{-1} \end{pmatrix}$$

$N = 3$ の場合,

$$H^{\otimes N} = H^{\otimes 3} = \frac{1}{2\sqrt{2}}\begin{pmatrix} 1 & -1 & -1 & 1 & -1 & 1 & 1 & -1 \\ 1 & 1 & -1 & -1 & -1 & -1 & 1 & 1 \\ 1 & -1 & 1 & -1 & -1 & 1 & -1 & 1 \\ 1 & 1 & 1 & 1 & -1 & -1 & -1 & -1 \\ 1 & -1 & -1 & 1 & 1 & -1 & -1 & 1 \\ 1 & 1 & -1 & -1 & 1 & 1 & -1 & -1 \\ 1 & -1 & 1 & -1 & 1 & -1 & 1 & -1 \\ 1 & 1 & 1 & 1 & 1 & 1 & 1 & 1 \end{pmatrix}$$

$$
\begin{aligned}
\mathbf{QFT} \;=\; & \frac{1}{2\sqrt{2}}
\begin{pmatrix}
e^0 & e^0 & e^0 & \cdots & e^0 \\
e^0 & e^{\frac{2\pi\sqrt{-1}}{8}} & e^{\frac{4\pi\sqrt{-1}}{8}} & \cdots & e^{\frac{14\pi\sqrt{-1}}{8}} \\
e^0 & e^{\frac{4\pi\sqrt{-1}}{8}} & e^{\frac{8\pi\sqrt{-1}}{8}} & \cdots & e^{\frac{28\pi\sqrt{-1}}{8}} \\
\vdots & \vdots & \vdots & & \vdots \\
e^0 & e^{\frac{14\pi\sqrt{-1}}{8}} & e^{\frac{28\pi\sqrt{-1}}{8}} & \cdots & e^{\frac{98\pi\sqrt{-1}}{8}}
\end{pmatrix} \\[2ex]
=\; & \frac{1}{2\sqrt{2}}
\begin{pmatrix}
1 & 1 & 1 & 1 & 1 & 1 & 1 & 1 \\
1 & \frac{1+\sqrt{-1}}{\sqrt{2}} & \sqrt{-1} & -\frac{1-\sqrt{-1}}{\sqrt{2}} & -1 & -\frac{1+\sqrt{-1}}{\sqrt{2}} & -\sqrt{-1} & \frac{1-\sqrt{-1}}{\sqrt{2}} \\
1 & \sqrt{-1} & -1 & -\sqrt{-1} & 1 & \sqrt{-1} & -1 & -\sqrt{-1} \\
1 & -\frac{1-\sqrt{-1}}{\sqrt{2}} & -\sqrt{-1} & \frac{1+\sqrt{-1}}{\sqrt{2}} & -1 & \frac{1-\sqrt{-1}}{\sqrt{2}} & \sqrt{-1} & -\frac{1+\sqrt{-1}}{\sqrt{2}} \\
1 & -1 & 1 & -1 & 1 & -1 & 1 & -1 \\
1 & -\frac{1+\sqrt{-1}}{\sqrt{2}} & \sqrt{-1} & \frac{1-\sqrt{-1}}{\sqrt{2}} & -1 & \frac{1+\sqrt{-1}}{\sqrt{2}} & -\sqrt{-1} & -\frac{1-\sqrt{-1}}{\sqrt{2}} \\
1 & -\sqrt{-1} & -1 & \sqrt{-1} & 1 & -\sqrt{-1} & -1 & \sqrt{-1} \\
1 & \frac{1-\sqrt{-1}}{\sqrt{2}} & -\sqrt{-1} & -\frac{1+\sqrt{-1}}{\sqrt{2}} & -1 & -\frac{1-\sqrt{-1}}{\sqrt{2}} & \sqrt{-1} & \frac{1+\sqrt{-1}}{\sqrt{2}}
\end{pmatrix}
\end{aligned}
$$

13.2.3 Simon の周期決定量子計算アルゴリズム

与えられた関数 $f : \mathbb{Z} \to \mathbb{Z}$ の周期を求めるために，その主要部分を量子計算で行うことが本小節の目標である。つまり，ある固定した正整数 r に対して，f が任意の $\alpha, m \in \mathbb{Z}$ について，条件 $f(\alpha) = f(\alpha + mr)$ を満たしているとき，その r を求めたい。そのために，本小節では不等式 $-\frac{r}{2} \leq \{rc\}_q \leq \frac{r}{2}$ の解 $c \in \{1, \ldots, q-1\}$ を一つ求める手順として，以下に示すアルゴリズム 3 が有効であることを示す。なお，得られた c から r を求める手順については，13.3 節に述べる。

ここで，f に対して，$U_f \in \mathbb{C}^{q^2 \times q^2}$ を，条件 $U_f \lvert x\rangle \lvert 0\rangle = \lvert x\rangle \lvert f(x)\rangle$ を満たすユニタリ行列とする。また，$\lvert \phi\rangle \lvert \psi\rangle$ を $(\mathbb{C}^2)^{\otimes N} \otimes (\mathbb{C}^2)^{\otimes N}$ の元を保持するための量子レジスタとする。なお，ここで念頭に置いている関数は $f(x) := a^x \bmod n$ であるが，この場合のユニタリ行列 U_f は，参考文献 [3] において量子ゲートのネットワークという形で導出されている。そこで用いられている導出方法は古典的な論理ゲートを組み合わせて四則演算等の演算器を構成する方法と類似のものであるため，ここでの説明は割愛する。

アルゴリズム　3　Simon の周期決定量子計算アルゴリズム

Input:　$U_f \in U(q^2)$
Output:　$c \in \{1, \ldots, q-1\}$ s.t. $-\frac{r}{2} \leq \{rc\}_q \leq \frac{r}{2}$

1:　　**Start**
2:　　$|\phi\rangle |\psi\rangle \leftarrow |0\rangle |0\rangle \in (\mathbb{C}^2)^{\otimes N} \otimes (\mathbb{C}^2)^{\otimes N}$
3:　　$|\phi\rangle |\psi\rangle \leftarrow (H_2^{\otimes N} \otimes I_2^{\otimes N}) |\phi\rangle |\psi\rangle$
4:　　$|\phi\rangle |\psi\rangle \leftarrow U_f |\phi\rangle |\psi\rangle$
5:　　$|\psi\rangle$ を観測, $|\psi\rangle = |k\rangle$ とする。
6:　　$|\phi\rangle \leftarrow \mathbf{QFT} |\phi\rangle$
7:　　$|\phi\rangle$ を観測, $|\phi\rangle = |c\rangle$ とする。
8:　　**if**　$-\frac{r}{2} \leq \{rc\}_q \leq \frac{r}{2}$　　**then**
9:　　　　**Return** c
10:　　**else**
11:　　　　**Start** : に戻る。
12:　　**end**　**if**

まず, $|0\rangle$ に対応する $H_2^{\otimes N}$ の列ベクトルの成分はすべて, $\frac{1}{\sqrt{q}}$ であるため, 第 3 行により, $|\phi\rangle |\psi\rangle = \frac{1}{\sqrt{q}} \sum_{a=0}^{q-1} |a\rangle |0\rangle$ が得られる。第 4 行によって,

$$|\phi\rangle |\psi\rangle = \frac{1}{\sqrt{q}} \sum_{a=0}^{q-1} |a\rangle |f(a)\rangle$$

が得られるが, この処理は古典的なコンピュータでは時間がかかってしまう処理である。

a_0 を $0 \leq a_0 < r$ かつ $k = f(a_0)$ となる一意の整数とし, A を $a_0+(A-1)r < q \leq a_0+Ar$ となる一意の整数とする。このとき, 第 5 行によって, $|\phi\rangle = \frac{1}{\sqrt{A}} \sum_{j=0}^{A-1} |a_0 + jr\rangle$ となる。第 6 行によって,

$$|\phi\rangle = \frac{1}{\sqrt{qA}} \sum_{c=0}^{q-1} \exp\left(\frac{2\pi\sqrt{-1}a_0 c}{q}\right) \sum_{j=0}^{A-1} \exp\left(\frac{2\pi\sqrt{-1}jrc}{q}\right) |c\rangle$$

となり, 第 7 行において, $|c\rangle$ を得る確率が

$$\mathbf{Prob}(c) = \frac{1}{qA} \left| \sum_{j=0}^{A-1} \exp\left(\frac{2\pi\sqrt{-1}jrc}{q}\right) \right|^2$$

となることが分かる。ここで，

$$D := \left\{ c \in \{0, \ldots, q-1\} \mid -\frac{r}{2} \leq \{rc\}_q \leq \frac{r}{2} \right\}$$

と定める。

定理 13.4　アルゴリズム 3 によって c が得られる確率を $\mathbf{Prob}(c)$ とすると，

$$\sum_{c \in D} \mathbf{Prob}(c) > \frac{4}{\pi^2} > 0.4$$

が成立する。

　この定理により，この Simon の周期決定量子計算アルゴリズムを何度か繰り返すことで，D の元が得られることが分かる。この定理を証明する前に，アルゴリズムの適用例を一つ示す。

例題 13.3　$n = 221$　の因数分解を行う。$2^{15} < n^2 \leq 2^{16} = 65536$ となるので，$N := 16$, $q := 2^N$ と定める。$x = 69$ を $\{1, \ldots, n-1\}$ からランダムに選んだものとする。定理 13.4 を認めれば，$D = \{0, 10923, 21845, 32768, 43691, 54613\}$ に関して，$\mathbf{Prob}(c \in D) > \frac{4}{\pi^2}$ となる。

　ここで述べた定理を証明するために，いくつか補題を用意する。まず，証明で用いるため定数 $B := \lfloor \frac{q}{r} \rfloor + 1$ を定義する。なお，定理 13.4 で主張されている不等式の厳密な評価に興味がなければ，以下で述べる 5 個の補題は飛ばして，次節に進んで支障はない。

補題 13.5　$|D| = r$
証明:　$\gcd(r, q) = 1$ の場合：$^{\exists !}I(r) \in \{0, \ldots, q-1\}$ s.t. $I(r)r \equiv 1 \mod q$, $\frac{r}{2} \notin \mathbb{Z}$ より，

$$\begin{aligned} D &= \left\{ I(r)b \mod q \mid b \in \left[-\frac{r}{2}, \frac{r}{2} \right] \cap \mathbb{Z} \right\} \\ &= \left\{ I(r)b \mod q \mid b \in \left[-\frac{r}{2}, \frac{r}{2} \right) \cap \mathbb{Z} \right\} \end{aligned}$$

従って，$|D| = r$ となる。

　$\gcd(r, q) = d$ の場合：$^{\exists !}I\left(\frac{r}{d}\right) \in \{0, \ldots, q-1\}$ s.t. $I\left(\frac{r}{d}\right)\frac{r}{d} \equiv 1 \mod q$

$$\begin{aligned} D &= \left\{ I\left(\frac{r}{d}\right)\frac{b}{d} + \frac{q}{d}k \mod q \,\middle|\, b \in \left[-\frac{r}{2}, \frac{r}{2} \right] \cap d\mathbb{Z}, k \in \{0, \ldots, d-1\} \right\} \\ &= \left\{ I\left(\frac{r}{d}\right)\frac{b}{d} + \frac{q}{d}k \mod q \,\middle|\, b \in \left[-\frac{r}{2}, \frac{r}{2} \right) \cap d\mathbb{Z}, k \in \{0, \ldots, d-1\} \right\} \end{aligned}$$

従って，$|D| = r$ となる。 $\qquad\qquad\qquad\qquad\qquad\qquad\qquad\qquad\qquad\qquad\qquad$ $\square$

補題 13.6 $\quad {}^{\forall}c \in D, \{rc\}_q \in \left[-\frac{q}{2B}, \frac{q}{2B}\right] \subset \left[-\frac{r}{2}, \frac{r}{2}\right]$ が成立する。

証明: まず，$\frac{r}{2} = \frac{qr}{2q} \leq \frac{q}{2(B-1)}$ であることに注意する。

$\quad r \equiv 1 \mod 2$ のとき，$\{rc\}_q \in \left[-\frac{r-1}{2}, \frac{r-1}{2}\right]$ である。

$\quad r \equiv 0 \mod 2$ のとき，$2^l := \gcd(r, q)$ とすると，$\{rc\}_q \in \left[-\frac{r}{2}, \frac{r}{2}\right] \cap 2^l \mathbb{Z}$ である。

$\left\{-\frac{r}{2}, \frac{r}{2}\right\} \cap 2^l \mathbb{Z} = \emptyset$ より，$\{rc\}_q \in \left[-\frac{r-1}{2}, \frac{r-1}{2}\right] \cap 2^l \mathbb{Z}$ である。

$T := \frac{q}{2B} - \frac{r-1}{2}$ とすると，

$$
\begin{aligned}
2T &= \frac{q - B(r-1)}{B} = \frac{q - Br + B}{B} \\
&= \frac{r}{B}\left(\frac{q}{r} - \left(\left\lfloor\frac{q}{r}\right\rfloor + 1\right)\right) + 1 \\
&= \frac{r}{B}\left(\frac{q}{r} - \left\lfloor\frac{q}{r}\right\rfloor\right) + \left(\frac{B-r}{B}\right) \\
&\geq 0
\end{aligned}
$$

が得られる。なぜなら，$n^2 \leq q \leq 2n^2$, $r < n$, $r < n < \frac{q}{r} < \left\lfloor\frac{q}{r}\right\rfloor + 1 = B$ となるからである。 $\qquad\qquad\qquad\qquad\qquad\qquad\qquad\qquad\qquad\qquad\qquad$ $\square$

補題 13.7 $\quad$ 区間 $\cos\frac{\pi}{2m} < x < 1$ において，関数 $W_m(x)$ は単調増加となる。

証明: $x = \cos\theta$ とすると，$0 < \theta < \frac{\pi}{2m}$ となるので，

$$
\begin{aligned}
\frac{d}{dx}W_m(x) &= \frac{d}{d\theta}\left(\frac{\sin(m\theta)}{\sin\theta}\right)\frac{d\theta}{d\cos\theta} = \frac{\sin'(m\theta)\sin\theta - \sin(m\theta)\sin'\theta}{\sin^2\theta}\frac{-1}{\sin\theta} \\
&= \frac{-m\cos(m\theta)\sin\theta + \sin(m\theta)\cos\theta}{\sin\theta(1 - \cos^2\theta)} \\
&= \frac{1}{1-x^2}\left(-mT_m(x) + xW_m(x)\right) \\
&= \frac{\cos(m\theta)}{(1-x^2)\tan\theta}\left(-m\tan\theta + \tan(m\theta)\right) \geq 0
\end{aligned}
$$

よって，題意が従う。 $\qquad\qquad\qquad\qquad\qquad\qquad\qquad\qquad\qquad\qquad\qquad$ $\square$

注 13.1 $\quad x > \cos\frac{\pi}{2m}$ のとき，

$$
W_m(x) \geq W_m\left(\cos\frac{\pi}{2m}\right) = \frac{\sin\frac{\pi}{2}}{\sin\frac{\pi}{2m}} = \frac{1}{\sin\frac{\pi}{2m}} > \frac{2m}{\pi}
$$

補題 13.8 $\quad A \in \{B-1, B\}$

証明: まず，

$$
a_0 + r(A-1) < \qquad q \qquad \leq a_0 + rA,
$$

$$A - 1 < \quad \frac{q - a_0}{r} \quad \leq A,$$

$$A = \left\lceil \frac{q - a_0}{r} \right\rceil$$

である。

$\dfrac{q - a_0}{r} \leq \left\lfloor \dfrac{q}{r} \right\rfloor$ の場合, $\dfrac{a_0}{r} - 1 < 0 \leq \dfrac{q}{r} - \left\lfloor \dfrac{q}{r} \right\rfloor$ より,

$$\left\lfloor \frac{q}{r} \right\rfloor - 1 < \frac{q - a_0}{r} \leq A = \left\lceil \frac{q - a_0}{r} \right\rceil \leq \left\lfloor \frac{q}{r} \right\rfloor$$

となる。したがって, $A = \left\lfloor \dfrac{q}{r} \right\rfloor$ である。

$\dfrac{q - a_0}{r} > \left\lfloor \dfrac{q}{r} \right\rfloor$ の場合,

$$\left\lfloor \frac{q}{r} \right\rfloor + 1 \geq \left\lfloor \frac{q}{r} \right\rfloor \geq A = \left\lfloor \frac{q - a_0}{r} \right\rfloor > \frac{q - a_0}{r} > \left\lfloor \frac{q}{r} \right\rfloor$$

したがって, $A = \left\lfloor \dfrac{q}{r} \right\rfloor + 1$ である。 □

補題 13.9 $\dfrac{r}{qA} W_A \left(\cos \dfrac{\pi}{2B} \right)^2 > \dfrac{4}{\pi^2}$

証明: $A = B = \left\lfloor \dfrac{q}{r} \right\rfloor + 1$ の場合 :

$$\frac{r}{qA} W_A \left(\cos \frac{\pi}{2B} \right)^2 = \frac{r}{qA} \frac{\sin^2 \frac{\pi A}{2B}}{\sin^2 \frac{\pi}{2B}} = \frac{r}{qA} \frac{1}{\sin^2 \frac{\pi}{2A}} > \frac{r}{qA} \frac{4A^2}{\pi^2} > \frac{4}{\pi^2}$$

$A = B - 1 = \left\lfloor \dfrac{q}{r} \right\rfloor$ の場合 :

$B \geq 3$ のとき, $B - \dfrac{\pi^2}{4} \geq 0$ となり,

$$
\begin{aligned}
\frac{r}{qA} W_A \left(\cos \frac{\pi}{2B} \right)^2 &= \frac{r}{qA} \frac{\sin^2 \frac{\pi A}{2B}}{\sin^2 \frac{\pi}{2B}} = \frac{r}{qA} \frac{1 - \sin^2 \frac{\pi}{2B}}{\sin^2 \frac{\pi}{2B}} \\
&> \frac{r}{qA} \left(\frac{4B^2}{\pi^2} - 1 \right) > \frac{1}{AB} \left(\frac{4B^2}{\pi^2} - 1 \right) \\
&= \frac{4}{\pi^2} \left(\frac{(A+1)B - \frac{\pi^2}{4}}{AB} \right) = \frac{4}{\pi^2} \left(1 + \frac{B - \frac{\pi^2}{4}}{AB} \right) > \frac{4}{\pi^2}
\end{aligned}
$$

$B = 2$ のとき,

$$\frac{r}{qA} W_A \left(\cos \frac{\pi}{2B} \right)^2 = \frac{r}{q} \geq \frac{1}{2} > \frac{4}{\pi^2}$$

$B \leq 1$ のとき, 前提と矛盾する。 □

定理 **13.4** の証明: $-\frac{\pi r}{q} \leq \theta_c \leq \frac{\pi r}{q}$

$$\mathbf{Prob}(c) = \frac{1}{qA}\left|\sum_{j=0}^{A-1}\exp\left(\sqrt{-1}\theta_c j\right)\right|^2 = \begin{cases} \frac{A}{q} & \text{if } \theta_c = 0 \\ \frac{1}{qA}W_A\left(\cos\frac{\theta_c}{2}\right)^2 & \text{if } \theta_c \neq 0 \end{cases}$$

補題 13.6 より，$-\frac{\pi}{B} \leq \theta_c \leq \frac{\pi}{B}$，補題 13.7，補題 13.8 より，$\mathbf{Prob}(c) > \frac{1}{qA}W_Z\left(\cos\frac{\pi}{2B}\right)^2$，補題 13.5 より，$\sum_{c \in D}\mathbf{Prob}(c) > \frac{r}{qA}W_Z\left(\cos\frac{\pi}{2B}\right)^2$，補題 13.8 に基づく場合分けで計算すると，$\frac{r}{qA}W_A\left(\cos\frac{\pi}{2B}\right)^2 > \frac{4}{\pi^2}$ が得られる（補題 13.9 ）。 □

この結果，$\{rc\}_q = rc - \lambda q$ とすると，

$$\begin{aligned} -\frac{r}{2} \leq \quad \{rc\}_q \quad &\leq \frac{r}{2}, \\ -\frac{r}{2} \leq \quad rc - \lambda q \quad &\leq \frac{r}{2}, \\ -\frac{1}{2q} \leq \quad \frac{c}{q} - \frac{\lambda}{r} \quad &\leq \frac{1}{2q}, \\ \left|\frac{c}{q} - \frac{\lambda}{r}\right| \leq \quad \frac{1}{2q} \quad &\leq \frac{1}{2n^2} \end{aligned}$$

定理 **13.10** ： 得られた c に対して，$\left|\frac{c}{q} - \frac{\lambda}{r}\right| \leq \frac{1}{2q}$ を満たす $\frac{\lambda}{r}$ は一意である。
証明: 条件を満たすものが複数あると仮定する。$\frac{\lambda}{r}, \frac{\lambda'}{r'}$ とする。すなわち，

$$\left|\frac{c}{q} - \frac{\lambda}{r}\right| \leq \frac{1}{2q}, \qquad \left|\frac{c}{q} - \frac{\lambda'}{r'}\right| \leq \frac{1}{2q}$$

とする。このとき，

$$\begin{aligned} \left|\frac{\lambda}{r} - \frac{\lambda'}{r'}\right| &= \left|\frac{\lambda r' - \lambda' r}{rr'}\right| > \frac{1}{n^2} \\ \left|\frac{\lambda}{r} - \frac{\lambda'}{r'}\right| &= \left|\frac{\lambda}{r} - \frac{c}{q} + \frac{c}{q} - \frac{\lambda'}{r'}\right| \leq \left|\frac{\lambda}{r} - \frac{c}{q}\right| + \left|\frac{c}{q} - \frac{\lambda'}{r'}\right| \leq \frac{1}{2q} + \frac{1}{2q} \leq \frac{1}{q} \leq \frac{1}{n^2} \end{aligned}$$

となり，矛盾が発生する。 □

13.3　連分数 (Continued Fraction)

13.3.1　連分数 (Continued Fraction)

この小節では，連分数を用いて，定理 13.10 に現れる $\frac{\lambda}{r}$ を求める方法を述べる。なお，証明等の多くは参考文献 [4] からの引用である。

13.3 連分数 (Continued Fraction)

定義 13.1   整数 k_0 と正整数 $k_1, \ldots, k_{n-1}$ に対して,

$$k_0 + \cfrac{1}{k_1 + \cfrac{1}{k_2 + \cfrac{1}{\ddots \atop k_{n-3} + \cfrac{1}{k_{k-2} + \cfrac{1}{k_{n-1}}}}}}$$

を **連分数** (Continued Fraction) という。ここで, 次のように記号を定める。

$$[k_0, k_1, \ldots, k_n] := \begin{vmatrix} k_0 & 1 & 0 & 0 & \ldots & 0 \\ -1 & k_1 & 1 & 0 & \ldots & 0 \\ 0 & -1 & k_2 & 1 & & 0 \\ \vdots & & \ddots & \ddots & \ddots & \\ 0 & \ldots & 0 & -1 & k_{n-1} & 1 \\ 0 & \ldots & 0 & 0 & -1 & k_n \end{vmatrix}$$

ただし, 空列に関して, $[\ ] := 1$ のように定める。また, $p_n := [k_0, \ldots, k_{n-1}]$ および $q_n := [k_1, \ldots, k_{n-1}]$ と定める。なお, $q_1 = [\ ] = 1$ であることに注意しておく。

定理 13.11 $n = 1, 2, \ldots$ に関して, 次が成立する。

$$\frac{p_n}{q_n} = k_0 + \cfrac{1}{k_1 + \cfrac{1}{k_2 + \cfrac{1}{\ddots \atop k_{n-3} + \cfrac{1}{k_{k-2} + \cfrac{1}{k_{n-1}}}}}}$$

証明: n に関する帰納法により示す。$n = 1$ の場合は直接計算により, ただちに示される。$n \geq 2$ の場合, $n - 1$ に関して等号が成立すると仮定する。(帰納法の仮定)

$$\frac{p_n}{q_n} = \frac{[k_0, k_1, \ldots, k_{n-1}]}{[k_1, k_2, \ldots, k_{n-1}]} = \frac{k_0 [k_1, k_2, \ldots, k_{n-1}] + [k_2, \ldots, k_{n-1}]}{[k_1, k_2, \ldots, k_{n-1}]}$$

$$= k_0 + \frac{1}{\dfrac{[k_1, \ldots, k_{n-1}]}{[k_2, \ldots, k_{n-1}]}}$$

帰納法の仮定より，

$$= k_0 + \cfrac{1}{k_1 + \cfrac{1}{k_2 + \cfrac{1}{\ddots \quad k_{n-3} + \cfrac{1}{k_{k-2} + \cfrac{1}{k_{n-1}}}}}}$$

となる。よって，定理が示された。 □

13.3.2　実数の連分数展開

実数 ω に対して，$k_0, k_1, \ldots, k_{n-1}, \omega_1, \ldots, \omega_n$ を次のように定義する。まず，$\omega_0 := \omega$ および $k_j := \lfloor \omega_j \rfloor$ とし，ω_j が整数でないとき，$\omega_{j+1} := \frac{1}{\omega_j - k_j}$ と定めると，

$$\omega = k_0 + \cfrac{1}{k_1 + \cfrac{1}{k_2 + \cfrac{1}{\ddots \quad k_{n-2} + \cfrac{1}{k_{n-1} + \cfrac{1}{\omega_n}}}}}$$

となる。ω が有理数の場合，すなわち，整数 a と正整数 b によって $\omega = \frac{a}{b}$ と表される場合，上記のプロセスは有限回で終了し，得られた連分数は ω と一致する。ω が無理数の場合，上記のプロセスは無限に続く。ここで得られた $\frac{p_n}{q_n}$ について，次の定理が成立する。

定理 13.12

1　任意の $n > 1$ について，ω は $\frac{p_{n-1}}{q_{n-1}}$ と $\frac{p_n}{q_n}$ の間にある。

2　任意の $n > 1$ について，$\left| \omega - \frac{p_n}{q_n} \right| < \left| \omega - \frac{p_{n-1}}{q_{n-1}} \right|$

3　ω が無理数のとき，$\displaystyle \lim_{n \to \infty} \frac{p_n}{q_n} = \omega$

$\frac{p_n}{q_n}$ を ω の **近似分数** という。定理を証明するために，補題を一つ示す。

補題 13.13

$$\begin{vmatrix} p_n & p_{n-1} \\ q_n & q_{n-1} \end{vmatrix} = (-1)^n$$

13.3 連分数 (Continued Fraction)

証明:

$$
\begin{vmatrix} p_n & p_{n-1} \\ q_n & q_{n-1} \end{vmatrix} = \begin{vmatrix} p_{n-1}k_{n-1} + p_{n-2} & p_{n-1} \\ q_{n-1}k_{n-1} + q_{n-2} & q_{n-1} \end{vmatrix} = - \begin{vmatrix} p_{n-1} & p_{n-2} \\ q_{n-1} & q_{n-2} \end{vmatrix}
$$

$$
\begin{vmatrix} p_2 & p_1 \\ q_2 & q_1 \end{vmatrix} = \begin{vmatrix} k_0 k_1 + 1 & k_0 \\ k_1 & 1 \end{vmatrix} = 1
$$

となることより題意が示された。 □

ここで定理 13.12 の証明を行う。まず，次式が得られる。

$$
\omega = k_0 + \cfrac{1}{k_1 + \cfrac{1}{k_2 + \cfrac{1}{\ddots \atop k_{n-2} + \cfrac{1}{k_{n-1} + \cfrac{1}{\omega_n}}}}}
$$

$$
= \frac{[k_0, k_1, \ldots, k_{n-1}, \omega_n]}{[k_1, k_2, \ldots, k_{n-1}, \omega_n]} = \frac{p_n \omega_n + p_{n-1}}{q_n \omega_n + q_{n-1}}
$$

よって，

$$
\frac{p_n}{q_n} - \omega = \frac{p_n}{q_n} - \frac{p_n \omega_n + p_{n-1}}{q_n \omega_n + q_{n-1}} = \frac{p_n q_{n-1} - p_{n-1} q_n}{q_n(q_n \omega_n + q_{n-1})}
$$

となり，補題 13.13 より

$$
= \frac{(-1)^n}{q_n(q_n \omega_n + q_{n-1})}
$$

となるので，2. が示された。

また，$q_n = k_{n-1}q_{n-1} + q_{k-2}$ となることより，

$$
1 = q_1 \leq q_2 < q_3 < \cdots < q_n
$$

であり，これらは整数であることから，

$$
\left| \frac{p_n}{q_n} - \omega \right| = \frac{1}{q_n(q_n \omega_n + q_{n-1})} < \frac{1}{q_n(q_n k_n + q_{n-1})} = \frac{1}{q_n q_{n+1}} < \frac{1}{q_n^2}
$$

となるので，3. $\displaystyle\lim_{n \to \infty} \frac{p_n}{q_n} = \omega$ が示された。

加えて，

$$
\left| \frac{p_{n-1}}{q_{n-1}} - \frac{p_n}{q_n} \right| = \frac{1}{q_{n-1}q_n}, \qquad \left| \omega - \frac{p_n}{q_n} \right| < \frac{1}{q_n q_{n+1}},
$$
$$
q_{n+1} = k_n q_n + q_{n-1} \leq 2q_{n-1}
$$

より,

$$\left| \omega - \frac{p_n}{q_n} \right| < \frac{1}{2} \left| \frac{p_{n-1}}{q_{n-1}} - \frac{p_n}{q_n} \right|$$

となるので, 1. が示された. □

補題 13.14 有理数 $\frac{a}{b} > \frac{c}{d}$ が $ad - bc = 1$ を満たすとき, $\frac{a}{b} > \frac{y}{x} > \frac{c}{d}$ $(x > 0)$ となる有理数 $\frac{y}{x}$ のうちで, 分母の最も小さいものは $\frac{a+b}{b+d}$ である.

証明: まず, $u := ax - by$ および $v := dy - cx$ とおけば, $x = du + bv$ および $y = cu + av$ となる. 仮定より, 整数 u, v について, $u > 0, v > 0$ となるため, $x \geq du + bv \geq b + d$ かつ, 等号成立条件は $u = 1, v = 1$ となる. そのとき, $y = a + c$ となる. □

ここまでの議論より, 次の定理が得られた.

定理 13.15 分母が指定された限界 A を超えない有理数の中において, ω に最も近いものは近似分数である.

例題 13.2 の続きを以下に行う.

例題 13.4 $n = 221$ の因数分解を行う.

$$D = \{0, 10923, 21845, 32768, 43691, 54613\}$$

に関して, $\mathbf{Prob}(c \in D) > \frac{4}{\pi^2}$ となる. ここで, 仮に D に含まれない $c = 1000$ が低い確率で出力として得られたとする. 出力に連分数展開を施すと

$$\frac{1000}{65536} = \cfrac{1}{65 + \cfrac{1}{1 + \cfrac{1}{1 + \cfrac{1}{6 + \cfrac{1}{2 + \cfrac{1}{4}}}}}} \approx \cfrac{1}{65 + \cfrac{1}{1 + \cfrac{1}{1}}} = \frac{2}{131}$$

となる. しかし, 次の結果より, 131 は x の位数でないことが分かる.

$$x^{131} \mod n = 69^{131} \mod 221 = 205 \neq 1$$

次に, 再度 Simon の周期決定量子計算アルゴリズムを施した結果 D の元である 54613

が順当な確率で出力として得られたとする。出力に連分数展開を施すと

$$\frac{54613}{65536} = \cfrac{1}{1 + \cfrac{1}{4 + \cfrac{1}{1 + \cfrac{1}{5460 + \cfrac{1}{2 + \cfrac{1}{4}}}}}} \approx \cfrac{1}{1 + \cfrac{1}{4 + \cfrac{1}{1}}} = \frac{5}{6}$$

となる。そして，$x^6 \bmod n = 54613^6 \bmod 221 = 1$ となり，x の位数が 6 であることが判明した。ここで，$n = 221$ の因数分解へ話を戻すと，$(x^6 - 1) \equiv (x^3 + 1)(x^3 - 1) \equiv 104 \cdot 102 \bmod 221$ となり，$\gcd(104, 221) = 13, \gcd(102, 221) = 17$ となる。すなわち，$221 = 13 \times 17$ となって 221 の因数分解が得られた。

練習問題

問題 13.1　$n = 57479$　とする。$\mathbb{Z}_n^\times$ の元 30121 の位数は 4 である。n を因数分解せよ。

問題 13.2　$n = 146831$ とする。$\mathbb{Z}_n^\times$ の元 45951 の位数は 4 である。n を因数分解せよ。

問題 13.3　$T_2(x)$ を求めよ。

問題 13.4　$U_1(x)$ を求めよ。

問題 13.5　漸化式 $T_{m+1}(x) = 2xT_m(x) - T_{m-1}(x), (m = 1, 2, \ldots)$ を用いて，$T_3(x), T_4(x), T_5(x)$ を求めよ。

問題 13.6　まず，$\sigma_1 = \begin{pmatrix} 0 & 1 \\ 1 & 0 \end{pmatrix}, \sigma_2 = \begin{pmatrix} 0 & -\sqrt{-1} \\ \sqrt{-1} & 0 \end{pmatrix}$ とする。$\sigma_1 \otimes \sigma_2$ を求めよ。

問題 13.7　同様に $\sigma_2^{\otimes 2}$ を求めよ。

問題 13.8　$n = 3053$ を Shor のアルゴリズムで因数分解するための，N を求めよ。

第14章　まとめ

(Conclusion)

　インターネットおよびスマートフォンの普及とともに，電子マネーによるキャッシュレス時代に突入している。このため，悪意のある第三者による個人情報や電子マネーの盗用や搾取，成り済ましなどの問題が発生している。これらの個人情報や電子マネーには，より頑強な暗号化技術が要求される。また，成り済ましに関しては，複数認証などの認証システムが要求される。これらを取り扱う学問分野は情報セキュリティであり，可逆的な暗号技術（第 4 章，第 5 章〜第 8 章），不可逆的な暗号技術（第 9 章），個人を特定する認証技術（第 10 章），暗号で利用する擬似乱数（第 11 章），著作権保護を目的とする電子透かし（第 12 章）が含まれる。本書はこの学問分野に加え，これらの数学的背景および理論的背景について著したものである。

　まず，暗号を取り扱う場合，有限個の整数だけで四則演算が定義されなければならない。そこで，第 1 章〜第 3 章，第 6 章では，暗号化技術に必要な整数論，特に群・環・体を取り扱う代数的整数論を取り上げた。特に，第 3 章では有限個の整数だけで四則演算を定義するガロア体（有限体）$GF(m)$ および代数拡大体 $F(2^n)$ について述べた。ここで，代数拡大体を構成する原始多項式（周期がもっとも長くなる多項式）は次数 n が増えれば増えるほど多く存在することが分かった。第 6 章では暗号分野で注目されている楕円曲線群 $EG\{F(p)\}$ および $EG\{F(2^n)\}$ について述べ，楕円曲線の係数を変化させて部分群が 一つだけの場合の楕円曲線群の要素数を求めると，素数であることが分かった。

　第 4 章および第 5 章では暗号化技術の手法について示し，現在広く利用されているAES 共通鍵暗号方式，Diffie–Hellman 鍵交換方式 および RSA 公開鍵暗号方式 について述べた。AES 共通鍵暗号方式はブロック暗号方式とも言われ，8 次の代数拡大体を利用している。RSA 共通鍵暗号方式の安全性は 2 つの大きな素数の積において，簡単に素因数分解ができないことが基礎となっている。また，Diffie–Hellman 暗号方式の安全性は離散対数問題を解く困難さを利用している。

　第 7 章では楕円曲線暗号について取り上げた。この楕円曲線暗号は，少ないビット数でも楕円曲線上の離散対数問題を解く困難さによって高い安全性が期待できるので注目され，有限体 $F(p)$ 上の楕円曲線暗号がビットコインの公開鍵暗号（256 ビット）として利用されている。一方，代数拡大体 $F(2^n)$ 上の楕円曲線暗号における n 次原始多項式は一

つとは限らず，ビット数が増えれば指数関数的に増える。また，楕円曲線を形成する係数パラメータによっても楕円曲線群の要素数が変わる。このような理由によって，代数拡大体 $F(2^n)$ による楕円曲線暗号はまだ実用化に至っていないといってよい。

　最近，量子コンピュータの可能性が話題になってきており，量子コンピュータが実現されると，暗号の基礎となっている素因数分解や離散対数問題が速く求まることになり，楕円曲線暗号においても解読されてしまう。このため，暗号においても，量子論に基づく暗号方式や量子コンピュータでも解読に時間がかかる暗号が要求される。そこで，第 8 章では，量子コンピュータでも実用的な時間で解けないと期待される数学的問題を安全性の根拠とする暗号として，格子暗号を取り上げて説明した。

　第 9 章では不可逆的（一方向性）暗号技術である暗号学的ハッシュ関数を取り上げた。パスワードなどの認証においてはハッシュ関数の出力値（ハッシュ値）で認証を行えば十分であるため，可逆である必要はなく，出力値から入力値を類推できないような頑強な一方向性が必要である。次に，第 10 章において，デジタル認証の方法について示した。

　第 11 章では暗号化で利用する鍵生成や初期ベクトル生成に利用する擬似乱数発生の方法と擬似乱数であるための検証方法について示した。擬似乱数であるためには，一様分布であること，過去の乱数から次の乱数を予測することが不可能（予測不可能性）であることが必要である。

　第 12 章はコンテンツの不正コピーや改ざんなどの著作権保護を目的とする電子透かしを取り上げた。この電子透かしとは，画像や音楽などのコンテンツに著作者，利用許諾者，コピー回数などの情報を埋め込み，見た目は分からないが，検出ソフトなどを利用して埋め込まれている情報を取り出す技術である。これらの手法の種類を示し，いくつかの具体的例を示した。

　第 13 章では，量子コンピュータの実現した場合，素因数分解を効率よく求めることができるアルゴリズムについて示した。これによって，素因数分解の困難性を根拠にしている暗号が無力化されることを意味している。さらには，楕円曲線暗号等における離散対数問題の困難性を根拠にしている暗号についても同様である。

　以上，本書は，情報セキュリティに関する暗号化技術と認証方法，これらに関する理論的背景を述べたものである。

付録A　DES 共通鍵暗号方式

A.1　DES 共通鍵暗号方式の仕様

ここでは，1977 年に米国暗号標準として発表された DES 共通鍵暗号方式のアルゴリズムについて説明する。この処理の流れは図 A.1 に示すようになり，この処理方法を Feistel 構造という。

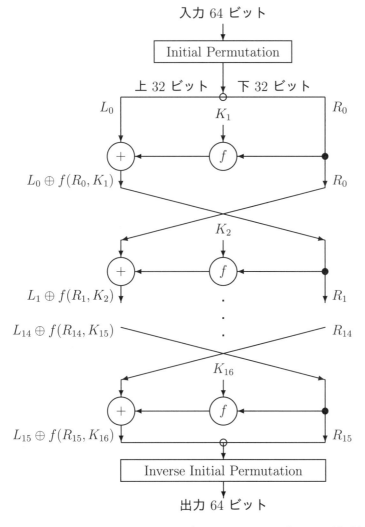

図 **A.1**　**DES 暗号の処理手順**（Feistel 構造）

まず，入力である平文は 64 ビットであり，共通鍵も 64 ビットである。ただし，鍵は 8 ビット毎に奇数パリティが付加されており，実質 56 ビットの鍵と 8 ビットのパリティからなる。図 A.1 に従って以下に処理手順を示す。

(1)　入力に対して Initial Permutation (IP) 処理を行う。この処理は次に示す順番に従ったビット置換，いわゆる攪拌処理である。すなわち，この出力のビット順は入力の 58 ビット目，50 ビット目，42 ビット目，$\cdots$，7 ビット目となる。

$$
\begin{array}{cccccccc}
58, & 50, & 42, & 34, & 26, & 18, & 10, & 2, \\
60, & 52, & 44, & 36, & 28, & 20, & 12, & 4, \\
62, & 54, & 46, & 38, & 30, & 22, & 14, & 6, \\
64, & 56, & 48, & 40, & 32, & 24, & 16, & 8, \\
57, & 49, & 41, & 33, & 25, & 17, & 9, & 1, \\
59, & 51, & 43, & 35, & 27, & 19, & 11, & 3, \\
61, & 53, & 45, & 37, & 29, & 21, & 13, & 5, \\
63, & 55, & 47, & 39, & 31, & 23, & 15, & 7
\end{array}
$$

(2)　IP 処理の出力を上下 32 ビットに分け L_0, R_0 とする。

(3)　R_0 と副鍵 K_1 を f 関数に入力する。

(4)　f 関数の出力と L_0 のビット毎の排他的論理和（Exclusive OR, XOR）をとる。

(5)　R_0 を L_1，排他的論理和の出力を R_1 として，16 回繰り返す。

(6)　R_{16} と L_{16} を連結した 64 ビットに対して Inverse Initial Permutation (IIP) 処理を行う。この処理は (1) と同様，次に示す順番に従ったビット置換である。この出力が暗号文となる。なお，この処理は (1) の逆処理である。

$$
\begin{array}{cccccccc}
40, & 8, & 48, & 16, & 56, & 24, & 64, & 32, \\
39, & 7, & 47, & 15, & 55, & 23, & 63, & 31, \\
38, & 6, & 46, & 14, & 54, & 22, & 62, & 30, \\
37, & 5, & 45, & 13, & 53, & 21, & 61, & 29, \\
36, & 4, & 44, & 12, & 52, & 20, & 60, & 28, \\
35, & 3, & 43, & 11, & 51, & 19, & 59, & 27, \\
34, & 2, & 42, & 10, & 50, & 18, & 58, & 26, \\
33, & 1, & 41, & 9, & 49, & 17, & 57, & 25
\end{array}
$$

ここで，f 関数の処理は，図 A.2 に示すように，入力 32 ビット と副鍵 K 48 ビットで行い，次の通りである。まず，E 処理は，次のテーブルを用いて，32 ビット入力から 48

ビットの出力を得る。

32	1	2	3	4	5
4	5	6	7	8	9
8	9	10	11	12	13
12	13	14	15	16	17
16	17	18	19	20	21
20	21	22	23	24	25
24	25	26	27	28	29
28	29	30	31	32	1

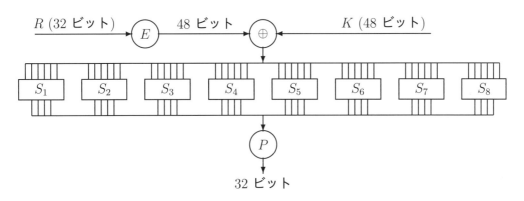

図 **A.2** f 関数の処理

得られた 48 ビットと副鍵 K をビット毎に排他的論理和をとり，この 48 ビットを 6 ビット毎に区切り，それぞれ S 関数（S–box という）S_1, S_2, $\cdots$, S_8 に入力する。この S 関数は次の変換テーブルに従って 4 ビットに変換する。ここで，入力 6 ビットの最下位ビットと最上位ビットでテーブルの列と，中間の 4 ビットでテーブルの行によってテーブルの値を読み取り S 関数の 4 ビットの出力とする。

	No.	0	1	2	3	4	5	6	7	8	9	10	11	12	13	14	15
	0	14	4	13	1	2	15	11	8	3	10	6	12	5	9	0	7
S_1	1	0	15	7	4	14	2	13	1	10	6	12	11	9	5	3	8
	2	4	1	14	8	13	6	2	11	15	12	9	7	3	10	5	0
	3	15	12	8	2	4	9	1	7	5	11	3	14	10	0	6	13

A.1 DES 共通鍵暗号方式の仕様

	No.	0	1	2	3	4	5	6	7	8	9	10	11	12	13	14	15
S_2	0	15	1	8	14	6	11	3	4	9	7	2	13	12	0	5	10
	1	3	13	4	7	15	2	8	14	12	0	1	10	6	9	11	5
	2	0	14	7	11	10	4	13	1	5	8	12	6	9	3	2	15
	3	13	8	10	1	3	15	4	2	11	6	7	12	0	5	14	9

	No.	0	1	2	3	4	5	6	7	8	9	10	11	12	13	14	15
S_3	0	10	0	9	14	6	3	15	5	1	13	12	7	11	4	2	8
	1	13	7	0	9	3	4	6	10	2	8	5	14	12	11	15	1
	2	13	6	4	9	8	15	3	0	11	1	2	12	5	10	14	7
	3	1	10	13	0	6	9	8	7	4	15	14	3	11	5	2	12

	No.	0	1	2	3	4	5	6	7	8	9	10	11	12	13	14	15
S_4	0	7	13	14	3	0	6	9	10	1	2	8	5	11	12	4	15
	1	13	8	11	5	6	15	0	3	4	7	2	12	1	10	14	9
	2	10	6	9	0	12	11	7	13	15	1	3	14	5	2	8	4
	3	3	15	0	6	10	1	13	8	9	4	5	11	12	7	2	14

	No.	0	1	2	3	4	5	6	7	8	9	10	11	12	13	14	15
S_5	0	2	12	4	1	7	10	11	6	8	5	3	15	13	0	14	9
	1	14	11	2	12	4	7	13	1	5	0	15	10	3	9	8	6
	2	4	2	1	11	10	13	7	8	15	9	12	5	6	3	0	14
	3	11	8	12	7	1	14	2	13	6	15	0	9	10	4	5	3

	No.	0	1	2	3	4	5	6	7	8	9	10	11	12	13	14	15
S_6	0	12	1	10	15	9	2	6	8	0	13	3	4	14	7	5	11
	1	10	15	4	2	7	12	9	5	6	1	13	14	0	11	3	8
	2	9	14	15	5	2	8	12	3	7	0	4	10	1	13	11	6
	3	4	3	2	12	9	5	15	10	11	14	1	7	6	0	8	13

	No.	0	1	2	3	4	5	6	7	8	9	10	11	12	13	14	15
S_7	0	4	11	2	14	15	0	8	13	3	12	9	7	5	10	6	1
	1	13	0	11	7	4	9	1	10	14	3	5	12	2	15	8	6
	2	1	4	11	13	12	3	7	14	10	15	6	8	0	5	9	2
	3	6	11	13	8	1	4	10	7	9	5	0	15	14	2	3	12

	No.	0	1	2	3	4	5	6	7	8	9	10	11	12	13	14	15
S_8	0	13	2	8	4	6	15	11	1	10	9	3	14	5	0	12	7
	1	1	15	13	8	10	3	7	4	12	5	6	11	0	14	9	2
	2	7	11	4	1	9	12	14	2	0	6	10	13	15	3	5	8
	3	2	1	14	7	4	10	8	13	15	12	9	0	3	5	6	11

S 関数の出力 32 ビットに対し，P 処理は次のテーブルを使ってビットの並べ替えを行

い 32 ビットの結果を得る。

$$
\begin{array}{cccc}
16 & 7 & 20 & 21 \\
29 & 12 & 28 & 17 \\
1 & 15 & 23 & 26 \\
5 & 18 & 31 & 10 \\
2 & 8 & 24 & 14 \\
32 & 27 & 3 & 9 \\
19 & 13 & 30 & 6 \\
22 & 11 & 4 & 25 \\
\end{array}
$$

次に，Key Schedule (KS) 処理の流れは図 A.3 に示すようになる。まず，Permuted Choice 1 処理は 64 ビットの鍵（Key）から，次のテーブルを使って 28 ビットの上位 C_0 と下位 D_0 に分ける。

C							D						
57	49	41	33	25	17	9	63	55	47	39	31	23	15
1	58	50	42	34	26	18	7	62	54	46	38	30	22
10	2	59	51	43	35	27	14	6	61	53	45	37	29
19	11	3	60	52	44	36	21	13	5	28	20	12	4

次の処理 Rotate Left は左回転を意味し，1 回目，2 回目，9 回目，16 回目の Rotate Left は 1 ビット左回転であり，他は 2 ビット左回転である。その結果の C_n および D_n を合わせた 56 ビットについて，Permuted Choice 2 の処理は次のテーブルを使ってビットの並べ替えを行い，48 ビットの副鍵 K_n を生成する。

$$
\begin{array}{cccccc}
14 & 17 & 11 & 24 & 1 & 5 \\
3 & 28 & 15 & 6 & 21 & 10 \\
23 & 19 & 12 & 4 & 26 & 8 \\
16 & 7 & 27 & 20 & 13 & 2 \\
41 & 52 & 31 & 37 & 47 & 55 \\
30 & 40 & 51 & 45 & 33 & 48 \\
44 & 49 & 39 & 56 & 34 & 53 \\
46 & 42 & 50 & 36 & 29 & 32 \\
\end{array}
$$

以上，DES 共通鍵暗号方式について示した。この復号処理は，図 A.1 の処理の流れに従って副鍵の順序を K_{16}, K_{15}, $\cdots$, K_1 として処理を行えばよい。このように DES 暗号方式は，逆変換（復号）が簡単に実装できる利点があるが，1970 年代後半から工業製品や安全性検証等の要求により，暗号処理アルゴリズムの仕様を公開することが求められた。これにより，DES 暗号方式は安全面で弱点が見つかり，現在では使用されていない。

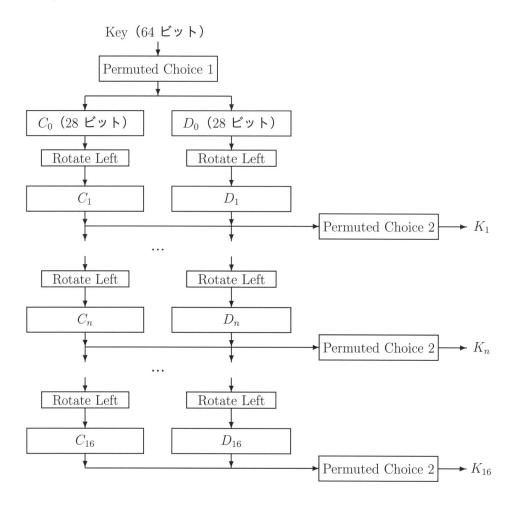

図 **A.3** **Schedule (KS)** の処理

A.2　DES 暗号および復号プログラム例

　ここで示したように，処理アルゴリズムが公開されているので，プログラムの作成が可能であり，暗号処理を理解する良いプログラミング演習になる。そこで，この仕様に基づいて，DES 暗号および復号の C 言語プログラムを作成すると，以下のようになる。

```
#include <stdio.h>                    // YY
#define KEY 9967
/* Initial Permutation Table */
char perm[]={
```

```
    58, 50, 42, 34, 26, 18, 10,  2,
    60, 52, 44, 36, 28, 20, 12,  4,
    62, 54, 46, 38, 30, 22, 14,  6,
    64, 56, 48, 40, 32, 24, 16,  8,
    57, 49, 41, 33, 25, 17,  9,  1,
    59, 51, 43, 35, 27, 19, 11,  3,
    61, 53, 45, 37, 29, 21, 13,  5,
    63, 55, 47, 39, 31, 23, 15,  7,  0, };
/* Inverse Initial Permutation Table */
char iperm[]={
    40,  8, 48, 16, 56, 24, 64, 32,
    39,  7, 47, 15, 55, 23, 63, 31,
    38,  6, 46, 14, 54, 22, 62, 30,
    37,  5, 45, 13, 53, 21, 61, 29,
    36,  4, 44, 12, 52, 20, 60, 28,
    35,  3, 43, 11, 51, 19, 59, 27,
    34,  2, 42, 10, 50, 18, 58, 26,
    33,  1, 41,  9, 49, 17, 57, 25,  0, };
/* Expand Table for f Function */
char e[]={
    32, 1, 2, 3, 4, 5,      4, 5, 6, 7, 8, 9,
     8, 9,10,11,12,13,     12,13,14,15,16,17,
    16,17,18,19,20,21,     20,21,22,23,24,25,
    24,25,26,27,28,29,     28,29,30,31,32, 1, };
/* S-box Table for f Function */
char s1[]={
    14, 4,13, 1, 2,15,11, 8, 3,10, 6,12, 5, 9, 0, 7,
     0,15, 7, 4,14, 2,13, 1,10, 6,12,11, 9, 5, 3, 8,
     4, 1,14, 8,13, 6, 2,11,15,12, 9, 7, 3,10, 5, 0,
    15,12, 8, 2, 4, 9, 1, 7, 5,11, 3,14,10, 0, 6,13, };
char s2[]={
    15, 1, 8,14, 6,11, 3, 4, 9, 7, 2,13,12, 0, 5,10,
     3,13, 4, 7,15, 2, 8,14,12, 0, 1,10, 6, 9,11, 5,
     0,14, 7,11,10, 4,13, 1, 5, 8,12, 6, 9, 3, 2,15,
    13, 8,10, 1, 3,15, 4, 2,11, 6, 7,12, 0, 5,14, 9, };
char s3[]={
    10, 0, 9,14, 6, 3,15, 5, 1,13,12, 7,11, 4, 2, 8,
    13, 7, 0, 9, 3, 4, 6,10, 2, 8, 5,14,12,11,15, 1,
    13, 6, 4, 9, 8,15, 3, 0,11, 1, 2,12, 5,10,14, 7,
     1,10,13, 0, 6, 9, 8, 7, 4,15,14, 3,11, 5, 2,12, };
char s4[]={
     7,13,14, 3, 0, 6, 9,10, 1, 2, 8, 5,11,12, 4,15,
    13, 8,11, 5, 6,15, 0, 3, 4, 7, 2,12, 1,10,14, 9,
    10, 6, 9, 0,12,11, 7,13,15, 1, 3,14, 5, 2, 8, 4,
     3,15, 0, 6,10, 1,13, 8, 9, 4, 5,11,12, 7, 2,14, };
char s5[]={
     2,12, 4, 1, 7,10,11, 6, 8, 5, 3,15,13, 0,14, 9,
    14,11, 2,12, 4, 7,13, 1, 5, 0,15,10, 3, 9, 8, 6,
     4, 2, 1,11,10,13, 7, 8,15, 9,12, 5, 6, 3, 0,14,
    11, 8,12, 7, 1,14, 2,13, 6,15, 0, 9,10, 4, 5, 3, };
```

```
char s6[]={
    12, 1,10,15, 9, 2, 6, 8, 0,13, 3, 4,14, 7, 5,11,
    10,15, 4, 2, 7,12, 9, 5, 6, 1,13,14, 0,11, 3, 8,
     9,14,15, 5, 2, 8,12, 3, 7, 0, 4,10, 1,13,11, 6,
     4, 3, 2,12, 9, 5,15,10,11,14, 1, 7, 6, 0, 8,13, };
char s7[]={
     4,11, 2,14,15, 0, 8,13, 3,12, 9, 7, 5,10, 6, 1,
    13, 0,11, 7, 4, 9, 1,10,14, 3, 5,12, 2,15, 8, 6,
     1, 4,11,13,12, 3, 7,14,10,15, 6, 8, 0, 5, 9, 2,
     6,11,13, 8, 1, 4,10, 7, 9, 5, 0,15,14, 2, 3,12, };
char s8[]={
    13, 2, 8, 4, 6,15,11, 1,10, 9, 3,14, 5, 0,12, 7,
     1,15,13, 8,10, 3, 7, 4,12, 5, 6,11, 0,14, 9, 2,
     7,11, 4, 1, 9,12,14, 2, 0, 6,10,13,15, 3, 5, 8,
     2, 1,14, 7, 4,10, 8,13,15,12, 9, 0, 3, 5, 6,11, };
/* P Process Table for f Function */
char p[]={
    16, 7,20,21,   29,12,28,17,
     1,15,23,26,    5,18,31,10,
     2, 8,24,14,   32,27, 3, 9,
    19,13,30, 6,   22,11, 4,25, };
/* Permuted Choise 1 Table */
char choice1c[]={
    57,49,41,33,25,17, 9,
     1,58,50,42,34,26,18,
    10, 2,59,51,43,35,27,
    19,11, 3,60,52,44,36, };
char choice1d[]={
    63,55,47,39,31,23,15,
     7,62,54,46,38,30,22,
    14, 6,61,53,45,37,29,
    21,13, 5,28,20,12, 4, };
/* Permuted Choise 2 Table */
char choice2[]={
    14,17,11,24, 1, 5,    3,28,15, 6,21,10,
    23,19,12, 4,26, 8,   16, 7,27,20,13, 2,
    41,52,31,37,47,55,   30,40,51,45,33,48,
    44,49,39,56,34,53,   46,42,50,36,29,32, };

char K1[50],K2[50],K3[50],K4[50];
char K5[50],K6[50],K7[50],K8[50];
char K9[50],K10[50],K11[50],K12[50];
char K13[50],K14[50],K15[50],K16[50];

void rotate(char cx[], char dx[]){
    char cc,dd;
    int i;
    /* rotate left */
    cc=cx[0];    dd=dx[0];
    for(i=0;i<28;i++){ cx[i]=cx[i+1];  dx[i]=dx[i+1]; }
```

```
    cx[27]=cc;   dx[27]=dd;    cx[28]=dx[28]=0;
/*  rotation right
    cc=dx[27];
    for(i=0;i<28;i++){
        dd=dx[i];    dx[i]=cc;    cc=dd;
    } */
}
void choice_prog(char cx[], char dx[], char kk[]){
    int i,j;
    for(i=0;i<48;i++){
        j=choice2[i]-1;
        if(28>j) kk[i]=cx[j];
        else kk[i]=dx[j-28];
    }
    kk[48]=0;
}
void key_gen(long keys){
    long kp;
    int i,j,k;
    char key[65],cx[30],dx[30],cc,dd;
    for(i=0;i<64;i++) key[i]='0';
    key[7]=key[15]=key[23]='1';
    k=28;    j=0;   kp=0x40000000;
    while(k!=64){
        if((keys&kp)!=0 ){ key[k]='1'; j++; }
        k++;
        if((k==31) || (k==39) || (k==47) || (k==55) || (k==63)){
            if((j&0x01)==0) key[k]='1';
            j=0;    k++;
        }
        kp=kp>>1;
    }
    for(i=0;i<28;i++){
        j=choice1c[i]-1;   cx[i]=key[j];
        j=choice1d[i]-1;   dx[i]=key[j];
    }
/* Key Schedule */
    rotate(cx,dx);     choice_prog(cx,dx,K1);
    rotate(cx,dx);     choice_prog(cx,dx,K2);
    rotate(cx,dx);     rotate(cx,dx);     choice_prog(cx,dx,K3);
    rotate(cx,dx);     rotate(cx,dx);     choice_prog(cx,dx,K4);
    rotate(cx,dx);     rotate(cx,dx);     choice_prog(cx,dx,K5);
    rotate(cx,dx);     rotate(cx,dx);     choice_prog(cx,dx,K6);
    rotate(cx,dx);     rotate(cx,dx);     choice_prog(cx,dx,K7);
    rotate(cx,dx);     rotate(cx,dx);     choice_prog(cx,dx,K8);
    rotate(cx,dx);     choice_prog(cx,dx,K9);
    rotate(cx,dx);     rotate(cx,dx);     choice_prog(cx,dx,K10);
    rotate(cx,dx);     rotate(cx,dx);     choice_prog(cx,dx,K11);
    rotate(cx,dx);     rotate(cx,dx);     choice_prog(cx,dx,K12);
    rotate(cx,dx);     rotate(cx,dx);     choice_prog(cx,dx,K13);
```

```
    rotate(cx,dx);   rotate(cx,dx);   choice_prog(cx,dx,K14);
    rotate(cx,dx);   rotate(cx,dx);   choice_prog(cx,dx,K15);
    rotate(cx,dx);   choice_prog(cx,dx,K16);
}
void funcx(char rr[], char tt[], char ss[]){
    int k,n;
    k=0;
    if(rr[0]=='1') k=k+0x20;
    if(rr[5]=='1') k=k+0x10;
    if(rr[1]=='1') k=k+0x08;
    if(rr[2]=='1') k=k+0x04;
    if(rr[3]=='1') k=k+0x02;
    if(rr[4]=='1') k=k+0x01;
    n=ss[k];
    tt[0]=tt[1]=tt[2]=tt[3]='0';
    if(n>7){ tt[0]='1';   n=n-8; }
    if(n>3){ tt[1]='1';   n=n-4; }
    if(n>1){ tt[2]='1';   n=n-2; }
    if(n>0) tt[3]='1';
/* test
    tt[0]=rr[1]; tt[1]=rr[2]; tt[2]=rr[3]; tt[3]=rr[4]; */
}
void func(char R[], char T[], char kk[]){
    char rr[50],tt[50],tm[50];
    int i,j;
    for(i=0;i<48;i++){   j=e[i]-1;   rr[i]=R[j];   }
    for(i=0;i<48;i++){
        tt[i]='0';
        if(rr[i]=='1' && kk[i]=='0') tt[i]='1';
        if(rr[i]=='0' && kk[i]=='1') tt[i]='1';
    }
    funcx(&tt[0],&tm[0],s1);    funcx(&tt[6],&tm[4],s2);
    funcx(&tt[12],&tm[8],s3);   funcx(&tt[18],&tm[12],s4);
    funcx(&tt[24],&tm[16],s5); funcx(&tt[30],&tm[20],s6);
    funcx(&tt[36],&tm[24],s7); funcx(&tt[42],&tm[28],s8);
    tm[32]=0;
    for(i=0;i<32;i++){ j=p[i]-1;   T[i]=tm[j]; }
    T[32]=0;
}
void prog(char L[], char R[], char KK[]){
    char tmp[35],T[35];
    int i;
    for(i=0;i<35;i++) tmp[i]=R[i];
    func(R,T,KK);
    for(i=0;i<32;i++){
        R[i]='0';
        if(L[i]=='1' && T[i]=='0') R[i]='1';
        if(L[i]=='0' && T[i]=='1') R[i]='1';
        L[i]=tmp[i];
    }
```

```
    L[32]=R[32]=0;
}
void crypto(char in[], char out[]){
    int i,j;
    char L[35],R[35],outin[65];
    key_gen(KEY);
    for(i=0;i<64;i++) outin[i]=out[i]='0';
    outin[64]=out[64]=0;
/*  Initial Permutation */
    for(i=0;i<64;i++){  j=perm[i]-1;   outin[i]=in[j]; }
    for(i=0;i<32;i++){  L[i]=outin[i];  R[i]=outin[i+32]; }
    L[32]=R[32]=0;
/*      */
    prog(L,R,K1);  prog(L,R,K2);  prog(L,R,K3);  prog(L,R,K4);
    prog(L,R,K5);  prog(L,R,K6);  prog(L,R,K7);  prog(L,R,K8);
    prog(L,R,K9);  prog(L,R,K10); prog(L,R,K11); prog(L,R,K12);
    prog(L,R,K13); prog(L,R,K14); prog(L,R,K15); prog(L,R,K16);
/*  Inverse Initial Permutation */
    for(i=0;i<32;i++){  outin[i]=R[i];  outin[i+32]=L[i]; }
    outin[64]=0;
    for(i=0;i<64;i++){  j=iperm[i]-1;   out[i]=outin[j];  }
}
void inverse(char in[], char out[]){
    int i,j;
    char L[35],R[35],outin[65];
    key_gen(KEY);
    for(i=0;i<64;i++) outin[i]=out[i]='0';
    outin[64]=out[64]=0;
/*  Initial Permutation */
    for(i=0;i<64;i++){  j=perm[i]-1;   outin[i]=in[j]; }
    for(i=0;i<32;i++){  L[i]=outin[i];  R[i]=outin[i+32]; }
    L[32]=R[32]=0;
/*      */
    prog(L,R,K16); prog(L,R,K15); prog(L,R,K14); prog(L,R,K13);
    prog(L,R,K12); prog(L,R,K11); prog(L,R,K10); prog(L,R,K9);
    prog(L,R,K8);  prog(L,R,K7);  prog(L,R,K6);  prog(L,R,K5);
    prog(L,R,K4);  prog(L,R,K3);  prog(L,R,K2);  prog(L,R,K1);
/*  Inverse Initial Permutation */
    for(i=0;i<32;i++){  outin[i]=R[i];  outin[i+32]=L[i];  }
    outin[64]=0;
    for(i=0;i<64;i++){  j=iperm[i]-1;   out[i]=outin[j];   }
}
void change(long inL, long inR, char in[]){
    int i;    long k;
    for(i=0;i<64;i++) in[i]='0';
    in[64]=0;
    k=0x80000000;
    for(i=0;i<32;i++){
        if((inL & k) == k) in[i]='1';
        if((inR & k) == k) in[i+32]='1';
```

```
        k=0x7fffffff&(k>>1);
    }
}
void xprint(int k, char x[]){
    int i;
    long outL,outR;
    outL=outR=0;
    for(i=0;i<32;i++){
        outL=outL<<1;   outR=outR<<1;
        if(x[i]=='1') outL=outL|0x01;
        if(x[i+32]=='1') outR=outR|0x01;
    }
    if(k==0) printf("input  = %8.8X %8.8X\n",outL,outR);
    else printf("output = %8.8X %8.8X\n",outL,outR);
}
void main(void){
    int i;
    char in[65],out[65];
    long inL,inR;
/*  Input */
    printf("Input inL and inR = ");
    scanf("%x %x",&inL,&inR);
    change(inL,inR,in);
/*  Encryption */
    printf("Encryption \n");
    xprint(0,in);
    crypto(in,out);
    xprint(1,out);
/*  Inverce  */
    for(i=0;i<=65;i++) in[i]=out[i];
    printf("Inverce Encryption \n");
    xprint(0,in);
    inverse(in,out);
    xprint(1,out);
}
```

付録B 量子コンピュータの実現性

　最近，量子コンピュータの可能性が話題になってきた。量子コンピュータが実現されると，暗号の基礎となっている素因数分解や離散対数問題が速く求まることになり，楕円曲線暗号においても解読されてしまう。そこで，量子コンピュータの基礎となる量子計算法（Quantum Computing）を示し，暗号鍵配送への適応を述べることにする。

B.1 量子論

　量子計算法を理解するためには量子論（Quantum Theory）を理解しておく必要がある。まず，ある物理量は任意の値をとることができず，離散的な値しかとること（量子化）ができない。また，粒子と波動の二重性や不確定性のため，ある粒子の状態はどれだけ精密に測定しようとしても確率でしか表すことができない。すなわち，一定の位置および運動量のような物理量によって表すことができない。そこで，観測可能な物理量（**可観測量**という）として表すことになる。これは不変な量であり，**波動関数** あるいは **状態ベクトル** で表す。例えば，原子核の周りを電子が運動し電子雲のようになっているが，この波動関数に基づいて分かり易く図解したものが原子モデルである。

　二つの任意の可観測量において，状態を測定する順番が無視できない。すなわち，最初の測定によって状態が変り，次の測定に影響を与えるためである。従って，最初の測定と次に同じ測定を行っても異なる結果となる。そこで，**統計的ゆらぎ** としてこの違いを定量的に記述することになる。暗号における鍵配送はこの性質を利用することになる。

B.2 量子コンピュータ (Quantum Computer)

　計算機中の信号の状態は 0 または 1 の 2 値（1 ビット）であるが，量子論的には 0 と 1 がそれぞれの確率で重ね合わされた途中の状態である。この量子論的な状態を 1 量子ビット（Quantum Bit, or Qubit）という。ここで複数の量子ビットを **量子もつれ状態** にすることによって，様々な数を表す重ね合わせ状態をそれぞれの確率で表すことができる。この重ね合わせ状態を用いて並列性を実現する。量子もつれを壊さない **ユニタリ状態**（Unitary State）を活用して，それぞれの確率の重みを変化させることで演算を行う。n 量子ビットであれば 2^n の状態が同時に計算され，2^n 個の重ね合わされた結果が得ら

れる。しかし，重ね合わされた状態を観測してもランダムに選ばれた結果が 一つ得られるだけである。高速性を得るためには，欲しい答えを高確率で求める工夫を施した量子コンピュータ専用のアルゴリズムが必要になる。もし，数千量子ビットのハードウエアが実現した場合，この量子ビットを複数利用して，並列量子コンピュータを実現することができる。

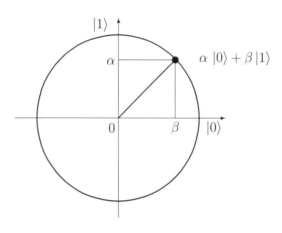

図 B.1　1 量子ビット

まず，0 の状態を $|0\rangle$，1 の状態を $|1\rangle$ と表し，図 B.1 に示すように，1 量子ビットは状態ベクトル $\begin{pmatrix} \alpha \\ \beta \end{pmatrix}$ に対して $\alpha |0\rangle + \beta |1\rangle$ で表す。ここで，$|\alpha|^2 + |\beta|^2 = 1$ であり，α および β は一般に複素数である。2 量子ビットについては次のようになる。

$$\begin{pmatrix} \alpha_0 \\ \alpha_1 \\ \alpha_2 \\ \alpha_3 \end{pmatrix} \rightarrow \alpha_0 |00\rangle + \alpha_1 |01\rangle + \alpha_2 |10\rangle + \alpha_3 |11\rangle$$

$$|\alpha_0|^2 + |\alpha_1|^2 + |\alpha_2|^2 + |\alpha_3|^2 = 1$$

一般的に，n 量子ビットについては以下のように表される。

$$\begin{pmatrix} \alpha_0 \\ \alpha_1 \\ \vdots \\ \alpha_{2^n-1} \end{pmatrix} \rightarrow \alpha_0 |000000\rangle + \alpha_1 |000001\rangle + \cdots + \alpha_{2^n-1} |111111\rangle$$

$$\sum_{i=0}^{2^n-1} |\alpha_i|^2 = 1$$

次に，量子演算の演算子に対応する演算ゲートは **量子ゲート**（Quantum Gate）と呼ばれ，1 量子ビットについて次の X ゲート（NOT ゲート），Y ゲート，Z ゲートを定義する。

$$X\,|0\rangle = |1\rangle, \;\; X\,|1\rangle = |0\rangle \qquad \rightarrow \quad X = \begin{pmatrix} 0 & 1 \\ 1 & 0 \end{pmatrix}$$

$$Y\,|0\rangle = i\,|1\rangle, \;\; Y\,|1\rangle = -i\,|0\rangle \quad \rightarrow \quad Y = \begin{pmatrix} 0 & -i \\ i & 0 \end{pmatrix}$$

$$Z\,|0\rangle = |0\rangle, \;\; Z\,|1\rangle = -\,|1\rangle \qquad \rightarrow \quad Z = \begin{pmatrix} 1 & 0 \\ 0 & -1 \end{pmatrix}$$

これらのゲートを **パウリゲート**（Pauli Gate）という。また，位相シフトゲート（Phase Shift Gate）は次式である。

$$V(\phi) = \begin{pmatrix} 1 & 0 \\ 0 & e^{i\phi} \end{pmatrix}$$

さらに，H ゲート（Hadamard Gate）は次式である。

$$|0\rangle \rightarrow \frac{1}{\sqrt{2}}\,(|0\rangle + |1\rangle), \quad |1\rangle \rightarrow \frac{1}{\sqrt{2}}\,(|0\rangle - |1\rangle) \quad \rightarrow$$

$$H = \frac{1}{\sqrt{2}}\,(X + Z) = \frac{1}{\sqrt{2}} \begin{pmatrix} 1 & 1 \\ 1 & -1 \end{pmatrix}$$

また，スワップゲート S_{10} および制御 NOT ゲート C_{10}（XOR）は次式である。

$$S_{10} = \begin{pmatrix} 1 & 0 & 0 & 0 \\ 0 & 0 & 1 & 0 \\ 0 & 1 & 0 & 0 \\ 0 & 0 & 0 & 1 \end{pmatrix} \qquad C_{10} = \begin{pmatrix} 1 & 0 & 0 & 0 \\ 0 & 1 & 0 & 0 \\ 0 & 0 & 0 & 1 \\ 0 & 0 & 1 & 0 \end{pmatrix}$$

これらの記述は $S_{10}\,|x\rangle\,|y\rangle = |y\rangle\,|x\rangle$ および $C_{10}\,|x\rangle\,|y\rangle = |x\rangle\,|y \oplus x\rangle$ である。これらのゲートを駆使して量子コンピュータを構成することになる。

B.3　秘密鍵の配送

暗号の鍵を量子ビットによって情報の送り手 A から受け手 B へ配送する方法を示す。まず，図 B.2 に示すように，情報の送り手 A と受け手 B との間は量子ビットチャンネ

ル（偏光フォトン用）と通常チャンネルで接続され，乱数ビット列の暗号鍵を量子ビット
チャンネルで伝送するものとする。ここで，A はランダム基軸 $|0\rangle$ と $|1\rangle$ を選んで量子
ビットを生成でき，H ゲートに適応できるものとする。また，B は基軸である $|0\rangle$ と $|1\rangle$，
または $\frac{1}{\sqrt{2}}(|0\rangle + |1\rangle)$ と $\frac{1}{\sqrt{2}}(|0\rangle - |1\rangle)$ を用いて，送られてきた量子ビットを測定できる
ものとする。このような条件のもとで，A から B へ暗号鍵の量子ビット列を量子ビット
チャンネルを経由して送る。B ではランダムに基軸 $|0\rangle$ と $|1\rangle$，または $H|0\rangle$ と $H|1\rangle$ を
選び，送られてきた量子ビット列を測定する。次に，通常のチャンネルを利用して，測定
のために使われた基軸 $|0\rangle$ と $|1\rangle$ を通知する。A から B に対して選ばれた基軸 $|0\rangle$ と $|1\rangle$
が正しいかどうかを知らせる。もし，間違っていた場合は正しくなるまで繰り返し，B は
最終的に暗号鍵を得る。

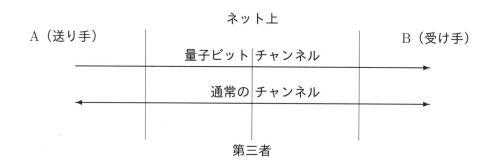

図 B.2　量子ビットによる暗号鍵の配送

　情報の受け手 B が量子ビットを観測する前に第三者が観測した場合，量子ビットの状態
が変わってしまい，B は正しく観測できないことになる。この場合，第三者が観測した量
子ビットは，測定のために使用した基軸 $|0\rangle$ と $|1\rangle$，または $\frac{1}{\sqrt{2}}(|0\rangle + |1\rangle)$ と $\frac{1}{\sqrt{2}}(|0\rangle - |1\rangle)$
が正しいかどうかが分からないので，意味がない。逆に，B が量子ビットを観測した後で
は量子ビットの状態が変わっているので，第三者が観測しても意味がない。従って，第三
者がいくら量子ビットを観測したとしても，正しい暗号鍵を得ることはできないことにな
る。この延長線上で考えれば，暗号文も量子ビットチャンネルで送れば，第三者が正しく
測定できない限り解読されないことになる。

付録C　統計学で用いる確率分布

統計学 で用いる確率分布は，正規分布，χ^2 分布，$\mathbf{t}$ 分布，$\mathbf{F}$ 分布 などが主である。こ
こでは，これらの確率分布の特性および関連性について説明する。

C.1　確率分布の確率密度関数

統計学（Statistics）で用いる 正規分布（Normal Distribution）$N(\mu, \sigma^2)$，χ^2 分布（Chi–
Square Distribution），$\mathbf{t}$ 分布（t Distribution），$\mathbf{F}$ 分布（F Distribution）の 確率密度
関数（Probability Density Function）はそれぞれ次式である。

$$\text{正規分布：} \quad f_N(x) = \frac{1}{\sqrt{2\pi} \cdot \sigma} \cdot e^{-\frac{(x-\mu)^2}{2\sigma^2}} \qquad (\mu\text{: 平均}, \sigma^2\text{: 分散})$$

$$\chi^2\text{分布：} \quad f_{\chi^2}(x; n) = \frac{1}{2^{\frac{n}{2}} \cdot \Gamma\left(\frac{n}{2}\right)} \cdot x^{\frac{n}{2}-1} \cdot e^{-\frac{x}{2}} \qquad (x \geq 0,\ n \geq 2)$$

$$\mathbf{t}\text{分布：} \quad f_T(x; n) = \frac{\Gamma\left(\frac{n+1}{2}\right) \cdot \left(1 + \frac{x^2}{n}\right)^{-\frac{n+1}{2}}}{\Gamma\left(\frac{n}{2}\right) \cdot \sqrt{n\pi}} \qquad (n \geq 2)$$

$$\mathbf{F}\text{分布：} \quad f_F(x; m, n) = \frac{\Gamma(\frac{m+n}{2})}{\Gamma(\frac{m}{2}) \cdot \Gamma(\frac{n}{2})} \cdot \left(\frac{m\,x}{m\,x+n}\right)^{\frac{m}{2}} \cdot \left(1 - \frac{m\,x}{m\,x+n}\right)^{\frac{n}{2}} \cdot x^{-1}$$

ここで，m および n は 自由度（Degrees of Freedom）であり，一般にサンプル数 -1 で
ある。また，$\Gamma(\alpha)$ は正の実数 α における ガンマ関数（Gamma Function）であり，正整
数 m に対して次式が成立する。

$$\begin{aligned}
\Gamma(\alpha) &= \int_0^\infty x^{\alpha-1} \cdot e^{-x}\, dx = \left[-x^{\alpha-1} \cdot e^{-x}\right]_0^\infty + (\alpha-1) \cdot \int_0^\infty x^{\alpha-2} \cdot e^{-x}\, dx \\
&= 0 + (\alpha-1) \cdot \Gamma(\alpha-1) = \cdots \\
&= (\alpha-1) \cdot (\alpha-2) \cdots (\alpha-m) \cdot \Gamma(\alpha-m) \quad (1 \geq \alpha-m > 0,\ m = 0, 1, 2, \cdots)
\end{aligned}$$

特に，$\Gamma(1) = 1$ であり，$\Gamma\left(\frac{1}{2}\right)$ は次の二重積分よって求められる。

$$\begin{aligned}
\left\{\Gamma\left(\frac{1}{2}\right)\right\}^2 &= \left\{\int_0^\infty \frac{1}{\sqrt{x}} \cdot e^{-x}\, dx\right\}^2 = \left\{\int_0^\infty \frac{1}{\sqrt{x}} \cdot e^{-x}\, dx\right\} \cdot \left\{\int_0^\infty \frac{1}{\sqrt{y}} \cdot e^{-y}\, dy\right\} \\
&= \int_0^\infty \int_0^\infty \frac{1}{\sqrt{xy}} \cdot e^{-x-y}\, dxdy \qquad (x = u^2,\ y = v^2) \\
&= 4 \cdot \int_0^\infty \int_0^\infty e^{-u^2-v^2}\, dudv \qquad (u = r \cdot \cos\theta,\ v = r \cdot \sin\theta)
\end{aligned}$$

$$
\begin{aligned}
&= 4 \cdot \int_0^\infty \int_0^{\frac{\pi}{2}} e^{-r^2}\, d\theta\, r dr = 2 \cdot \pi \cdot \int_0^\infty r \cdot e^{-r^2}\, dr = 2 \cdot \pi \cdot \left[-\frac{e^{-r^2}}{2} \right]_0^\infty \\
&= \pi \qquad \rightarrow \qquad \Gamma\left(\frac{1}{2}\right) = \sqrt{\pi}
\end{aligned}
$$

従って，正整数 n について以下のようになる。

$$
\Gamma\left(\frac{n}{2}\right) = \begin{cases} (k-1)! & (n = 2k : \text{偶数}) \\ \left(k - \frac{1}{2}\right) \cdot \left(k - \frac{3}{2}\right) \cdots \frac{1}{2} \cdot \sqrt{\pi} & (n = 2k+1 : \text{奇数}) \end{cases}
$$

C.2 　正規分布

　平均を μ および分散を σ^2 とする正規分布 $N(\mu, \sigma^2)$ の確率密度関数 $f_N(x)$ の概形は図 C.1 のようになる。そして，平均 μ の上下 $\gamma \cdot \sigma$ 以内（$\mu - \gamma \cdot \sigma \le X \le \mu + \gamma \cdot \sigma$）に入る確率 $S(\gamma)$ および外れる確率 $R(\gamma)$ はそれぞれ以下となる。

$$
\begin{aligned}
S(\gamma) &= \mathtt{Prob}(\mu - \gamma \cdot \sigma \le X \le \mu + \gamma \cdot \sigma) = \int_{\mu - \gamma \cdot \sigma}^{\mu + \gamma \cdot \sigma} f_N(x)\, dx \\
R(\gamma) &= \int_{-\infty}^{\mu - \gamma \cdot \sigma} f_N(x)\, dx + \int_{\mu + \gamma \cdot \sigma}^{\infty} f_N(x)\, dx = 1 - S(\gamma)
\end{aligned}
$$

ここで，$Z = \frac{X - \mu}{\sigma}$ の確率分布は平均を 0 および分散を 1 とする **標準正規分布** $N(0,1)$ である。そこで，変数変換 $z = \frac{x - \mu}{\sigma}$ を行って，**分布関数**（Distribution Function）$\Phi(z) = $ Prob$(-\infty < Z \le z)$ の値を表 C.1 に示す標準正規分布表として提供されている。この標準正規分布表から，$S(0.5) = 1 - 2 \cdot \{1 - \Phi(0.5)\} = 0.382925$，$S(1) = 0.682689$，$S(1.5) = 0.866386$，$S(2) = 0.9545$，$S(2.5) = 0.987581$，$S(3) = 0.9973$，$\cdots$ などのように求められる。また逆に，$S(\gamma) = 0.9$（外れる確率が $R(\gamma) = 2\{1 - \Phi(\gamma)\} = 0.1$）となる γ の値は，標準正規分布表の $\Phi(z) = 0.95$ から z を求め，$\gamma = z \approx 1.65$ となる。これによって求められる区間

$$
\mu - \gamma \cdot \sigma \le X \le \mu + \gamma \cdot \sigma
$$

を **有意水準**（Significance Level）10 ％ での **信頼区間**（Confidence Interval）という。

　次に，正規分布 $N(\mu, \sigma^2)$ に従う母集団から任意に k 個のサンプル X_i $(i = 1, 2, 3, \cdots, k)$ を取り出した標本集団の標本平均 $\overline{x}$，標本分散 s^2 および不偏分散 v^2 はそれぞれ以下のようになる。

$$
\overline{x} = \frac{1}{k} \cdot \sum_{i=1}^{k} X_i, \qquad s^2 = \frac{1}{k} \cdot \sum_{i=1}^{k} (X_i - \overline{x})^2, \qquad v^2 = \frac{1}{k-1} \cdot \sum_{i=1}^{k} (X_i - \overline{x})^2
$$

ここで，X_i は確率変数であり，$E(\overline{x}) = \mu$ および $E(s^2) = \dfrac{\sigma^2}{k}$ である。すなわち，標本平均 $\overline{x}$ は，サンプル数 k が多くなればなるほど母集団の平均 μ に近づく。これを **大数の法則**（Law of Large Numbers）という。また，標本分散 s^2 は，母集団の中で多く存在するものは取り出す確率が高くなるので，$\dfrac{\sigma^2}{k}$ になる。さらに，確率変数 $Z = \dfrac{\overline{x}-\mu}{\frac{\sigma}{\sqrt{k}}}$ において次式が成立する。

$$\lim_{n \to \infty} \mathrm{Prob}\,(Z < z) = \frac{1}{\sqrt{2\pi}} \cdot \int_{\infty}^{z} e^{-\frac{x^2}{2}}\, dx = \Phi(z)$$

これを **中心極限定理**（Central Limit Theorem）という。なお，k が有限であれば，確率変数 Z の確率分布は後で示す自由度 $n\,(= k-1)$ の t 分布である。

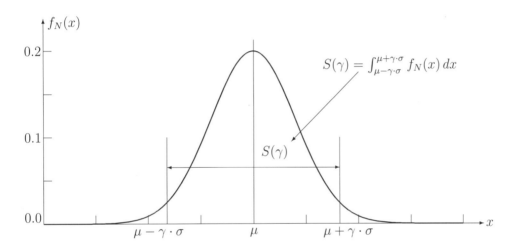

図 C.1 正規分布 $N(\mu, \sigma^2)$ の確率密度関数の概形

表 C.1 標準正規分布表 $N(0,1)$ の値 $\Phi(z)$

z	$\Phi(z)$	z	$\Phi(z)$	z	$\Phi(z)$	z	$\Phi(z)$
0.0	0.5000000	1.0	0.8413447	2.0	0.9772499	3.0	0.9986501
0.1	0.5398278	1.1	0.8643339	2.1	0.9821356	3.1	0.9990324
0.2	0.5792597	1.2	0.8849303	2.2	0.9860966	3.2	0.9993129
0.3	0.6179114	1.3	0.9031995	2.3	0.9892759	3.3	0.9995166
0.4	0.6554217	1.4	0.9192433	2.4	0.9918025	3.4	0.9996631
0.5	0.6914625	1.5	0.9331928	2.5	0.9937903	3.5	0.9998074
0.6	0.7257469	1.6	0.9452007	2.6	0.9953388	3.6	0.9998409
0.7	0.7580363	1.7	0.9554345	2.7	0.9965330	3.7	0.9998922
0.8	0.7881446	1.8	0.9640697	2.8	0.9974449	3.8	0.9999277
0.9	0.8159399	1.9	0.9712834	2.9	0.9981342	3.9	0.9999519

さらに，正規分布 $N(\mu, \sigma^2)$ に従う母集団から n 個抽出された標本集団は $N\left(\mu, \frac{\sigma^2}{n}\right)$ の正規分布に従う。従って，有意水準を決めて求めた γ の値から標本平均 $\overline{x}$ の信頼区間は次式で与えられる。

$$\mu - \gamma \cdot \frac{\sigma}{\sqrt{n}} \leq \overline{x} \leq \mu + \gamma \cdot \frac{\sigma}{\sqrt{n}}$$

C.3 自由度 n の χ^2 分布

まず，正の実数 α および λ における **ガンマ分布**（Gamma Distribution）の確率密度関数 $f_{\chi^2}(x)$ は次式である。

$$f_{\chi^2}(x) = \frac{\lambda^\alpha}{\Gamma(\alpha)} \cdot x^{\alpha-1} \cdot e^{-\lambda x} \qquad \left(\int_0^\infty x^{\alpha-1} \cdot e^{-\lambda x}\, dx = \frac{\Gamma(\alpha)}{\lambda^\alpha}\right)$$

この確率分布における平均 $E(X)$，2 次積率 $E(X^2)$，分散 $Var(X)$ は以下のようになる。

$$E(X) = \frac{\alpha}{\lambda}, \qquad E(X^2) = \frac{(\alpha+1) \cdot \alpha}{\lambda^2}, \qquad Var(X) = \frac{\alpha}{\lambda^2}$$

χ^2 **分布**（Chi-square Distribution）は，上式のガンマ分布において，$\alpha = \frac{n}{2}$ および $\lambda = \frac{1}{2}$ によって求められる。

ところで，正規分布 $N\left(\mu, \frac{\sigma^2}{k}\right)$ に従う確率変数 X_i において，$\frac{X_i - \mu}{\frac{\sigma}{\sqrt{k}}}$ の確率分布は前節から標準正規分布 $N(0, 1)$ に従う。また，**確率変数** $Z_i = \left(\frac{X_i - \mu}{\frac{\sigma}{\sqrt{k}}}\right)^2$ について，

$$Y = \sum_{i=1}^k Z_i = \sum_{i=1}^k \left(\frac{X_i - \mu}{\frac{\sigma}{\sqrt{k}}}\right)^2 = \frac{k}{\sigma^2} \cdot \sum_{i=1}^k (X_i - \mu)^2$$

の確率分布の確率密度関数は，確率変数 Z_i の確率分布の確率密度関数を $k-1$ 重 **たたみ込み積分**（Covolution Integral）を行うことによって求められる。まず，確率変数 Z_i について，変数変換 $z = \frac{(x-\mu)^2}{\frac{\sigma^2}{k}}$ を行えば，次式となる。

$$dz = \frac{2(x-\mu)}{\frac{\sigma^2}{k}}\, dx = \frac{2}{\frac{\sigma^2}{\sqrt{k}}} \cdot z^{\frac{1}{2}}\, dx \quad \rightarrow \quad dx = \frac{\frac{\sigma}{\sqrt{k}}}{2} \cdot z^{-\frac{1}{2}}\, dz$$

そして，正規分布 $N\left(\mu, \frac{\sigma^2}{k}\right)$ の積分は次式のように変形される。

$$\int_{-\infty}^\infty \frac{1}{\sqrt{2\pi} \cdot \frac{\sigma}{\sqrt{k}}} \cdot e^{-\frac{(x-\mu)}{2 \cdot \frac{\sigma^2}{k}}}\, dx = 2 \cdot \int_0^\infty \frac{1}{\sqrt{2\pi} \cdot \frac{\sigma}{\sqrt{k}}} \cdot e^{-\frac{z}{2}} \cdot \frac{\frac{\sigma}{\sqrt{k}}}{2} \cdot z^{-\frac{1}{2}}\, dz$$

$$= \int_0^\infty \frac{1}{\sqrt{2\pi}} \cdot z^{-\frac{1}{2}} \cdot e^{-\frac{z}{2}}\, dz = \int_0^\infty \frac{\left(\frac{1}{2}\right)^{\frac{1}{2}}}{\Gamma\left(\frac{1}{2}\right)} \cdot z^{-\frac{1}{2}} \cdot e^{-\frac{z}{2}}\, dz$$

これはガンマ分布における $\alpha = \frac{1}{2}$ および $\lambda = \frac{1}{2}$ の確率密度関数の積分である。次に，この確率密度関数と $\alpha = \frac{k}{2}$ のガンマ分布の確率密度関数との **たたみ込み積分** を行えば次式となる。

$$\int_0^y \frac{\left(\frac{1}{2}\right)^{\frac{k}{2}}}{\Gamma\left(\frac{k}{2}\right)} \cdot \tau^{\frac{k}{2}-1} \cdot e^{-\frac{\tau}{2}} \cdot \frac{\left(\frac{1}{2}\right)^{\frac{1}{2}}}{\Gamma\left(\frac{1}{2}\right)} \cdot (y-\tau)^{-\frac{1}{2}} \cdot e^{-\frac{y-\tau}{2}} \, d\tau$$

$$= \frac{\left(\frac{1}{2}\right)^{\frac{k+1}{2}}}{\Gamma\left(\frac{k}{2}\right) \cdot \Gamma\left(\frac{1}{2}\right)} \cdot e^{-\frac{y}{2}} \cdot \int_0^y \tau^{\frac{k}{2}-1} \cdot (y-\tau)^{-\frac{1}{2}} \, d\tau \;=\; \cdots \text{ (途中省略)}$$

$$= \frac{\left(\frac{1}{2}\right)^{\frac{k+1}{2}}}{\Gamma\left(\frac{k}{2}\right) \cdot \Gamma\left(\frac{1}{2}\right)} \cdot e^{-\frac{y}{2}} \cdot \frac{\Gamma\left(\frac{k}{2}\right) \cdot \Gamma\left(\frac{1}{2}\right)}{\Gamma\left(\frac{k+1}{2}\right)} \cdot y^{\frac{k+1}{2}-1} = \frac{\left(\frac{1}{2}\right)^{\frac{k+1}{2}}}{\Gamma\left(\frac{k+1}{2}\right)} \cdot y^{\frac{k+1}{2}-1} \cdot e^{-\frac{y}{2}}$$

すなわち，$\alpha = \frac{k+1}{2}$ および $\lambda = \frac{1}{2}$ のガンマ分布となっている。**数学的帰納法**（Mathematical Induction）により，この確率分布は上で示した自由度 n の χ^2 分布である。χ^2 分布の確率密度関数 $f_{\chi^2}(y)$ の概形は図 C.2 のようになり，当然ながら **アーラン分布**（Erlang Distribution）の確率密度関数の概形と同じである。すなわち，α が正整数のときアーラン分布となる。

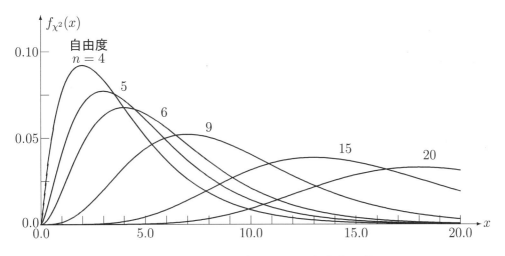

図 C.2　自由度 n の χ^2 分布の確率密度関数 $f_{\chi^2}(x)$

また，外れる確率 $R(\gamma)$（x が γ 以上となる確率）は，図 C.3 に示すようになり，次式である。

$$R(\gamma) = \mathrm{Prob}(\gamma \leq Y < \infty)$$
$$= \int_\gamma^\infty f_{\chi^2}(y) \, dy = \int_\gamma^\infty \frac{1}{2^{\frac{n}{2}} \cdot \Gamma\left(\frac{n}{2}\right)} \cdot y^{\frac{n}{2}-1} \cdot e^{-\frac{y}{2}} \, dx$$

C.3 自由度 n の χ^2 分布

この積分は解析的に求めることができないので，自由度 n および有意水準（外れる確率 $R(\gamma)$）の値から γ を求め，数表で提供されており，一部の値を表 C.2 に示す。図 C.3 から分かるように，有意水準の値を小さく取れば γ は大きな値となる。一般的な有意水準の値は 5% を用いる。これより厳しい評価を行う場合，10% や 25% を用いる。従って，サンプル数 k において，$\gamma \geq Y$（推定区間に入る確率 $S(\gamma)$）となる関係式は次式となる。

$$\gamma \geq Y = \frac{k}{\sigma^2} \cdot \sum_{i=1}^{k} (X_i - \mu)^2 \approx \frac{k(k-1)}{\sigma^2} \cdot v^2$$

本文第 11 章 11.3 のモデルでは，母集団の分散 σ^2 が未知である。擬似乱数の個数 N が大きくなればなるほど，分散 σ^2 の値が小さくなるので $\sigma^2 \approx \frac{1}{N}$ と仮定している。また，このモデルでの自由度 n は $k-1$（1 個は固定）を用いる。

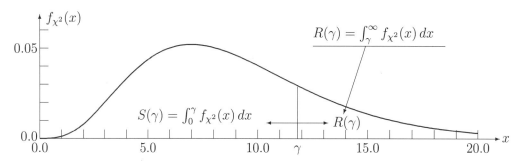

図 **C.3** χ^2 分布の確率密度関数 $f_{\chi^2}(x)$ と外れる確率 $R(\gamma)$

表 **C.2** 自由度 n の χ^2 分布表（γ の値）

自由度	$R = 0.250$	$R = 0.100$	$R = 0.050$	$R = 0.025$	$R = 0.010$	$R = 0.005$
2	2.7726	4.6052	5.9915	7.3778	9.2103	10.5966
3	4.1084	6.2514	7.8147	9.3484	11.3449	12.8382
4	5.3853	7.7794	9.4877	11.1433	13.2767	14.8603
5	6.6257	9.2364	11.0705	12.8325	15.0863	16.7496
6	7.8408	10.6446	12.5916	14.4494	16.8119	18.5476
7	9.0372	12.0170	14.0671	16.0128	18.4753	20.2777
8	10.2189	13.3616	15.5073	17.5345	20.0902	21.9550
9	11.3888	14.6837	16.9190	19.0228	21.6660	23.5894
10	12.5489	15.9872	18.3070	20.4832	23.2093	25.1882
15	18.2451	22.3071	24.9958	27.4884	30.5779	32.8013
19	22.7178	27.2036	30.1435	32.8523	36.1909	38.5823
20	23.8277	28.4120	31.4104	34.1696	37.5662	39.9958

C.4 自由度 n の t 分布

2 つの確率変数 X および Y において，X が標準正規分布 $N(0,1)$ に従い，Y が自由度 n の χ^2 分布に従うならば，確率変数 $T = \dfrac{X}{\sqrt{\frac{Y}{n}}}$ の確率分布は自由度 n の t 分布となる。この確率密度関数 $f_T(x)$ は次式となる。

$$f_T(x) = \frac{\Gamma\left(\frac{n+1}{2}\right)}{\sqrt{n\,\pi}\cdot\Gamma\left(\frac{n}{2}\right)}\cdot\left(1+\frac{x^2}{n}\right)^{-\frac{n+1}{2}} \qquad (n \geq 2)$$

自由度 n を大きくすれば，図 C.4 に示すように，t 分布は標準正規分布 $N(0,1)$ に近づく。ほぼ正規分布に従う母集団から n 個取り出したサンプル $x_i\,(i=1,2,3,\cdots,n)$ の標本平均 $\overline{x}$ および不偏分散 v^2 は次式である。

$$\overline{x} \approx \frac{1}{n}\cdot\sum_{i=1}^{n} x_i, \qquad v^2 = \frac{1}{n-1}\cdot\sum_{i=1}^{n}(x_i-\overline{x})^2 \ (\approx \sigma^2)$$

これらの値を用いて，母集団の平均 μ（未知）の信頼区間は，正規分布の場合と同様，以下のようになる。

$$\overline{x} - \gamma_t \cdot \frac{v}{\sqrt{n-1}} \leq \mu \leq \overline{x} + \gamma_t \cdot \frac{v}{\sqrt{n-1}}$$

ここで，γ_t は有意水準（推定した平均 μ が外れる確率 $R(\gamma_t)$）を決めて表 C.3 の t 分布表から求めた値である。

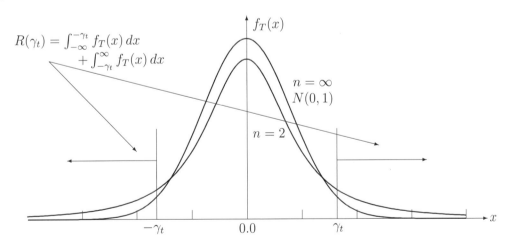

$$R(\gamma_t) = \int_{-\infty}^{-\gamma_t} f_T(x)\,dx + \int_{-\gamma_t}^{\infty} f_T(x)\,dx$$

図 C.4　t 分布の確率密度関数の概形

なお，確率変数 $T = \dfrac{X}{\sqrt{\frac{Y}{n}}}$ の確率分布は次のようにして求められる。まず，$X = T\cdot\sqrt{\dfrac{Y}{n}}$

とおいて，T と Y の同時確率密度関数 $f_{T,Y}(t, y)$ は次式となる。

$$f_{T,Y}(t,y) = f_X(x) \cdot f_Y(y) \cdot \frac{dx}{dt} = \frac{1}{\sqrt{2\pi}} \cdot e^{-\frac{x^2}{2}} \cdot \frac{1}{2^{\frac{n}{2}} \cdot \Gamma\left(\frac{n}{2}\right)} \cdot y^{\frac{n}{2}-1} \cdot e^{-\frac{y}{2}} \cdot \sqrt{\frac{y}{n}}$$

$$= \frac{1}{\sqrt{2n\pi} \cdot 2^{\frac{n}{2}} \cdot \Gamma\left(\frac{n}{2}\right)} \cdot y^{\frac{n-1}{2}} \cdot e^{-\frac{y}{2} \cdot \left(\frac{t^2}{n}+1\right)} \qquad \left(x = t \cdot \sqrt{\frac{y}{n}}\right)$$

従って，t 分布の確率密度関数 $f_T(t)$ は次式となる。

$$f_T(t) = \int_0^\infty f_{T,y}(t,y)\,dy = \frac{1}{\sqrt{2n\pi} \cdot 2^{\frac{n}{2}} \cdot \Gamma\left(\frac{n}{2}\right)} \cdot \int_0^\infty y^{\frac{n-1}{2}} \cdot e^{-\frac{y}{2} \cdot \left(\frac{t^2}{n}+1\right)}\,dy$$

$$= \frac{1}{\sqrt{2n\pi} \cdot 2^{\frac{n}{2}} \cdot \Gamma\left(\frac{n}{2}\right)} \cdot \frac{\Gamma\left(\frac{n-1}{2}+1\right)}{\left\{\frac{1}{2} \cdot \left(1+\frac{t^2}{n}\right)\right\}^{\frac{n-1}{2}+1}} = \frac{\Gamma\left(\frac{n+1}{2}\right)}{\sqrt{n\pi} \cdot \Gamma\left(\frac{n}{2}\right)} \cdot \left(1+\frac{t^2}{n}\right)^{-\frac{n+1}{2}}$$

表 C.3　自由度 n の t 分布表（γ_t の値）

自由度	$R = 0.250$	$R = 0.100$	$R = 0.050$	$R = 0.025$	$R = 0.010$	$R = 0.005$
2	1.6036	2.9200	4.3027	6.2053	9.9248	14.0890
3	1.4226	2.3534	3.1824	4.1765	5.8409	7.4533
4	1.3444	2.1315	2.7764	3.4954	4.6041	5.5976
5	1.3009	2.0150	2.5706	3.1634	4.0321	4.7733
6	1.2733	1.9432	2.4469	2.9687	3.7074	4.3168
7	1.2543	1.8946	2.3646	2.8412	3.4995	4.0293
8	1.2403	1.8596	2.3060	2.7515	3.3554	3.8325
9	1.2297	1.8331	2.2622	2.6850	3.2498	3.6897
10	1.2213	1.8125	2.2281	2.6338	3.1693	3.5814
15	1.1967	1.7530	2.1316	2.4899	2.9467	3.2860
19	1.1856	1.7291	2.0930	2.4231	2.8609	3.1737
20	1.1848	1.7247	2.0860	2.2431	2.8453	3.1534

C.5　自由度 m および n の F 分布

　自由度 m の χ^2 分布に従う確率変数 X および自由度 n の χ^2 分布に従う確率変数 Y において，比の確率変数 $Z = \frac{X}{m} \big/ \frac{Y}{n}$ は F 分布に従う。この確率密度関数 $f_F(z; m, n)$ は次式である。

$$f_F(z; m, n) = \frac{1}{B\left(\frac{m}{2}, \frac{n}{2}\right)} \cdot \left(\frac{mz}{mz+n}\right)^{\frac{m}{2}} \cdot \left(1 - \frac{mz}{mz+n}\right)^{\frac{n}{2}} \cdot z^{-1} \quad (z > 0)$$

この確率密度関数は次のようにして求めることができる。まず，2 つの χ^2 分布 $f_{\chi^2}(x; m)$ および $f_{\chi^2}(y; n)$ に従う確率変数 X および Y は互いに独立であるので，t 分布の場合と

同様に確率変数 $Z = \frac{X}{m} \big/ \frac{Y}{n}$ とおいて，Z と Y の同時確率密度関数 $f_{Z,Y}(z,y)$ は次式となる。

$$
\begin{aligned}
f_{Z,Y}(z,y) &= f_{\chi^2}(x;m) \cdot f_{\chi^2}(y;n) \cdot \frac{\partial x}{\partial z} \qquad \left(x = \frac{m}{n} z \cdot y\right) \\
&= \frac{1}{2^{\frac{m}{2}} \cdot \Gamma\left(\frac{m}{2}\right)} \cdot \left(\frac{m}{n} z y\right)^{\frac{m}{2}-1} \cdot e^{-\frac{m}{2n} z y} \cdot \frac{1}{2^{\frac{n}{2}} \cdot \Gamma\left(\frac{n}{2}\right)} \cdot y^{\frac{n}{2}-1} \cdot e^{-\frac{y}{2}} \cdot \frac{m}{n} y
\end{aligned}
$$

従って，z と y の同時確率密度関数 $g(z,y)$ を y で積分することによって，確率密度関数 $f_F(z;m,n)$ が次式で求められる。

$$
\begin{aligned}
f_F(z;m,n) &= \int_0^\infty f_{Z,Y}(z,y)\,dy \\
&= \int_0^\infty \frac{2^{-\frac{m+n}{2}}}{\Gamma(\frac{m}{2}) \cdot \Gamma(\frac{n}{2})} \cdot \left(\frac{m}{n} z y\right)^{\frac{m}{2}-1} \cdot e^{-\frac{m}{2n} z y} \cdot y^{\frac{n}{2}-1} \cdot e^{-\frac{y}{2}} \cdot \frac{m}{n} y\,dy \\
&= \frac{(\frac{m}{n})^{\frac{m}{2}} \cdot z^{\frac{m}{2}-1}}{2^{\frac{m+n}{2}} \cdot \Gamma(\frac{m}{2}) \cdot \Gamma(\frac{n}{2})} \cdot \int_0^\infty y^{\frac{m+n}{2}} \cdot e^{-\frac{y(mz+n)}{2n}}\,dy
\end{aligned}
$$

ここで，$t = \frac{y(mz+n)}{2n}$ とおけば，

$$
y = \frac{2n}{mz+n} \cdot t \qquad \rightarrow \qquad dy = \frac{2n}{mz+n}\,dt
$$

から積分の部分は次式となる。

$$
\int_0^\infty y^{\frac{m+n}{2}} \cdot e^{-\frac{y(mz+n)}{2n}}\,dy = \int_0^\infty \left(\frac{2nt}{mz+n}\right)^{\frac{m+n}{2}-1} \cdot e^{-t} \cdot \frac{2n}{mz+n}\,dt
$$
$$
= \left(\frac{2n}{mz+n}\right)^{\frac{m+n}{2}} \cdot \int_0^\infty t^{\frac{m+n}{2}-1} \cdot e^{-t}\,dt = \left(\frac{2n}{mz+n}\right)^{\frac{m+n}{2}} \cdot \Gamma\left(\frac{m+n}{2}\right)
$$

従って，自由度 m および n の F 分布の確率密度関数 $f_F(z;m,n)$ は次式となる。

$$
\begin{aligned}
f_F(z;m,n) &= \frac{(\frac{m}{n})^{\frac{m}{2}} \cdot z^{\frac{m}{2}-1}}{2^{\frac{m+n}{2}} \cdot \Gamma(\frac{m}{2}) \cdot \Gamma(\frac{n}{2})} \cdot \left(\frac{2n}{mz+n}\right)^{\frac{m+n}{2}} \cdot \Gamma\left(\frac{m+n}{2}\right) \\
&= \frac{\Gamma(\frac{m+n}{2})}{\Gamma(\frac{m}{2}) \cdot \Gamma(\frac{n}{2})} \cdot \left(\frac{mz}{n}\right)^{\frac{m}{2}} \cdot \left(\frac{n}{mz+n}\right)^{\frac{m+n}{2}} \cdot z^{-1} \\
&= \frac{\Gamma(\frac{m+n}{2})}{\Gamma(\frac{m}{2}) \cdot \Gamma(\frac{n}{2})} \cdot \left(\frac{mz}{mz+n}\right)^{\frac{m}{2}} \cdot \left(\frac{n}{mz+n}\right)^{\frac{n}{2}} \cdot z^{-1} \\
&= \frac{1}{B(\frac{m}{2}, \frac{n}{2})} \cdot \left(\frac{mz}{mz+n}\right)^{\frac{m}{2}} \cdot \left(1 - \frac{mz}{mz+n}\right)^{\frac{n}{2}} \cdot z^{-1}
\end{aligned}
$$

続いて，正規分布に従う 2 つのほぼ等しい母集団から k_1 個および k_2 個の標本を取り出し，不偏分散をそれぞれ v_1^2 および v_2^2 とすれば，これらの比 $z = \frac{v_1^2}{v_2^2}$（F_0 値 という）は

C.5 自由度 m および n の F 分布

自由度 $(m = k_1 - 1, n = k_2 - 1)$ の F 分布に従う。従って，2つの母分散が等しいかどうかを F 分布によって検定する（**等分散性の検定**）。F 分布の平均は $E(X) = \frac{n}{n-2}$ であり，F_0 値の分母側の自由度 n のみで決まる。そして，$n \to \infty$ のとき $E(X) \to 1$ となる。分散においては $Var(X) = \frac{2n^2(m+n+2)}{m(n-2)^2(n-4)}$ であり，$n \to \infty$ で $Var(X) \to \frac{2}{m} \approx 0$ および $m \to \infty$ で $Var(X) \to \frac{2n^2}{(n-2)^2(n-4)} \approx 0$ となる。すなわち，自由度 m および n が大きい場合（サンプル数が多い），平均が 1 および分散が 0 に近づく分布である。これは，2つの不偏分散の比である F_0 値が 1 付近であれば，比較する 2 つの母集団がほぼ等しいことを意味する。

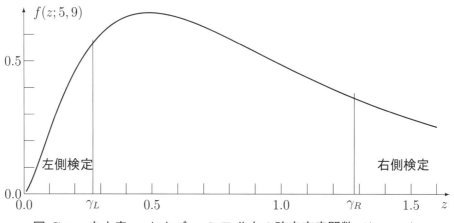

図 C.5　自由度 m および n の F 分布の確率密度関数 $f(z; m, n)$

具体的には，$F_0 = \frac{v_1^2}{v_2^2}$（または $\frac{v_2^2}{v_1^2}$）を計算する。この F_0 値が 1 より大きければ図 C.5 に示す右側検定を，1 より小さければ図 C.5 に示す左側検定を行う。すなわち，有意水準を決め，図 C.5 に示す γ_R および γ_L を求める。そして，$1 < F_0$ の場合，$F_0 \leq \gamma_R$ であれば 2 つの母分散は等しいという仮説を受け入れ，$\gamma_R < F_0$ であれば等しいという仮説を棄却する。また，$F_0 < 1$ の場合，$\gamma_L \leq F_0$ であれば 2 つの母分散は等しいという仮説を受け入れ，$F_0 < \gamma_R$ であれば等しいという仮説を棄却する。

以上の方法で 2 つの母分散が等しいかどうかの検定（**分散分析** (Analysis of Variance) という）を行う。

付録D　離散コサイン変換

音声や画像などの圧縮処理において，離散フーリエ変換よりは**離散コサイン変換**（DCT，Discrete Cosine Transform）がよく用いられる。これは，1 周期 T の半分のサンプリング値 $x_0 \sim x_{N-1}$ を利用して，負側にゼロを中心に対称にそのサンプル値 $x_0 \sim x_{N-1}$ を配置して計算することによって，sin 波をなくしている。また，この方法は，離散フーリエ変換における虚数部を無くすることにもつながり，コンピュータでの計算を簡単にしている。そこで，ここでは離散コサイン変換の理論的背景について述べる。また，これから派生する**離散サイン変換**（DST，Discrete Sine Transform）や**修正離散コサイン変換**（Modified DCT）などについて示す。

D.1　フーリエ級数展開式

まず，周期 T の周期関数 $f(t)$ の**フーリエ級数展開式**（Fourier Series）は，三角関数の直交性によって cos 波と sin 波に分解でき，次式で表されることはよく知られている。

$$
f(t) \;=\; \sum_{k=0}^{\infty} \left\{ A_k \cdot \cos\left(\frac{2\,k\,\pi}{T}\,t \right) + B_k \cdot \sin\left(\frac{2\,k\,\pi}{T}\,t \right) \right\}
$$

ここで，$\frac{1}{T}$ は**基本周波数** $f_0 = \frac{1}{T}$ であり，$\frac{k}{T}$ は**高調波** $f_k = k f_0 = \frac{k}{T}$ である。このとき，係数 A_k および B_k はそれぞれ次式である。

$$
\begin{aligned}
A_0 \;&=\; \frac{1}{T} \cdot \int_{-\frac{T}{2}}^{\frac{T}{2}} f(t)\,dt, \qquad\qquad B_0 = 0 \\[2mm]
A_k \;&=\; \frac{2}{T} \cdot \int_{-\frac{T}{2}}^{\frac{T}{2}} f(t) \cdot \cos\left(\frac{2\,k\,\pi}{T}\,t \right) dt \qquad (k>0) \\[2mm]
B_k \;&=\; \frac{2}{T} \cdot \int_{-\frac{T}{2}}^{\frac{T}{2}} f(t) \cdot \sin\left(\frac{2\,k\,\pi}{T}\,t \right) dt \qquad (k>0)
\end{aligned}
$$

ここで，周期関数 $f(t)$ が $t=0$ を中心に対称であれば，$B_k = 0$ である。また，$t=0$ で点対称であれば，$A_k = 0$ である。これをもとに，周期関数 $f(t)$ が一定時間 τ 毎のサンプリング値 $x_n = f(n\tau)$ における**離散コサイン変換**（DCT）や**離散サイン変換**（DST）などの理論的背景を以下に説明する。

D.2 　DCT–I

図 D.1 (a) に示すように，負領域のサンプリング値はゼロを中心に対称に正の領域と同じサンプリング値を配置すれば，次式となる。

$$
\begin{aligned}
A_0 &= \frac{1}{T} \cdot \int_{-\frac{T}{2}}^{\frac{T}{2}} f(t)\,dt = \frac{1}{2\,(N-1)\tau} \cdot \sum_{n=-(N-1)}^{N-1} x_n\,\tau \\
&= \frac{1}{2\,(N-1)} \cdot x_0 + \frac{1}{N-1} \cdot \sum_{n=1}^{N-1} x_n = \frac{1}{N-1} \cdot X_0 \\
A_k &= \frac{2}{T} \cdot \int_{-\frac{T}{2}}^{\frac{T}{2}} f(t) \cdot \cos\left(\frac{2\,k\,\pi}{T}\,t\right) dt \\
&= \frac{2}{2\,(N-1)\,\tau} \cdot \sum_{n=-(N-1)}^{N-1} x_n \cdot \cos\left(\frac{2\,k\,n}{2\,(N-1)} \cdot \pi\right) \tau \\
&= \frac{1}{N-1} \cdot x_0 + \frac{2}{N-1} \cdot \sum_{n=1}^{N-1} x_k \cdot \cos\left(\frac{k\,n}{N-1} \cdot \pi\right) = \frac{2}{N-1} \cdot X_k \qquad (k>0)
\end{aligned}
$$

ここで，$t = n\tau$ であり，周期 T は $T = 2\,(N-1)\,\tau$ である。このとき，元の波形（逆変換）$x_n = f(n\tau)$ は次式となる。

$$
\begin{aligned}
x_n &= f(n\tau) = \sum_{k=0}^{\infty} A_k \cdot \cos\left(\frac{k\,n}{N-1} \cdot \pi\right) \\
&= \frac{1}{N-1} \cdot X_0 + \frac{2}{N-1} \cdot \sum_{k=1}^{N-1} X_k \cdot \cos\left(\frac{k\,n}{N-1} \cdot \pi\right) \qquad (N>n\geq 0)
\end{aligned}
$$

従って，離散コサイン変換・逆変換（DCT–I ）は次式となる。

$$
\begin{aligned}
X_k &= \frac{1}{2} \cdot x_0 + \sum_{n=1}^{N-1} x_n \cdot \cos\left(\frac{k\,n}{N-1} \cdot \pi\right) \qquad\qquad (k \geq 0) \\
x_n &= \frac{1}{N-1} \cdot X_0 + \frac{2}{N-1} \cdot \sum_{k=1}^{N-1} X_k \cdot \cos\left(\frac{k\,n}{N-1} \cdot \pi\right) \qquad (N>n\geq 0)
\end{aligned}
$$

なお，離散コサイン変換式の X_k において，離散フーリエ変換で利用される関係 $A_k = \frac{1}{N} \cdot X_k$ を用いたが，係数 A_k をそのまま利用してもよい。

また，A_k と X_k の関係を変えて，次のようにも変形できる。

$$
A_0 = \frac{1}{2\,(N-1)} \cdot \sum_{n=-(N-1)}^{N-1} x_n = \frac{1}{2\,(N-1)} \cdot x_0 + \frac{1}{N-1} \cdot \sum_{n=1}^{N-1} x_n = \sqrt{\frac{1}{N-1}} \cdot X_0
$$

176

$$A_k = \frac{1}{N-1} \cdot \sum_{n=-(N-1)}^{N-1} x_n \cdot \cos\left(\frac{k\,n}{N-1} \cdot \pi\right)$$

$$= \frac{1}{N-1} \cdot x_0 + \frac{2}{N-2} \cdot \sum_{n=1}^{N-1} x_k \cdot \cos\left(\frac{k\,n}{N-1} \cdot \pi\right) = \sqrt{\frac{2}{N-1}} \cdot X_k \quad (k>0)$$

従って，離散コサイン変換（DCT–I の変形）は以下のようになる。

$$X_0 = \sqrt{\frac{1}{N-1}} \cdot \left(\frac{x_0}{2} + \sum_{n=1}^{N-1} x_n\right)$$

$$X_k = \sqrt{\frac{1}{2(N-1)}} \cdot x_0 + \sqrt{\frac{2}{N-1}} \cdot \sum_{n=1}^{N-1} x_n \cdot \cos\left(\frac{k\,n}{N-1} \cdot \pi\right) \quad (k \geq 0)$$

$$x_n = \sqrt{\frac{1}{2(N-1)}} \cdot X_0 + \sqrt{\frac{2}{N-1}} \cdot \sum_{k=1}^{N-1} X_k \cdot \cos\left(\frac{k\,n}{N-1} \cdot \pi\right) \quad (N > n \geq 0)$$

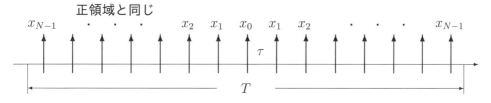

(a)　一般的なサンプリング値の配置

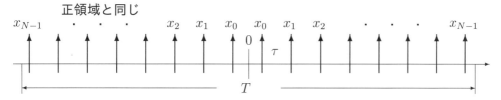

(b)　サンプリング値を正負方向に $\frac{\tau}{2}$ ずらした場合

図 **D.1**　サンプリング値の配置

D.3　DCT-II

次に，図 D.1 (b) のように，サンプリング値を正負の方向に $\frac{\tau}{2}$ ずらして配置すると $T = 2N\tau$ となり，次式となる。

$$A_0 = \frac{1}{T} \cdot \int_{-\frac{T}{2}}^{\frac{T}{2}} f(t)\,dt = \frac{1}{2N\tau} \cdot \sum_{n=-(N-1)}^{N-1} x_n \tau = \frac{1}{N} \cdot \sum_{n=0}^{N-1} x_n = \frac{1}{N} \cdot X_0$$

$$A_k = \frac{2}{T} \cdot \int_{-\frac{T}{2}}^{\frac{T}{2}} f(t) \cdot \cos\left(\frac{2\,k\,\pi}{T}\,t\right)\,dt$$

$$= \frac{2}{N} \cdot \sum_{n=0}^{N-1} x_k \cdot \cos\left\{\frac{k\,(n+\frac{1}{2})}{N} \cdot \pi\right\} = \frac{2}{N} \cdot X_k \qquad (k > 0)$$

ここで，$t = (n+\frac{1}{2})\tau$ である。従って，離散コサイン変換・逆変換（DCT–II）は次式となる。

$$X_k = \sum_{n=0}^{N-1} x_n \cdot \cos\left\{\frac{k\,(n+\frac{1}{2})}{N} \cdot \pi\right\} \qquad (k \geq 0)$$

$$x_n = f(n\,\tau) = \sum_{k=0}^{\infty} A_k \cdot \cos\left\{\frac{k\,(n+\frac{1}{2})}{N} \cdot \pi\right\}$$

$$= \frac{1}{N} \cdot X_0 + \frac{2}{N} \cdot \sum_{k=1}^{N-1} X_k \cdot \cos\left\{\frac{k\,(n+\frac{1}{2})}{N} \cdot \pi\right\} \qquad (N > n \geq 0)$$

ここで，X_k のサンプリング値の配置は図 D.1 (a) である。また，DCT-I の変形と同様，次のようにも変形できる（DCT–II の変形）。

$$A_0 = \frac{1}{N} \cdot \sum_{n=0}^{N-1} x_n = \sqrt{\frac{1}{N}} \cdot X_0$$

$$A_k = \frac{2}{N} \cdot \sum_{n=0}^{N-1} x_k \cdot \cos\left\{\frac{k\,(n+\frac{1}{2})}{N} \cdot \pi\right\} = \sqrt{\frac{2}{N}} \cdot X_k \qquad (k > 0)$$

従って，以下のようになる。

$$X_0 = \sqrt{\frac{1}{N}} \cdot \sum_{n=0}^{N-1} x_n$$

$$X_k = \sqrt{\frac{2}{N}} \cdot \sum_{n=0}^{N-1} x_n \cdot \cos\left\{\frac{k\,(n+\frac{1}{2})}{N} \cdot \pi\right\} \qquad (k > 0)$$

$$x_n = \sqrt{\frac{1}{N}} \cdot X_0 + \sqrt{\frac{2}{N}} \cdot \sum_{k=1}^{N-1} X_k \cdot \cos\left\{\frac{k\,(n+\frac{1}{2})}{N} \cdot \pi\right\} \qquad (N > n \geq 0)$$

D.4　DCT–III

逆に，x_n のサンプリング値を図 D.1 (a) に，X_k のサンプリング値を図 D.1 (b) に配置すれば，次のようになる。

$$A_k = \frac{2}{T} \cdot \int_{-\frac{T}{2}}^{\frac{T}{2}} f(t) \cdot \cos\left\{\frac{(2k+1)\pi}{T} t\right\} dt$$

$$= \frac{1}{N} \cdot x_0 + \frac{2}{N} \cdot \sum_{n=1}^{N-1} x_k \cdot \cos\left\{\frac{(k+\frac{1}{2})n}{N} \cdot \pi\right\} = \frac{2}{N} \cdot X_k \qquad (k \geq 0)$$

離散コサイン変換・逆変換（DCT–III）は次式となる。

$$X_k = \frac{1}{2} \cdot x_0 + \sum_{n=1}^{N-1} x_n \cdot \cos\left\{\frac{(k+\frac{1}{2})n}{N} \cdot \pi\right\} \qquad (k \geq 0)$$

$$x_n = \frac{2}{N} \cdot \sum_{k=0}^{N-1} X_k \cdot \cos\left\{\frac{(k+\frac{1}{2})n}{N} \cdot \pi\right\} \qquad (N > n \geq 0)$$

同様に，次のようにも変形できる（DCT–III の変形）。

$$X_k = \sqrt{\frac{1}{2N}} \cdot x_0 + \sqrt{\frac{2}{N}} \cdot \sum_{n=1}^{N-1} x_n \cdot \cos\left\{\frac{(k+\frac{1}{2})n}{N} \cdot \pi\right\} \qquad (k \geq 0)$$

$$x_n = \sqrt{\frac{2}{N}} \cdot \sum_{k=0}^{N-1} X_k \cdot \cos\left\{\frac{(k+\frac{1}{2})n}{N} \cdot \pi\right\} \qquad (N > n \geq 0)$$

D.5   DCT–IV

さらに，X_k および x_n のサンプリング値の配置がともに図 D.1 (b) の場合，以下のようになる。

$$A_k = \frac{2}{N} \cdot \sum_{n=0}^{N-1} x_k \cdot \cos\left\{\frac{(k+\frac{1}{2})(n+\frac{1}{2})}{N} \cdot \pi\right\} = \frac{2}{N} \cdot X_k \qquad (k \geq 0)$$

従って，離散コサイン変換・逆変換（DCT–IV）は次式となる。

$$X_k = \sum_{n=0}^{N-1} x_n \cdot \cos\left\{\frac{(k+\frac{1}{2})(n+\frac{1}{2})}{N} \cdot \pi\right\} \qquad (k \geq 0)$$

$$x_n = \frac{2}{N} \cdot \sum_{k=0}^{N-1} X_k \cdot \cos\left\{\frac{(k+\frac{1}{2})(n+\frac{1}{2})}{N} \cdot \pi\right\} \qquad (N > n \geq 0)$$

同様に次のようにも変形できる（DCT–IV の変形）。

$$X_k = \sqrt{\frac{2}{N}} \cdot \sum_{n=0}^{N-1} x_n \cdot \cos\left\{\frac{(k+\frac{1}{2})(n+\frac{1}{2})}{N} \cdot \pi\right\} \qquad (k \geq 0)$$

$$x_n = \sqrt{\frac{2}{N}} \cdot \sum_{k=0}^{N-1} X_k \cdot \cos\left\{\frac{(k+\frac{1}{2})(n+\frac{1}{2})}{N} \cdot \pi\right\} \qquad (N > n \geq 0)$$

D.6 離散サイン変換（DST）

まず，図 D.1 (b) の負側のサンプル値を負の値にすれば，$t = 0$ で点対称となり，フーリエ級数展開式の係数 A_k がゼロとなる。従って，上の DCT–II の場合と同様，次式となる。

$$B_k = \frac{2}{N} \cdot \sum_{n=0}^{N-1} x_k \cdot \sin\left\{\frac{k\left(n + \frac{1}{2}\right)}{N} \cdot \pi\right\} = \frac{2}{N} \cdot Y_k \qquad (k \geq 0)$$

従って，離散サイン変換・逆変換 DST–II は次式となる。

$$Y_k = \sum_{n=0}^{N-1} x_n \cdot \sin\left\{\frac{k\left(n + \frac{1}{2}\right)}{N} \cdot \pi\right\} \qquad (k \geq 0)$$

$$x_n = f(n\tau) = \sum_{k=0}^{\infty} B_k \cdot \sin\left\{\frac{k\left(n + \frac{1}{2}\right)}{N} \cdot \pi\right\}$$

$$= \frac{2}{N} \cdot \sum_{k=0}^{N-1} Y_k \cdot \sin\left\{\frac{k\left(n + \frac{1}{2}\right)}{N} \cdot \pi\right\} \qquad (N > n \geq 0)$$

また，上の DCT–IV の場合と同様に考えると，次式となる。

$$B_k = \frac{2}{N} \cdot \sum_{n=0}^{N-1} x_k \cdot \sin\left\{\frac{\left(k + \frac{1}{2}\right)\left(n + \frac{1}{2}\right)}{N} \cdot \pi\right\} = \frac{2}{N} \cdot Y_k \qquad (k \geq 0)$$

従って，離散サイン変換・逆変換 DST–IV は次式となる。

$$Y_k = \sum_{n=0}^{N-1} x_n \cdot \sin\left\{\frac{\left(k + \frac{1}{2}\right)\left(n + \frac{1}{2}\right)}{N} \cdot \pi\right\} \qquad (k \geq 0)$$

$$x_n = f(n\tau) = \sum_{k=0}^{\infty} B_k \cdot \sin\left\{\frac{\left(k + \frac{1}{2}\right)\left(n + \frac{1}{2}\right)}{N} \cdot \pi\right\}$$

$$= \frac{2}{N} \cdot \sum_{k=0}^{N-1} Y_k \cdot \sin\left\{\frac{\left(k + \frac{1}{2}\right)\left(n + \frac{1}{2}\right)}{N} \cdot \pi\right\} \qquad (N > n \geq 0)$$

次に，図 D.1 (a) のようにサンプル値を配置し，負側のサンプル値を負にすると，x_0 を除き $t = 0$ で点対称となり，B_k は次式となる。

$$B_k = \frac{2}{T} \cdot \int_{-\frac{T}{2}}^{\frac{T}{2}} f(t) \cdot \sin\left(\frac{2k\pi}{T} t\right) dt$$

$$= \frac{2}{2(N-1)\tau} \cdot \sum_{n=-(N-1)}^{N-1} x_n \cdot \sin\left(\frac{2kn}{2(N-1)} \cdot \pi\right) \tau$$

$$= \frac{1}{N-1} \cdot x_0 + \frac{2}{N-1} \cdot \sum_{n=1}^{N-1} x_k \cdot \sin\left(\frac{kn}{N-1} \cdot \pi\right) = \frac{2}{N-1} \cdot Y_k \qquad (k \geq 0)$$

この場合，x_0 があるため $B_0 \neq 0$ である。従って，DST–I は以下のようになる。

$$Y_k \;=\; \frac{1}{2} \cdot x_0 + \sum_{n=1}^{N-1} x_n \cdot \sin\left(\frac{k\,n}{N-1} \cdot \pi\right) \qquad (k \geq 0)$$

$$x_n \;=\; \frac{1}{N-1} \cdot Y_0 + \frac{2}{N-1} \cdot \sum_{k=1}^{N-1} Y_k \cdot \sin\left(\frac{k\,n}{N-1} \cdot \pi\right) \qquad (N > n \geq 0)$$

また，同様に DST–III は以下のようになる。

$$Y_k \;=\; \frac{1}{2} \cdot x_0 + \sum_{n=1}^{N-1} x_n \cdot \sin\left\{\frac{(k+\frac{1}{2})\,n}{N} \cdot \pi\right\} \qquad (k \geq 0)$$

$$x_n \;=\; \frac{2}{N} \cdot \sum_{k=0}^{N-1} Y_k \cdot \sin\left\{\frac{(k+\frac{1}{2})\,n}{N} \cdot \pi\right\} \qquad (N > n \geq 0)$$

D.7　修正離散コサイン変換（Modified DCT）

DCT–IV をもとに，周期 T の関数 $f(t)$ において，$t = a$ で対象であるとすれば，フーリエ級数展開式の係数 A_k および B_k は次式となる。

$$A_k \;=\; \frac{2}{T} \cdot \int_{-\frac{T}{2}+a}^{\frac{T}{2}+a} f(t) \cdot \cos\left\{\frac{(2\,k+1)\,\pi}{T} \cdot (t-a)\right\} dt \qquad (k \geq 0)$$

$$B_k \;=\; \frac{2}{T} \cdot \int_{-\frac{T}{2}+a}^{\frac{T}{2}+a} f(t) \cdot \sin\left\{\frac{(2\,k+1)\,\pi}{T} \cdot (t-a)\right\} dt \;=\; 0 \qquad (k \geq 0)$$

ここで，周期 $T = 2\,N\,\tau$ におけるサンプリング値 $x_n \; (n = 0.1, \cdots, 2N-1)$ を，$t = a$ を中心に対称に配置すると，A_k は $t-a = \left(n+m+\frac{1}{2}\right) \cdot \tau$ とおき 次式となる。

$$A_k \;=\; \frac{2}{2\,N\,\tau} \cdot \sum_{n=0}^{2N-1} f(n\,\tau) \cdot \cos\left\{\frac{(2\,k+1)\,(n+m+\frac{1}{2})\,\tau}{2\,N\tau} \cdot \pi\right\} \cdot \tau$$

$$=\; \frac{1}{N} \cdot \sum_{n=0}^{2N-1} x_n \cdot \cos\left\{\frac{(k+\frac{1}{2})\,(n+m+\frac{1}{2})}{N} \cdot \pi\right\} \;=\; \frac{1}{N} \cdot X_k \qquad (k \geq 0)$$

このとき，元の波形（逆変換）$x_n = g(n\,\tau)$ は次式となる。

$$x_n \;=\; \sum_{k=0}^{2N-1} A_k \cdot \cos\left\{\frac{(k+\frac{1}{2})\,(n+m+\frac{1}{2})}{N} \cdot \pi\right\}$$

$$=\; \frac{1}{N} \cdot \sum_{k=0}^{2N-1} X_k \cdot \cos\left\{\frac{(k+\frac{1}{2})\,(n+m+\frac{1}{2})}{N} \cdot \pi\right\} \qquad (N > n \geq 0)$$

ここで，$n + m \geq 0$ であり，$m = \frac{N}{2}$ をとれば，よく利用する **修正離散コサイン変換**（Modified Discrete Cosine Transform）となる。なお，A_k を求めるとき サンプリング値は $x_0 \sim x_{2N-1}$ の $2N$ 個を用いるが，逆変換では $x_0 \sim x_{N-1}$ の N 個（1 周期 の半分）を求める。サンプリング値 $x_N \sim x_{2N-1}$ は次の計算を行うときサンプリング値 $x_0 \sim x_{N-1}$ として用いる。すなわち，オーバーラップしながら計算することになる。

同様に，次のようにも変形できる（MDCT の変形）。

$$
A_k = \frac{1}{N} \cdot \sum_{n=0}^{2N-1} x_n \cdot \cos\left\{ \frac{\left(k + \frac{1}{2}\right)\left(n + m + \frac{1}{2}\right)}{N} \cdot \pi \right\} = \sqrt{\frac{1}{N}} \cdot X_k \qquad (k \geq 0)
$$

$$
x_n = \sqrt{\frac{1}{N}} \cdot \sum_{k=0}^{2N-1} X_k \cdot \cos\left\{ \frac{\left(k + \frac{1}{2}\right)\left(n + m + \frac{1}{2}\right)}{N} \cdot \pi \right\} \qquad (N > n \geq 0)
$$

D.8 2 次元 DCT

DCT–II の変形式をさらに以下のように変形する。

$$
A_k = \frac{2}{N} \cdot \sum_{n=0}^{N-1} C_k \cdot f_k \cdot \cos\left\{ \frac{k\left(n + \frac{1}{2}\right)}{N} \cdot \pi \right\} = \sqrt{\frac{2}{N}} \cdot F_k \qquad \rightarrow
$$

$$
F_k = \sqrt{\frac{2}{N}} \cdot C_k \cdot \sum_{n=0}^{N-1} x_k \cdot \cos\left\{ \frac{k\left(n + \frac{1}{2}\right)}{N} \cdot \pi \right\} \qquad (k > 0)
$$

$$
f_n = \sqrt{\frac{2}{N}} \cdot \sum_{k=0}^{N-1} C_k \cdot F_k \cdot \cos\left\{ \frac{k\left(n + \frac{1}{2}\right)}{N} \cdot \pi \right\} \qquad (N > n \geq 0)
$$

ここで，$C_0 = \frac{1}{\sqrt{2}}$ および $C_k = 1\,(k > 0)$ である。2 次元 DCT は x 軸，y 軸における DCT 変換 $F(u, v)$ および逆変換 $f(x, y)$ はそれぞれ次式となる。

$$
\begin{aligned}
F(u, v) &= F_u \cdot F_v \\
&= \frac{2}{N} \cdot C_u \cdot C_v \cdot \sum_{x=0}^{N-1} \sum_{y=0}^{N-1} f(x, y) \cdot \cos\left\{ \frac{u\left(x + \frac{1}{2}\right)}{N} \cdot \pi \right\} \cdot \cos\left\{ \frac{v\left(y + \frac{1}{2}\right)}{N} \cdot \pi \right\}
\end{aligned}
$$

$$
\begin{aligned}
f(x, y) &= f_x \cdot f_y \\
&= \frac{2}{N} \cdot \sum_{u=0}^{N-1} \sum_{v=0}^{N-1} C_u \cdot C_v \cdot F(u, v) \cdot \cos\left\{ \frac{u\left(x + \frac{1}{2}\right)}{N} \cdot \pi \right\} \cdot \cos\left\{ \frac{v\left(y + \frac{1}{2}\right)}{N} \cdot \pi \right\}
\end{aligned}
$$

付録E　プログラム例

　ここでは，本文の理解を深めるために，本文の内容を検証するためのプログラムを掲載する。

E.1　エラトステネスのふるい

```
#include <stdio.h>
#define MAX 10000
int p[MAX];
void main(void){
    int i,j,k,px;
    for(i=0;i<MAX;i++) p[i]=i;
    j=2;
    while(MAX>j){
        if(p[j]!=0){
            i=2;   px=p[j];
            while(1){  k=i*px;   if(k>=MAX) break;   p[k]=0;   i++;   }
        }
        j++;
    }
    j=0;
    for(i=2;i<MAX;i++){
        if(p[i]!=0){
            j++;    printf("%d, ",p[i]);    if((j%10)==0) printf("\n");
        }
    }
}
```

E.2　剰余における四則演算の表作成

```
#include <stdio.h>
#define P 13  // Prime number
void main(void){
    int a,b,c,aa;
/* add   */
    printf("Addition \n");
    for(a=0;a<P;a++){
        for(b=0;b<P;b++){    c=(a+b)%P;        printf("%2d, ",c);  }
        printf("\n");
    }
/* sub   */
    printf("Subtraction \n");
    for(a=0;a<P;a++){
        for(b=0;b<P;b++){    c=(2*P+(a-b))%P;    printf("%2d, ",c);  }
        printf("\n");
```

```
    }
/* mul    */
    printf("Multiplication \n");
    for(a=0;a<P;a++){
        for(b=0;b<P;b++){   c=(a*b)%P;           printf("%2d, ",c);  }
        printf("\n");
    }
/* div    */
    printf("Division \n");
    for(a=0;a<P;a++){
        printf(" -, ");
        for(b=1;b<P;b++){
            aa=a;
            while(1){  c=aa/b;    if((aa%b)==0) break;    aa=aa+P; }
            printf("%2d, ",c);
        }
        printf("\n");
    }
}
```

E.3 　$n = 8$〜16 の原始多項式を求めるプログラム例

```
#include <stdio.h>
#define N 8
int gf[0x10000];
char x[32],y[32],ky[32];
int gf2n(void){
    int i,j,xx;
    for(i=0;i<0x10000;i++){
        xx=0;
        if(ky[15]=='1') xx=xx+0x8000;   if(ky[14]=='1') xx=xx+0x4000;
        if(ky[13]=='1') xx=xx+0x2000;   if(ky[12]=='1') xx=xx+0x1000;
        if(ky[11]=='1') xx=xx+0x0800;   if(ky[10]=='1') xx=xx+0x0400;
        if(ky[9]=='1')  xx=xx+0x0200;   if(ky[8]=='1')  xx=xx+0x0100;
        if(ky[7]=='1')  xx=xx+0x0080;   if(ky[6]=='1')  xx=xx+0x0040;
        if(ky[5]=='1')  xx=xx+0x0020;   if(ky[4]=='1')  xx=xx+0x0010;
        if(ky[3]=='1')  xx=xx+0x0008;   if(ky[2]=='1')  xx=xx+0x0004;
        if(ky[1]=='1')  xx=xx+0x0002;   if(ky[0]=='1')  xx=xx+0x0001;
        gf[i]=xx;     if(i!=0 && xx==1) break;
/* shift eor */
        ky[19]=ky[18]; ky[18]=ky[17]; ky[17]=ky[16]; ky[16]=ky[15];
        ky[15]=ky[14]; ky[14]=ky[13]; ky[13]=ky[12]; ky[12]=ky[11];
        ky[11]=ky[10]; ky[10]=ky[9];  ky[9]=ky[8];   ky[8]=ky[7];
        ky[7]=ky[6];   ky[6]=ky[5];   ky[5]=ky[4];   ky[4]=ky[3];
        ky[3]=ky[2];   ky[2]=ky[1];   ky[1]=ky[0];   ky[0]='0';
/* eor */
        if(ky[N]=='1'){
            for(j=0;j<32;j++){
                y[j]='0';    if(j==N) continue;
                if(ky[j]=='1' && x[j]=='0') y[j]='1';
                if(ky[j]=='0' && x[j]=='1') y[j]='1';
```

```
        }
        for(j=0;j<32;j++) ky[j]=y[j];
        }
    }
    return(i);
}
void main(void){
    int i,j,k,m,n,nn;
    int n1,n2,n3,n4,n5,n6,n7;
//
    printf("3 項 \n");
    for(n1=1;n1<N;n1++){
        for(i=0;i<32;i++) x[i]=ky[i]='0';
        x[N]=x[n1]=x[0]=ky[0]='1';
        n=gf2n();
        if(n==0xff) printf("x[%d]+x[%d]+1: period=%4d \n",N,n1,n);
    }
//
    printf("5 項 \n");
    for(n1=1;n1<N-2;n1++){
        for(n2=n1+1;n2<N-1;n2++){
            for(n3=n2+1;n3<N;n3++){
                for(i=0;i<32;i++) x[i]=ky[i]='0';
                x[N]=x[n3]=x[n2]=x[n1]=x[0]=ky[0]='1';
                n=gf2n();
        printf("x[%d]+x[%d]+x[%d]+x[%d]+1: period=%4d \n",N,n3,n2,n1,n);
            }
        }
    }
//
    printf("7 項 \n");
    for(n1=1;n1<N-4;n1++){
        for(n2=n1+1;n2<N-3;n2++){
            for(n3=n2+1;n3<N-2;n3++){
                for(n4=n3+1;n4<N-1;n4++){
                    for(n5=n4+1;n5<N;n5++){
    for(i=0;i<32;i++) x[i]=ky[i]='0';
    x[N]=x[n5]=x[n4]=x[n3]=x[n2]=x[n1]=x[0]=ky[0]='1';
    n=gf2n(); printf("x[%d]+x[%d]+x[%d]+x[%d]+x[%d]+x[%d]+1: period=%4d \n",
        N,n5,n4,n3,n2,n1,n);
                    }
                }
            }
        }
    }
}
```

E.4 α の多項式の数値化

```
#include <stdio.h>
#define N  4 // n=4
```

E.4 α の多項式の数値化

```
FILE *fpw;
char x[35],a[35];
int shift_eor(int j){
    int i,k,xx;
    char y[35];
    xx=0;
    for(i=0;i<35;i++){
        k=34-i;    xx=xx<<1;    if(a[k]=='1') xx=xx|0x0001;
    }
    printf("a[%3d]=%2.2X (%3d), ",j,xx,xx);
/*  shift left */
    for(i=0;i<34;i++){   k=34-i;    a[k]=a[k-1];    }
    a[0]='0';
/*  eor */
    if(a[N]=='1'){
        for(i=0;i<35;i++){
            y[i]='0';              if(i==N) continue;
            if(a[i]=='1' && x[i]=='0') y[i]='1';
            if(a[i]=='0' && x[i]=='1') y[i]='1';
        }
        for(i=0;i<35;i++) a[i]=y[i];
    }
    return(xx);
}
void main(void){
    int i,k,nn,xx;
    for(i=0;i<35;i++) x[i]=a[i]='0';
/*  initial set */
    x[N]=x[1]=x[0]=a[0]='1'; // f(x)=x^4+x+1
//    x[N]=x[4]=x[3]=x[2]=x[0]=a[0]='1';      f(x)=x^8+x^4+x^3+x^2+1
    nn=1;    k=0;
    for(i=0;i<N;i++) nn=2*nn;
    while(1){
        xx=shift_eor(k);      if(k!=0 && xx==0x01) break;
        if(k==nn) break;      k++;    if((k%4)==0) printf("\n");
    }
    printf(" e  \nPeriod %d \n",k);
}
```

このプログラムを利用して，$n = 8$ の原始多項式 $f(x) = x^8 + x^4 + x^3 + x^2 + 1$ における拡大体 $F(2^8)$ の要素（単位元 e を除く）と周期を求めると以下のようになる。

```
a[  0]=01 (  1), a[  1]=02 (  2), a[  2]=04 (  4), a[  3]=08 (  8),
a[  4]=10 ( 16), a[  5]=20 ( 32), a[  6]=40 ( 64), a[  7]=80 (128),
a[  8]=1D ( 29), a[  9]=3A ( 58), a[ 10]=74 (116), a[ 11]=E8 (232),
a[ 12]=CD (205), a[ 13]=87 (135), a[ 14]=13 ( 19), a[ 15]=26 ( 38),
a[ 16]=4C ( 76), a[ 17]=98 (152), a[ 18]=2D ( 45), a[ 19]=5A ( 90),
a[ 20]=B4 (180), a[ 21]=75 (117), a[ 22]=EA (234), a[ 23]=C9 (201),
a[ 24]=8F (143), a[ 25]=03 (  3), a[ 26]=06 (  6), a[ 27]=0C ( 12),
a[ 28]=18 ( 24), a[ 29]=30 ( 48), a[ 30]=60 ( 96), a[ 31]=C0 (192),
a[ 32]=9D (157), a[ 33]=27 ( 39), a[ 34]=4E ( 78), a[ 35]=9C (156),
```

```
a[ 36]=25 ( 37),  a[ 37]=4A ( 74),  a[ 38]=94 (148),  a[ 39]=35 ( 53),
a[ 40]=6A (106),  a[ 41]=D4 (212),  a[ 42]=B5 (181),  a[ 43]=77 (119),
a[ 44]=EE (238),  a[ 45]=C1 (193),  a[ 46]=9F (159),  a[ 47]=23 ( 35),
a[ 48]=46 ( 70),  a[ 49]=8C (140),  a[ 50]=05 (  5),  a[ 51]=0A ( 10),
a[ 52]=14 ( 20),  a[ 53]=28 ( 40),  a[ 54]=50 ( 80),  a[ 55]=A0 (160),
a[ 56]=5D ( 93),  a[ 57]=BA (186),  a[ 58]=69 (105),  a[ 59]=D2 (210),
a[ 60]=B9 (185),  a[ 61]=6F (111),  a[ 62]=DE (222),  a[ 63]=A1 (161),
a[ 64]=5F ( 95),  a[ 65]=BE (190),  a[ 66]=61 ( 97),  a[ 67]=C2 (194),
a[ 68]=99 (153),  a[ 69]=2F ( 47),  a[ 70]=5E ( 94),  a[ 71]=BC (188),
a[ 72]=65 (101),  a[ 73]=CA (202),  a[ 74]=89 (137),  a[ 75]=0F ( 15),
a[ 76]=1E ( 30),  a[ 77]=3C ( 60),  a[ 78]=78 (120),  a[ 79]=F0 (240),
a[ 80]=FD (253),  a[ 81]=E7 (231),  a[ 82]=D3 (211),  a[ 83]=BB (187),
a[ 84]=6B (107),  a[ 85]=D6 (214),  a[ 86]=B1 (177),  a[ 87]=7F (127),
a[ 88]=FE (254),  a[ 89]=E1 (225),  a[ 90]=DF (223),  a[ 91]=A3 (163),
a[ 92]=5B ( 91),  a[ 93]=B6 (182),  a[ 94]=71 (113),  a[ 95]=E2 (226),
a[ 96]=D9 (217),  a[ 97]=AF (175),  a[ 98]=43 ( 67),  a[ 99]=86 (134),
a[100]=11 ( 17),  a[101]=22 ( 34),  a[102]=44 ( 68),  a[103]=88 (136),
a[104]=0D ( 13),  a[105]=1A ( 26),  a[106]=34 ( 52),  a[107]=68 (104),
a[108]=D0 (208),  a[109]=BD (189),  a[110]=67 (103),  a[111]=CE (206),
a[112]=81 (129),  a[113]=1F ( 31),  a[114]=3E ( 62),  a[115]=7C (124),
a[116]=F8 (248),  a[117]=ED (237),  a[118]=C7 (199),  a[119]=93 (147),
a[120]=3B ( 59),  a[121]=76 (118),  a[122]=EC (236),  a[123]=C5 (197),
a[124]=97 (151),  a[125]=33 ( 51),  a[126]=66 (102),  a[127]=CC (204),
a[128]=85 (133),  a[129]=17 ( 23),  a[130]=2E ( 46),  a[131]=5C ( 92),
a[132]=B8 (184),  a[133]=6D (109),  a[134]=DA (218),  a[135]=A9 (169),
a[136]=4F ( 79),  a[137]=9E (158),  a[138]=21 ( 33),  a[139]=42 ( 66),
a[140]=84 (132),  a[141]=15 ( 21),  a[142]=2A ( 42),  a[143]=54 ( 84),
a[144]=A8 (168),  a[145]=4D ( 77),  a[146]=9A (154),  a[147]=29 ( 41),
a[148]=52 ( 82),  a[149]=A4 (164),  a[150]=55 ( 85),  a[151]=AA (170),
a[152]=49 ( 73),  a[153]=92 (146),  a[154]=39 ( 57),  a[155]=72 (114),
a[156]=E4 (228),  a[157]=D5 (213),  a[158]=B7 (183),  a[159]=73 (115),
a[160]=E6 (230),  a[161]=D1 (209),  a[162]=BF (191),  a[163]=63 ( 99),
a[164]=C6 (198),  a[165]=91 (145),  a[166]=3F ( 63),  a[167]=7E (126),
a[168]=FC (252),  a[169]=E5 (229),  a[170]=D7 (215),  a[171]=B3 (179),
a[172]=7B (123),  a[173]=F6 (246),  a[174]=F1 (241),  a[175]=FF (255),
a[176]=E3 (227),  a[177]=DB (219),  a[178]=AB (171),  a[179]=4B ( 75),
a[180]=96 (150),  a[181]=31 ( 49),  a[182]=62 ( 98),  a[183]=C4 (196),
a[184]=95 (149),  a[185]=37 ( 55),  a[186]=6E (110),  a[187]=DC (220),
a[188]=A5 (165),  a[189]=57 ( 87),  a[190]=AE (174),  a[191]=41 ( 65),
a[192]=82 (130),  a[193]=19 ( 25),  a[194]=32 ( 50),  a[195]=64 (100),
a[196]=C8 (200),  a[197]=8D (141),  a[198]=07 (  7),  a[199]=0E ( 14),
a[200]=1C ( 28),  a[201]=38 ( 56),  a[202]=70 (112),  a[203]=E0 (224),
a[204]=DD (221),  a[205]=A7 (167),  a[206]=53 ( 83),  a[207]=A6 (166),
a[208]=51 ( 81),  a[209]=A2 (162),  a[210]=59 ( 89),  a[211]=B2 (178),
a[212]=79 (121),  a[213]=F2 (242),  a[214]=F9 (249),  a[215]=EF (239),
a[216]=C3 (195),  a[217]=9B (155),  a[218]=2B ( 43),  a[219]=56 ( 86),
a[220]=AC (172),  a[221]=45 ( 69),  a[222]=8A (138),  a[223]=09 (  9),
a[224]=12 ( 18),  a[225]=24 ( 36),  a[226]=48 ( 72),  a[227]=90 (144),
a[228]=3D ( 61),  a[229]=7A (122),  a[230]=F4 (244),  a[231]=F5 (245),
a[232]=F7 (247),  a[233]=F3 (243),  a[234]=FB (251),  a[235]=EB (235),
a[236]=CB (203),  a[237]=8B (139),  a[238]=0B ( 11),  a[239]=16 ( 22),
a[240]=2C ( 44),  a[241]=58 ( 88),  a[242]=B0 (176),  a[243]=7D (125),
```

```
a[244]=FA (250), a[245]=E9 (233), a[246]=CF (207), a[247]=83 (131),
a[248]=1B ( 27), a[249]=36 ( 54), a[250]=6C (108), a[251]=D8 (216),
a[252]=AD (173), a[253]=47 ( 71), a[254]=8E (142), a[255]=01 (  1),
Period 255
```

E.5 　代数拡大体 $F(p^n)$ の要素を求めるプログラム例

```c
#include <stdio.h>
#define N 2
#define P 5
//   F(5^2)
int x[10],a[10],b[10];
int value(void){
    int i,c,y,v[10];
    v[0]=1;
    for(i=1;i<10;i++) v[i]=P*v[i-1];
    y=b[0];
    for(i=1;i<10;i++) if(b[i]!=0) y=y+b[i]*v[i];
    return(y);
}
void shift_add(void){
    int i,k,xx;
/*  shift left */
    for(i=0;i<10;i++){ k=9-i; b[k]=b[k-1];}
    b[0]=0;
/*  add */
    if(b[N]!=0){
        for(i=0;i<N;i++){
            b[i]=b[i]+b[N]*a[i];
            while(b[i]>=P) b[i]=b[i]-P;
        }
        b[N]=0;
    }
}
void main(void){
    int i,k,m,nn;
    nn=1;
    for(i=0;i<N;i++) nn=nn*P;
    m=(nn-1)/(P-1);
    for(i=0;i<10;i++) x[i]=a[i]=b[i]=0;
//  initial set
    x[N]=1;  b[0]=1;  x[1]=1;  x[0]=2;
    for(i=0;i<N;i++) if(x[i]!=0) a[i]=P-x[i];
    printf("F(%d^%d):   f(x)= x^%d",P,N,N);
    for(i=1;i<=N;i++){
        k=N-i;
        if(x[k]!=0 && k==0) printf(" + %d\n",x[k]);
        else if(x[k]!=0 && k==1) printf(" + %d*x",x[k]);
        else if(x[k]!=0) printf(" + %d*x^%d",x[k],k);
    }
    k=0;     printf("   0,\n");
```

```
    while(1){
        nn=value();  printf("%4d,",nn);  shift_add();
        if(nn==1 && k!=0) break;
        if((k%m) == (m-1)) printf("\n");
        k++;
    }
    printf("  repeat \nPeriod = %d, No. of elements = %d \n",k,k+1);
}
```

代数拡大体 $F(3^4)$ において，要素数が $3^4 = 81$ 個となる原始多項式の実行結果は以下のようになる。

```
F(3^4):   f(x)= x^4 + 1*x + 2
   0,
   1,    3,    9,   27,    7,   21,   63,   32,   13,   39,   43,   46,   55,    8,
  24,   72,   59,   11,   33,   25,   75,   68,   38,   31,   10,   30,   16,   48,
  70,   53,   76,   71,   47,   58,   17,   51,   79,   80,   74,   56,
   2,    6,   18,   54,    5,   15,   45,   61,   26,   78,   77,   65,   29,    4,
  12,   36,   34,   19,   57,   14,   42,   52,   73,   62,   20,   60,   23,   69,
  50,   67,   44,   49,   64,   35,   22,   66,   41,   40,   37,   28,
   1,   repeat
Period = 80, No. of elements = 81

F(3^4):   f(x)= x^4 + 2*x + 2
   0,
   1,    3,    9,   27,    4,   12,   36,   31,   16,   48,   67,   38,   28,    7,
  21,   63,   35,   19,   57,   17,   51,   76,   65,   32,   10,   30,   13,   39,
  40,   43,   52,   79,   74,   59,   14,   42,   49,   70,   47,   55,
   2,    6,   18,   54,    8,   24,   72,   62,   23,   69,   53,   73,   56,    5,
  15,   45,   58,   11,   33,   22,   66,   44,   46,   61,   20,   60,   26,   78,
  80,   77,   68,   41,   37,   34,   25,   75,   71,   50,   64,   29,
   1,   repeat
Period = 80, No. of elements = 81

F(3^4):   f(x)= x^4 + 1*x^3 + 2
   0,
   1,    3,    9,   27,   55,   32,   70,   77,   17,   51,   46,   31,   67,   68,
  71,   80,   26,   78,   20,   60,   47,   34,   76,   14,   42,   19,   57,   38,
   7,   21,   63,   56,   35,   79,   23,   69,   74,    8,   24,   72,
   2,    6,   18,   54,   29,   61,   50,   43,   22,   66,   65,   62,   53,   52,
  49,   40,   13,   39,   10,   30,   64,   59,   44,   25,   75,   11,   33,   73,
   5,   15,   45,   28,   58,   41,   16,   48,   37,    4,   12,   36,
   1,   repeat
Period = 80, No. of elements = 81

F(3^4):   f(x)= x^4 + 2*x^3 + 2
   0,
   1,    3,    9,   27,   28,   31,   40,   67,   14,   42,   73,   32,   43,   76,
  41,   70,   23,   69,   20,   60,   74,   35,   52,   22,   66,   11,   33,   46,
   4,   12,   36,   55,   59,   71,   26,   78,   47,    7,   21,   63,
   2,    6,   18,   54,   56,   62,   80,   53,   25,   75,   38,   61,   77,   44,
```

```
 79,  50,  16,  48,  10,  30,  37,  58,  68,  17,  51,  19,  57,  65,
  8,  24,  72,  29,  34,  49,  13,  39,  64,   5,  15,  45,
  1,  repeat
Period = 80, No. of elements = 81
```

E.6 RSA 公開鍵暗号のプログラム例

```c
#include <stdio.h>  // by YY
#define P 7         // Prime number
#define Q 11        // Prime number
#define E 13        // E
int lcm_comp(int m, int n){
    int a,b,an,bn,t,k,nn,kk[100];
    a=m;   b=n;   nn=0;
    while(1){
        if((a%b)==0) break;
        k=0;   while(a>b){k++;   a=a-b; }
        t=b;   b=a;   a=t;     kk[nn]=k;   nn++;
    }
    an=a/b;   bn=1;
    while(nn>0){ nn--;   t=an*kk[nn]+bn;   bn=an;   an=t;}
    return(n*an);
}
void main(void){
    int k,nx,D,X,j,Y,N,lcm,M,p,q;
    p=P;   q=Q;
    N=p*q;   lcm=lcm_comp(p-1,q-1);
    printf("M = ? ");   scanf("%d",&M);   k=1;
    printf("P=%d, Q=%d, N=%d,  lcm=%d,  M=%d \n",p,q,N,lcm,M);
    while(1){ nx=lcm*k+1; if((nx%E) ==0) break; k++; }
    D=nx/E;
    printf("E = %d, D = %d, k = %d, -->  ",E,D,k);
    X=1;
    for(j=0;j<E;j++) X=(X*M)%N;
    printf("A : X = %d mod %d \n",X,N);
    Y=1;
    for(j=0;j<D;j++) Y=(Y*X)%N;
    printf("B : M = %d mod %d\n",Y,N);
}
```

E.7 LWE 公開暗号方式の暗号化と復号プログラム例

(a) $F(p)$ の場合のプログラム例

　まず，**B** および **S** の要素の値をランダムに決定する場合，$0 \sim 1$ の一様分布に従う乱数 r（第 11 章を参照）を生成して，p 倍して整数化する。この関数プログラムは以下のプログラムの BS_set( ) 関数である。ここで，要素が 0 の場合乱数を生成して再度求

190

める。次に，**E** および **R** の要素の値を求める場合，正規分布に従う乱数 x を生成して（`normal_rand(　)` 関数），$k-0.5 \leq x < k+0.5 (-p < k < p$ の整数) の場合，要素の値を $k(\bmod p)$ とする。この関数プログラムは `mat_set()` 関数である。これらの値を生成して，LWE 公開鍵暗号のプログラムを作成すると以下のようになる。

```c
#include <stdio.h>        //    by YY
#include <math.h>
#define M 524287
#define A 31
#define S0 8191
#define C 19973
#define N 8
#define MM 101
#define P 257
#define sigma 2.0
float dist[102];
int sn;
int B[N][N],S[N][N],G[N][N],E[N][N],T[N][N];
int R[N][N],C1[N][N],C2[N][N],MX[N][N],MO[N][N];
int tmp[N][N],out[N][N],RR[N][N],MES[N],IB[N][N];
int b[N][N];
float rand(void){
    float x;
    sn=(A*sn+C)%M;    x=(float)sn/(float)M;
    return(x);
}
void normal_init(void){
    int i;    float x,pi,x1,x2,y1,y2;
    pi=3.14159265;  x1=sqrt(2.0*pi);  dist[0]=0.0;  y1=0.0;
    for(i=1;i<MM;i++){
        x=0.1*(float)i-5.0;  x2=-0.5*x*x;  y2=exp(x2)/x1;
        dist[i]=0.05*(y1+y2)+dist[i-1];    y1=y2;
    }
}
float normal_rand(float sgm){
    int i;    float x,x1,x2,y1,y2,y;
    x=rand();
    for(i=0;i<MM;i++) if(dist[i]>x) break;
    x2=0.1*(float)i-5.0;    x1=x2-0.1;
    y1=dist[i]-dist[i-1];  y2=x-dist[i-1];
    x2=x1+0.1*y2/y1;        y=sgm*x2;
    return(y);
}
void BS_set(int XX[N][N]){
    int i,j,a;    float x;
    for(i=0;i<N;i++){
        for(j=0;j<N;j++){
            x=(float)P*rand();  a=(int)x;  a=a%P;
            while(a==0){ x=(float)P*rand();  a=(int)x;  a=a%P; }
            XX[i][j]=a;
        }
```

```
    }
}
void mat_set(int XX[N][N], float sgm){
    int i,j,k;    float a,y;
    for(i=0;i<N;i++){
        for(j=0;j<N;j++){
            y=normal_rand(sgm);
            for(k=-P+1;k<P;k++){
                a=(float)k+0.5;
                if(a>=y){ if(0>k) k=k+P;   XX[i][j]=k%P;  break; }
            }
        }
    }
}
int m_mul(int x, int y){
    int z;
    z=x*y;    while(z>=P) z=z-P;
    return(z);
}
int m_div(int x, int y){
    int a,b,z;
    a=x;  while(1){ z=a%y;   if(z==0) break;   a=a+P; }
    return(a/y);
}
int m_add(int x, int y){
    int z;
    z=x+y;    while(z>=P) z=z-P;
    return(z);
}
int m_sub(int x, int y){
    int z;
    z=x-y;    while(0>z) z=z+P;
    return(z);
}
int m_mat_abs(int n){
    int i,j,m,tmp,t1;
    for(i=0;i<n-1;i++){
        if(b[i][i]==0) break;
        for(m=i+1;m<n;m++){
            tmp=m_div(b[m][i],b[i][i]);
            for(j=i;j<n;j++){
                t1=m_mul(b[i][j],tmp);
                b[m][j]=m_sub(b[m][j],t1);
            }
        }
    }
    tmp=1;
    for(i=0;i<n;i++) tmp=m_mul(tmp,b[i][i]);
    return(tmp);
}
void inv_mat(int B[N][N], int IB[N][N]){
    int i,j,ii,jj,delta,i1,j1,x1;
```

```
    for(i=0;i<N;i++){
        for(j=0;j<N;j++) b[i][j]=B[i][j];
    }
    delta=m_mat_abs(N);
//    printf("**** delta = %d\n",delta);
    for(i1=0;i1<N;i1++){
        for(j1=0;j1<N;j1++){
            ii=0;
            for(i=0;i<N;i++){
                if(i1==i) continue;
                jj=0;
                for(j=0;j<N;j++){
                    if(j1==j) continue;
                    b[ii][jj]=B[i][j];  jj++;
                }
                ii++;
            }
            x1=m_mat_abs(N-1);
            if((i1+j1)%2 != 0){
                x1=-x1;     while(0>x1) x1=x1+P;
            }
            IB[j1][i1]=m_div(x1,(int)delta);
        }
    }
}
void mat_mul(int x[N][N], int y[N][N], int z[N][N]){
    int i,j,k,a;
    for(i=0;i<N;i++){
        for(j=0;j<N;j++){  a=0;
            for(k=0;k<N;k++)  a=a+x[i][k]*y[k][j];
            z[i][j]=a%P;
        }
    }
}
void mat_add(int x[N][N], int y[N][N], int z[N][N]){
    int i,j,a;
    for(i=0;i<N;i++){
        for(j=0;j<N;j++){  a=x[i][j]+y[i][j];   z[i][j]=a%P; }
    }
}
void mat_sub(int x[N][N], int y[N][N], int z[N][N]){
    int i,j,a;
    for(i=0;i<N;i++){
        for(j=0;j<N;j++){  a=x[i][j]-y[i][j]+P; z[i][j]=a%P; }
    }
}
void main(void){
    float xx;
    int i,j,c;
    sn=S0;  for(i=0;i<100;i++) rand();  normal_init();
    while(1){
        BS_set(B);  for(i=0;i<7;i++) rand();
```

```
        for(i=0;i<N;i++){ for(j=0;j<N;j++) b[i][j]=B[i][j]; }
        c=m_mat_abs(N);    printf("%3d, ",c);
        if(c==0) break;
    }
    printf("\n");
//
    BS_set(S);   mat_set(E,sigma);
    printf("Common Para    n=%d,   sigma = %f\n",N,sigma);
    printf("B=b[i,j]   \n");
    for(i=0;i<N;i++){
        for(j=0;j<N;j++) printf("%3d,",B[i][j]);
        printf("\n");
    }
//
    printf("Secret Key E \n");
    for(i=0;i<N;i++){
        for(j=0;j<N;j++) printf("%3d,",E[i][j]);
        printf("\n");
    }
    printf("Secret Key S \n");
    for(i=0;i<N;i++){
        for(j=0;j<N;j++) printf("%3d,",S[i][j]);
        printf("\n");
    }
    mat_mul(B,S,G);   mat_add(G,E,T);
    printf("Public Key T \n");
    for(i=0;i<N;i++){
        for(j=0;j<N;j++) printf("%3d,",T[i][j]);
        printf("\n");
    }
    printf("Trans. Message \n");
    c=0x10;
    for(i=0;i<N;i++){
        for(j=0;j<N;j++) MX[i][j]=c;
        printf("%2.2X,",c);   c=c+0x10;
    }
    printf("\n");
//
    mat_set(R,sigma);   mat_mul(R,B,C1);   mat_mul(R,T,tmp);
    mat_sub(tmp,MX,C2);
    printf("Cryptgram C1 \n");
    for(i=0;i<N;i++){
        for(j=0;j<N;j++) printf("%3d,",C1[i][j]);
        printf("\n");
    }
    printf("Cryptgram C2 \n");
    for(i=0;i<N;i++){
        for(j=0;j<N;j++) printf("%3d,",C2[i][j]);
        printf("\n");
    }
//
    mat_mul(C1,S,tmp);    mat_sub(tmp,C2,MO);
```

```
    printf("C1*S-C2 \n");
    for(i=0;i<N;i++){
        for(j=0;j<N;j++) printf("%3d,",MO[i][j]);
        printf("\n");
    }
    for(i=0;i<N;i++){
        xx=0.0;
        for(j=0;j<N;j++) xx=xx+(float)MO[i][j];
        xx=xx/(float)N+0.5;     MES[i]=(int)xx;
    }
    printf("Recieve Message\n           m_i\n");
    for(i=0;i<N;i++){
        c=(MES[i]+8)/16;    c=16*c;
        printf("%2.2X  -->  %2.2X\n",MES[i],c);
    }
    printf("\n");
/*
    inv_mat(B,IB);         mat_mul(C1,IB,RR);
    mat_mul(RR,T,tmp);     mat_sub(tmp,C2,MO);
    printf("\n Message out \n");
    for(i=0;i<N;i++){
        for(j=0;j<N;j++) printf("%3d,",MO[i][j]);
        printf("\n");
    } */
}
```

このプログラムの実行結果は以下である。

```
 56, 48,  0,
Common Para   n=8,  sigma = 2.000000
B=b[i,j]
128,143, 93, 77,101, 60, 93, 93,
 81,216, 40,238,206,243, 91, 31,
229,183, 42, 33, 12,152,123,244,
128,126, 62,143, 92, 61,104,150,
 41,253,172,217, 78,131,235,104,
168, 79,164,228,138,200, 62,150,
 35, 70,131,223,  3,120,150, 44,
114,210,117, 43, 69,107, 22,193,
Secret Key E
  1,  2,  1,  1,  1,  0,253,  2,
256,255,  3,  2,255,  1,  1,  2,
  1,256,  1,  3,  1,  0,  0,  0,
  1,255,  2,  0,255,256,  1,  1,
  0,  0,  1,  2,256,255,  1,  0,
255,  0,254,  1,  2,252,256,  1,
  1,256,  1,256,256,  2,  0,  1,
256,  0,256,  0,  1,254,  2,  0,
Secret Key S
193,101, 60, 82, 10, 77, 99,256,
  9, 34, 40,242, 75, 44,111,128,
131,233, 62,138,199, 28,126, 79,
```

```
167, 50, 22,182,  7,253,162,167,
 51, 68, 71,168, 93, 73,220,150,
 64,216, 36,121,168, 86,127, 94,
100, 30,187,176, 77,100, 33, 32,
246,200, 66, 20,122,224, 25, 13,
Public Key T
197,233,  8, 42,156,200, 73,137,
233,117,177, 18,  2, 42, 66, 60,
228,223,173,244, 32,207,144,222,
144,123,220,206, 46, 51, 29,202,
108,217,160, 12, 40,  8,252,177,
146, 24, 93,  7, 66, 38,122, 69,
 98,145,217,244,168,  1,236,116,
 46,250,212,247,158, 92,162,248,
Trans. Message
10,20,30,40,50,60,70,80,
Cryptgram C1
191, 79,176,111,168, 86,128,194,
128,241,169,203, 19,182,140,118,
243,101, 78, 88,169,  5,140,246,
250,256,158,207,159,201, 25,197,
 34, 73,167, 49,226,130,197,245,
112,153,119, 46,154, 83, 88,149,
144, 83, 63, 29,249, 97, 21, 60,
151, 50,221,104,146,142, 48,151,
Cryptgram C2
 67, 71, 58,117, 47,144,115, 15,
 11,245, 96, 95, 99, 97,181, 89,
130, 61, 18,132,175,158,203,174,
104,167,158,  1, 36, 81, 88,192,
 42, 92, 98,149, 18,190,220,123,
188,125,171,116, 35, 56,213,154,
195,122,217,123, 69,  4,157,  6,
118, 34,183,256,163, 23, 53, 19,
C1*S-C2
 10, 11, 10, 14, 16,  8, 32,  9,
 24, 28, 21, 20, 32, 28, 43, 27,
 48, 41, 42, 45, 49, 45, 51, 47,
 65, 55, 76, 71, 55, 68, 73, 66,
 72, 81, 79, 77, 75, 69, 94, 77,
 97, 87,105,112, 90,105, 96, 96,
107,105,113,123,107,104,127,109,
120,131,121,129,131,115,120,134,
Recieve Message
        m_i
0E  -->  10
1C  -->  20
2E  -->  30
42  -->  40
4E  -->  50
63  -->  60
70  -->  70
```

```
7D   -->   80
```

(b) $F(p^k)$ の場合のプログラム例

$F(p)$ との違いは素数 p の代わりに $p^k - 1$ とし，素数 p は小さな値でもよいことである。

```c
#include <stdio.h>      //   by YY
#include <math.h>
#define M 524287
#define A 31
#define S0 8191
#define C 19973
#define N 8
#define MM 101
#define P 5
#define Np 4
#define sigma 2.0
float dist[102];
int sn;
int B[N][N],S[N][N],G[N][N],E[N][N],T[N][N];
int R[N][N],C1[N][N],C2[N][N],MX[N][N],MO[N][N];
int tmp[N][N],out[N][N],RR[N][N],MES[N],IB[N][N];
int b[N][N];
//   F(5^4)
int Pk,xx[10],aa[10],bb[10],temp[10];
int al[1000][11];

float rand(void){
    float x;
    sn=(A*sn+C)%M;     x=(float)sn/(float)M;
    return(x);
}
void normal_init(void){
    int i;     float x,pi,x1,x2,y1,y2;
    pi=3.14159265;  x1=sqrt(2.0*pi);  dist[0]=0.0;  y1=0.0;
    for(i=1;i<MM;i++){
        x=0.1*(float)i-5.0;   x2=-0.5*x*x;  y2=exp(x2)/x1;
        dist[i]=0.05*(y1+y2)+dist[i-1];    y1=y2;
    }
}
float normal_rand(float sgm){
    int i;     float x,x1,x2,y1,y2,y;
    x=rand();
    for(i=0;i<MM;i++) if(dist[i]>x) break;
    x2=0.1*(float)i-5.0;   x1=x2-0.1;
    y1=dist[i]-dist[i-1];  y2=x-dist[i-1];
    x2=x1+0.1*y2/y1;        y=sgm*x2;
    return(y);
}
int value(void){
    int i,c,yy,v[10];
    v[0]=1;
```

```
      for(i=1;i<10;i++) v[i]=P*v[i-1];
      yy=bb[0];
      for(i=1;i<10;i++) if(bb[i]!=0) yy=yy+bb[i]*v[i];
      return(yy);
}
void shift_add(void){
      int i,k,xx;
/*  shift left */
      for(i=0;i<10;i++){ k=9-i;  bb[k]=bb[k-1];}
      bb[0]=0;
/*  add */
      if(bb[Np]!=0){
          for(i=0;i<Np;i++){
              bb[i]=bb[i]+bb[Np]*aa[i];
              while(bb[i]>=P) bb[i]=bb[i]-P;
          }
          bb[Np]=0;
      }
}
void shiki_print(int pr[], char c){
      int i,m;
      for(i=1;i<=Np;i++){
          m=Np-i;
          if(pr[m]!=0 && m==0) printf("%d",pr[0]);
          else if(pr[m]==1 && m==1) printf("%c",c);
          else if(pr[m]!=0 && m==1) printf("%d*%c",pr[m],c);
          else if(pr[m]==1) printf("%c^%d",c,m);
          else if(pr[m]!=0) printf("%d*%c^%d",pr[m],c,m);
          if(pr[m-1]!=0) printf(" + ");
      }
}
void fpn_init(void){
      int i,k,m,nn;
      for(i=0;i<1000;i++){
          for(k=0;k<11;k++) al[i][k]=0;
      }
      nn=1;
      for(i=0;i<Np;i++) nn=nn*P;
      m=(nn-1)/(P-1);
      for(i=0;i<10;i++) aa[i]=bb[i]=0;
//  initial set
      xx[0]=2;  xx[1]=2;  xx[2]=1;  xx[Np]=1;  bb[0]=1;
      for(i=0;i<Np;i++) if(xx[i]!=0) aa[i]=P-xx[i];
      printf("F(%d^%d):    f(x)= x^%d + ",P,Np,Np);
      shiki_print(xx,'x');      printf("\n");
      k=0;    printf("    0,     a^1 -> a^%d:\n",nn-1);
      while(1){
          for(i=0;i<10;i++) al[k][i]=bb[i];
          nn=value();    al[k][10]=nn;    printf("%4d,",nn);
          shift_add();   if(nn==1 && k!=0) break;
          if((k%m) == (m-1)) printf("\n");
          k++;
```

```
    }
    Pk=k;
    printf("  repeat \nPeriod = %d, No. of elements = %d \n\n",k,k+1);
}
int search(int mm){
    int i;
    for(i=0;i<Pk;i++) if(mm==al[i][10]) break;
    return(i);
}
int m_mul(int x, int y){
    int kx,ky,kz;
    if(x==0 || y==0) return(0);
    kx=search(x);   ky=search(y);
    kz=(kx+ky)%Pk;
    return(kz);
}
int m_div(int x, int y){
    int kx,ky,kz;
    if(x==0 || y==0) return(0);
    kx=search(x);   ky=search(y);
    kz=(Pk+kx-ky)%Pk;
    return(kz);
}
int m_add(int x, int y){
    int i,kx,ky,kz,nn;
    if(x==0 && y==0) return(0);
    if(x==0) return(y);
    if(y==0) return(x);
    kx=search(x);   ky=search(y);
    for(i=0;i<10;i++) bb[i]=0;
    for(i=0;i<Np;i++) bb[i]=(al[kx][i]+al[ky][i])%P;
    nn=value();
    return(nn);
}
int m_sub(int x, int y){
    int i,kx,ky,kz,nn;
    if(x==0 && y==0) return(0);
    if(y==0) return(x);
    for(i=0;i<10;i++) bb[i]=0;
    if(x==0){
        for(i=0;i<Np;i++) bb[i]=P-al[ky][i];
        nn=value();      return(nn);
    }
    kx=search(x);   ky=search(y);
    for(i=0;i<Np;i++) bb[i]=(P+al[kx][i]-al[ky][i])%P;
    nn=value();      return(nn);
}
void BS_set(int XX[N][N]){
    int i,j,a;   float x;
    for(i=0;i<N;i++){
        for(j=0;j<N;j++){
            x=(float)Pk*rand();  a=(int)x;   a=a%Pk;
```

```
                        while(a==0){ x=(float)Pk*rand();  a=(int)x;  a=a%Pk; }
                        XX[i][j]=a;
                }
        }
}
void mat_set(int XX[N][N], float sgm){
        int i,j,k;    float a,y;
        for(i=0;i<N;i++){
                for(j=0;j<N;j++){
                        y=normal_rand(sgm);
                        for(k=-Pk+1;k<Pk;k++){
                                a=(float)k+0.5;
                                if(a>=y){ if(0>k) k=k+Pk;  XX[i][j]=k%Pk;  break; }
                        }
                }
        }
}
int m_mat_abs(int n){
        int i,j,m,ttmp,t1;
        for(i=0;i<n-1;i++){
                if(b[i][i]==0) break;
                for(m=i+1;m<n;m++){
                        ttmp=m_div(b[m][i],b[i][i]);
                        for(j=i;j<n;j++){
                                t1=m_mul(b[i][j],ttmp);
                                b[m][j]=m_sub(b[m][j],t1);
                        }
                }
        }
        ttmp=1;
        for(i=0;i<n;i++) ttmp=m_mul(ttmp,b[i][i]);
        return(ttmp);
}
void inv_mat(int B[N][N], int IB[N][N]){
        int i,j,ii,jj,delta,i1,j1,x1;
        for(i=0;i<N;i++){
                for(j=0;j<N;j++) b[i][j]=B[i][j];
        }
        delta=m_mat_abs(N);
//      printf("**** delta = %d\n",delta);
        for(i1=0;i1<N;i1++){
                for(j1=0;j1<N;j1++){
                        ii=0;
                        for(i=0;i<N;i++){
                                if(i1==i) continue;
                                jj=0;
                                for(j=0;j<N;j++){
                                        if(j1==j) continue;
                                        b[ii][jj]=B[i][j];  jj++;
                                }
                                ii++;
                        }
```

```
            x1=m_mat_abs(N-1);
            if((i1+j1)%2 != 0){
                x1=-x1;      while(0>x1) x1=x1+Pk;
            }
            IB[j1][i1]=m_div(x1,(int)delta);
        }
    }
}
void mat_mul(int x[N][N], int y[N][N], int z[N][N]){
    int i,j,k,aa;
    for(i=0;i<N;i++){
        for(j=0;j<N;j++){  aa=0;
            for(k=0;k<N;k++)  aa=aa+x[i][k]*y[k][j];
            z[i][j]=aa%Pk;
        }
    }
}
void mat_add(int x[N][N], int y[N][N], int z[N][N]){
    int i,j,aa;
    for(i=0;i<N;i++){
        for(j=0;j<N;j++){  aa=x[i][j]+y[i][j];    z[i][j]=aa%Pk; }
    }
}
void mat_sub(int x[N][N], int y[N][N], int z[N][N]){
    int i,j,aa;
    for(i=0;i<N;i++){
        for(j=0;j<N;j++){  aa=x[i][j]-y[i][j]+Pk; z[i][j]=aa%Pk; }
    }
}
void main(void){
    float xx;
    int i,j,c;
    sn=S0;   for(i=0;i<100;i++) rand();
    normal_init();   fpn_init();
    while(1){
        BS_set(B);   for(i=0;i<7;i++) rand();
        for(i=0;i<N;i++){ for(j=0;j<N;j++) b[i][j]=B[i][j]; }
        c=m_mat_abs(N);    printf("%3d, ",c);
        if(c==0) break;
    }
    printf("\n");
    BS_set(S);   mat_set(E,sigma);
    printf("Common Para   n=%d,  sigma = %f\n",N,sigma);
    printf("B=b[i,j]  \n");
    for(i=0;i<N;i++){
        for(j=0;j<N;j++) printf("%3d,",B[i][j]);
        printf("\n");
    }
    printf("Secret Key E \n");
    for(i=0;i<N;i++){
        for(j=0;j<N;j++) printf("%3d,",E[i][j]);
        printf("\n");
```

```
    }
    printf("Secret Key S \n");
    for(i=0;i<N;i++){
        for(j=0;j<N;j++) printf("%3d,",S[i][j]);
        printf("\n");
    }
    mat_mul(B,S,G);   mat_add(G,E,T);
    printf("Public Key T \n");
    for(i=0;i<N;i++){
        for(j=0;j<N;j++) printf("%3d,",T[i][j]);
        printf("\n");
    }
    printf("Trans. Message \n");
    c=0x10;
    for(i=0;i<N;i++){
        for(j=0;j<N;j++) MX[i][j]=c;
        printf("%2.2X,",c);   c=c+0x10;
    }
    printf("\n");
    mat_set(R,sigma);   mat_mul(R,B,C1);   mat_mul(R,T,tmp);
    mat_sub(tmp,MX,C2);
    printf("Cryptgram C1 \n");
    for(i=0;i<N;i++){
        for(j=0;j<N;j++) printf("%3d,",C1[i][j]);
        printf("\n");
    }
    printf("Cryptgram C2 \n");
    for(i=0;i<N;i++){
        for(j=0;j<N;j++) printf("%3d,",C2[i][j]);
        printf("\n");
    }
    mat_mul(C1,S,tmp);   mat_sub(tmp,C2,MO);
    printf("C1*S-C2 \n");
    for(i=0;i<N;i++){
        for(j=0;j<N;j++) printf("%3d,",MO[i][j]);
        printf("\n");
    }
    for(i=0;i<N;i++){
        xx=0.0;
        for(j=0;j<N;j++) xx=xx+(float)MO[i][j];
        xx=(xx/(float)N+0.5);     MES[i]=(int)xx;
    }
    printf("Recieve Message\n           m_i\n");
    for(i=0;i<N;i++){
        c=(MES[i]+8)/16;   c=16*c;
        printf("%2.2X  --> %2.2X\n",MES[i],c);
    }
    printf("\n");
}
```

このプログラムの実行結果は以下である。

F(5^4):   f(x)= x^4 + + x^2 + 2*x + 2

```
  0,     a^1 -> a^624:
  1,    5,   25,  125,  118,  590,  487,  609,  557,  322,  316,  286,  136,   48,
240,  568,  352,  591,  492,  509,   57,  285,  131,   23,  115,  575,  412,  234,
513,   77,  385,  124,  620,  512,   97,  485,  624,  507,   72,  360,  506,   67,
335,  381,   79,  395,   49,  245,  593,  477,  559,  307,  366,  536,  217,  428,
314,  251,   86,  430,  349,  426,  304,  326,  461,  479,  569,  357,  616,  617,
622,  522,   22,  110,  550,  287,  141,   73,  365,  531,  192,  303,  346,  436,
354,  576,  417,  134,   13,   65,  325,  456,  454,  444,  269,   26,  130,   18,
 90,  450,  449,  294,  151,  248,  583,  427,  309,  351,  586,  467,  384,   94,
470,  424,  169,  188,  283,  246,  598,  377,   59,  295,  181,  273,   71,  355,
606,  567,  372,  566,  367,  541,  242,  553,  277,  216,  448,  289,  126,  123,
615,  612,  597,  397,   34,  170,  218,  433,  339,  376,   54,  270,   56,  280,
231,  523,
  2,   10,   50,  250,   81,  405,  224,  463,  489,  619,  607,  572,  272,   66,
330,  481,  579,  407,  209,  388,  114,  570,  262,   16,   80,  400,  199,  338,
396,   29,  145,   93,  465,  399,   44,  220,  468,  389,  119,  595,  387,  109,
545,  137,   28,  140,   68,  340,  406,  204,  488,  614,  582,  447,  284,  226,
623,  502,   47,  235,  543,  227,  603,  527,  172,  203,  483,  589,  457,  459,
469,  394,   19,   95,  475,  574,  257,  116,  580,  437,  359,  601,  542,  247,
578,  402,  184,  263,   21,  105,  525,  162,  153,  233,  508,   52,  260,    6,
 30,  150,  243,  558,  302,  341,  411,  229,  613,  577,  422,  159,  138,   33,
165,  193,  308,  371,  561,  342,  416,  129,  113,  565,  362,  516,  117,  585,
462,  484,  594,  482,  584,  432,  334,  476,  554,  282,  241,  573,  252,   91,
455,  474,  419,  144,   63,  315,  281,  236,  548,  127,  103,  515,  112,  560,
337,  391,
  4,   20,  100,  500,   37,  185,  293,  171,  223,  458,  464,  494,  519,  107,
535,  212,  403,  189,  288,  146,   98,  490,  524,    7,   35,  175,  368,  546,
142,   53,  265,   31,  155,  143,   58,  290,  156,  148,   83,  415,  149,   88,
440,  274,   51,  255,  106,  530,  187,  278,  221,  473,  414,  244,  563,  327,
466,  379,   69,  345,  431,  329,  451,  429,  319,  276,  211,  423,  164,  163,
158,  133,    8,   40,  200,  493,  514,   82,  410,  249,  588,  452,  434,  344,
401,  179,  363,  521,   17,   85,  425,  324,  301,  336,  386,  104,  520,   12,
 60,  300,  331,  486,  604,  532,  197,  328,  471,  404,  194,  313,  271,   61,
305,  356,  611,  592,  497,  534,  182,  253,   96,  480,  599,  382,   84,  420,
174,  213,  408,  214,  413,  239,  538,  202,  478,  564,  332,  491,  504,   32,
160,  168,  183,  258,  121,  605,  562,  347,  441,  254,   76,  380,   99,  495,
549,  132,
  3,   15,   75,  375,   74,  370,  556,  317,  291,  161,  173,  208,  383,   89,
445,  299,  176,  373,  571,  267,   41,  205,  393,   14,   70,  350,  581,  442,
259,  101,  505,   62,  310,  256,  111,  555,  312,  266,   36,  180,  268,   46,
230,  518,  102,  510,   87,  435,  374,  551,  292,  166,  198,  333,  496,  529,
157,  128,  108,  540,  237,  528,  152,  228,  608,  552,  297,  191,  323,  321,
311,  261,   11,   55,  275,  206,  398,   39,  195,  343,  421,  154,  238,  533,
177,  353,  596,  392,    9,   45,  225,  618,  602,  547,  147,   78,  390,   24,
120,  600,  537,  222,  453,  439,  369,  526,  167,  178,  358,  621,  517,  122,
610,  587,  472,  409,  219,  438,  364,  501,   42,  210,  418,  139,   38,  190,
318,  296,  186,  298,  196,  348,  446,  279,  201,  498,  539,  207,  378,   64,
320,  306,  361,  511,   92,  460,  499,  544,  232,  503,   27,  135,   43,  215,
443,  264,
  1,  repeat
Period = 624, No. of elements = 625
```

```
211, 326, 613, 107, 336, 467, 458, 177, 125, 478,  62, 356, 433,   2,
534, 412, 335, 229, 431, 328, 425, 589, 230, 104, 296, 341, 345, 140,
175,  46, 463,  29, 456, 426,  38,   0,
Common Para   n=8,  sigma = 2.000000
B=b[i,j]
188,264,111,356,477,459,545, 72,
392,340,602,608,165,177,529,205,
149,295,445,116,516,436,448,199,
595,377,505, 91,373,376,456,450,
264,103, 98,575,400,589,216,503,
 39,610,216,508,199,582,595,398,
512,320,583, 29,302, 41, 56,537,
463, 47,247,223, 85,189,275,459,
Secret Key E
622,  2,622,  2,622,  3,623,  0,
  1,  1,  2,623,623,  2,619,623,
623,  0,  3,623,  4,622,  1,  3,
  2,  1,622,  1,622,621,  2,623,
  0,619,623,622,  1,  1,622,621,
622,622,  0,  0,  0,623,  4,  2,
  1,622,623,623,623,  3,  1,621,
  1,  0,  2,  0,623,623,  1,  1,
Secret Key S
306,163,109,282, 59,610,243, 94,
463, 32,398,520,552,293,391,298,
527,144,145,178,553,343, 51,386,
142, 66,205,165,172,375,446,125,
178,564, 55,492,308,221, 38,591,
265,146,183,110,329,247,216,505,
 82, 85,177,523, 25,198,574,369,
241, 30,342, 42, 87,248,224,122,
Public Key T
158, 93,422,253, 81,548,164,609,
133,330,517,282,290,610,609, 18,
160,  1,121,229,413, 42, 24,147,
324,488,474, 24,462,261, 77,307,
245,389,267,153,117, 78,519,221,
370,166, 61,551,100,250,587,450,
502,472,238,278,586, 28, 88,441,
123,322,  4,344,208, 40,414,299,
Trans. Message
10,20,30,40,50,60,70,80,
Cryptgram C1
 20,421,449, 81, 13,283,500,431,
216,344,532,192,177,403,515,293,
378,302,506,389,486,543,380,188,
532,154,346, 64, 65,620,355,301,
 18,611,326,210,388,239,579,544,
 87,183,582,437,366, 10,329, 79,
396, 27,511,396,615,621,202,224,
349, 30,143,545,619,257,394,252,
Cryptgram C2
```

```
533,472, 64,355,160,157,361,179,
365,368,163,444,256,316,329,588,
 21,141,555,425, 59,310,193,156,
347, 24,441,393,544,386,496,355,
331,622, 88,412,256,441,455,473,
405,151,241,397,205,471, 11,398,
595,569,282,320,291,139,228, 53,
489,328,607,604,172,181,187,542,
C1*S-C2
 15, 22, 30, 12, 29, 24,  5, 22,
 31, 39, 22, 37, 25, 36, 27, 27,
 36, 21, 29, 46, 40, 60, 71, 38,
 74, 53, 61, 58, 60, 73, 48, 45,
 81, 73, 84, 73, 94, 81, 76, 77,
105, 99, 94, 99, 86, 81,117, 98,
106,107,109,114,107,115,128,115,
145,137,128,129,105,141,111,111,
Recieve Message
        m_i
14  -->  10
1F  -->  20
2B  -->  30
3B  -->  40
50  -->  50
61  -->  60
71  -->  70
7E  -->  80
```

E.8 AES 共通鍵暗号および復号

```c
#include <stdio.h>                   // YY
#define NR 10
FILE *fpw;
unsigned char gf[260],srdx[260],prx[260];
unsigned char key[4][4],ww[4][4],w[4][44],s[4][4],m[4][4];
int search(unsigned char x){
    int i;
    for(i=0;i<256;i++)if(gf[i]==x) break;
    return(i);
}
int searchSRD(unsigned char x){
    int i;
    for(i=0;i<256;i++) if(x==srdx[i]) break;
    return(i);
}
unsigned char bitsu(unsigned char x){
    int i;
    i=0;
    if((x&0x80) != 0) i=0x01;    if((x&0x40) != 0) i=i^0x01;
    if((x&0x20) != 0) i=i^0x01;  if((x&0x10) != 0) i=i^0x01;
    if((x&0x08) != 0) i=i^0x01;  if((x&0x04) != 0) i=i^0x01;
```

205

```
    if((x&0x02) != 0) i=i^0x01;   if((x&0x01) != 0) i=i^0x01;
    return(i);
}
unsigned char SRD(unsigned char sij){
    int i;
    unsigned char yy,y,z[8];
    y=0;
    if(sij != 0) { i=254-search(sij);   y=gf[i]; }
/*    */
    z[7]=0xf8&y;   z[6]=0x7c&y;   z[5]=0x3e&y;   z[4]=0x1f&y;
    z[3]=0x8f&y;   z[2]=0xc7&y;   z[1]=0xe3&y;   z[0]=0xf1&y;
    yy=0;
    if(bitsu(z[0]) != 0) yy=yy|0x01;    if(bitsu(z[1]) != 0) yy=yy|0x02;
    if(bitsu(z[2]) != 0) yy=yy|0x04;    if(bitsu(z[3]) != 0) yy=yy|0x08;
    if(bitsu(z[4]) != 0) yy=yy|0x10;    if(bitsu(z[5]) != 0) yy=yy|0x20;
    if(bitsu(z[6]) != 0) yy=yy|0x40;    if(bitsu(z[7]) != 0) yy=yy|0x80;
    yy=yy^0x63;      return(yy);
}
void gf2n(void){
    int i,j,k;
    unsigned char xx,x[10],y[10],ky[10];
    for(i=0;i<10;i++) x[i]=ky[i]='0';
    x[8]=x[4]=x[3]=x[2]=x[0]=ky[0]='1'; // f(x)=x^8+x^4+x^3+x^2+1
    for(i=0;i<256;i++){
        xx=0;
        if(ky[7]=='1') xx=xx+0x80;        if(ky[6]=='1') xx=xx+0x40;
        if(ky[5]=='1') xx=xx+0x20;        if(ky[4]=='1') xx=xx+0x10;
        if(ky[3]=='1') xx=xx+0x08;        if(ky[2]=='1') xx=xx+0x04;
        if(ky[1]=='1') xx=xx+0x02;        if(ky[0]=='1') xx=xx+0x01;
        gf[i]=0xff&xx;
    /* shift eor */
        ky[9]=ky[8]; ky[8]=ky[7]; ky[7]=ky[6]; ky[6]=ky[5];
        ky[5]=ky[4]; ky[4]=ky[3]; ky[3]=ky[2]; ky[2]=ky[1];
        ky[1]=ky[0]; ky[0]='0';
    /* eor */
        if(ky[8]=='1'){
            for(j=0;j<10;j++){
                y[j]='0';
                if(j==8) continue;
                if(ky[j]=='1' && x[j]=='0') y[j]='1';
                if(ky[j]=='0' && x[j]=='1') y[j]='1';
            }
            for(j=0;j<8;j++) ky[j]=y[j];
        }
    }
    gf[255]=0;
/*  SRD   */
    for(i=0;i<256;i++) srdx[i]=SRD(gf[i]);
    fprintf(fpw,"\n");
    for(i=0;i<256;i++){
        fprintf(fpw,"%2.2X, ",gf[i]);
        if((i%16) == 15) fprintf(fpw,"\n");
```

```
            prx[i]=0;
        }
        fprintf(fpw,"\n");
        for(i=0;i<256;i++){
            k=srdx[i];        prx[k]=k;
            fprintf(fpw,"%2.2X, ",k);
            if((i%16) == 15) fprintf(fpw,"\n");
        }
        fprintf(fpw,"\n");
        for(i=0;i<256;i++){
            fprintf(fpw,"%2.2X, ",prx[i]);
            if((i%16) == 15) fprintf(fpw,"\n");
        }
        fprintf(fpw,"\n");
}
void key_gen(void){
    int i,j,k;
    for(i=0;i<4;i++){
        for(j=0;j<4;j++) w[i][j]=key[i][j];
    }
    for(j=4;j<44;j++){
        if((j%4)==0){
            k=j/4-1;
            w[0][j]=w[0][j-4]^SRD(w[1][j-1])^gf[k];
            w[1][j]=w[1][j-4]^SRD(w[2][j-1]);
            w[2][j]=w[2][j-4]^SRD(w[3][j-1]);
            w[3][j]=w[3][j-4]^SRD(w[0][j-1]);
        }else{
            w[0][j]=w[0][j-4]^w[0][j-1];
            w[1][j]=w[1][j-4]^w[1][j-1];
            w[2][j]=w[2][j-4]^w[2][j-1];
            w[3][j]=w[3][j-4]^w[3][j-1];
        }
    }
}
void subbytes(void){
    int i,j,k;
    for(i=0;i<4;i++){
        for(j=0;j<4;j++){
            k=search(s[i][j]); s[i][j]=srdx[k];
        }
    }
}
void isubbytes(void){
    int i,j,k;
    for(i=0;i<4;i++){
        for(j=0;j<4;j++){
            k=searchSRD(s[i][j]);   s[i][j]=gf[k];
        }
    }
}
void shiftrows(void){
```

207

```
    unsigned char t1,t2;
    t1=s[1][0];   s[1][0]=s[1][1]; s[1][1]=s[1][2];
    s[1][2]=s[1][3];   s[1][3]=t1;
    t1=s[2][0];   t2=s[2][1];   s[2][0]=s[2][2];
    s[2][1]=s[2][3];   s[2][2]=t1;   s[2][3]=t2;
    t1=s[3][3];   s[3][3]=s[3][2];   s[3][2]=s[3][1];
    s[3][1]=s[3][0];   s[3][0]=t1;
}
void ishiftrows(void){
    unsigned char t1,t2;
    t1=s[1][3];   s[1][3]=s[1][2]; s[1][2]=s[1][1];
    s[1][1]=s[1][0];   s[1][0]=t1;
    t1=s[2][3];   t2=s[2][2];   s[2][3]=s[2][1];
    s[2][2]=s[2][0];   s[2][0]=t2;   s[2][1]=t1;
    t1=s[3][0];   s[3][0]=s[3][1];   s[3][1]=s[3][2];
    s[3][2]=s[3][3];   s[3][3]=t1;
}
unsigned char mul(unsigned char x, unsigned char y){
    int j;
    if(x==0) return(0);             if(y==0) return(0);
    j=search(x)+search(y);     if(j>=255) j=j-255;
    return(gf[j]);
}
unsigned char div(unsigned char x, unsigned char y){
    int j;
    if(x==0) return(0);
    if(y==0) {printf("*** 0 Divide ***\n");  return(0); }
    j=search(x)-search(y);
    if(0>j) j=j+255;
    return(gf[j]);
}
unsigned char power(unsigned char x, int i){
    int j,k;
    unsigned char y;
    if(x==0) return(0);     if(i==0) return(1);
    if(i==1) return(x);
    j=search(x);     k=j+j;    if(k>=255) k=k-255;
    if(i==2) return(gf[k]);
    k=k+j;    if(k>=255) k=k-255;
    if(i==3) return(gf[k]);
    k=k+j;    if(k>=255) k=k-255;
    if(i==4) return(gf[k]);
    k=k+j;    if(k>=255) k=k-255;
    if(i==5) return(gf[k]);
    k=k+j;    if(k>=255) k=k-255;
    return(gf[k]);
}
void mixcolumns(void){
    int i,j;
    unsigned char c1,c2,c3,w0,w1,w2,w3,work[4][4];
    c1=(unsigned char)1;    c2=(unsigned char)2;    c3=(unsigned char)3;
    for(i=0;i<4;i++){
```

```
        w0=mul(c2,s[3][i]);   w1=mul(c1,s[2][i]);
        w2=mul(c1,s[1][i]);   w3=mul(c3,s[0][i]);
        work[3][i]=w0^w1^w2^w3;
        w0=mul(c3,s[3][i]);   w1=mul(c2,s[2][i]);
        w2=mul(c1,s[1][i]);   w3=mul(c1,s[0][i]);
        work[2][i]=w0^w1^w2^w3;
        w0=mul(c1,s[3][i]);   w1=mul(c3,s[2][i]);
        w2=mul(c2,s[1][i]);   w3=mul(c1,s[0][i]);
        work[1][i]=w0^w1^w2^w3;
        w0=mul(c1,s[3][i]);   w1=mul(c1,s[2][i]);
        w2=mul(c3,s[1][i]);   w3=mul(c2,s[0][i]);
        work[0][i]=w0^w1^w2^w3;
    }
    for(i=0;i<4;i++){
        for(j=0;j<4;j++) s[i][j]=work[i][j];
    }
}
void imixcolumns(void){
    int i,j;
    unsigned char AA,BB,CC,DD,delta;
    unsigned char a,a2,a3;
    unsigned char c,d,c2,c3,c4,d2,d3,d4,x0,x1,x2,x3;
    unsigned char x[4][4];
/*  fprintf(fpw,"***Inverse Mixcolumns in S(i,j) ***\n");
    for(i=0;i<4;i++){
        fprintf(fpw,"%2.2X, %2.2X, %2.2X, %2.2X \n",
            s[i][0],s[i][1],s[i][2],s[i][3]);
    } */
    a=(unsigned char)0x01;
    c=(unsigned char)0x02;    d=(unsigned char)0x03;
    c2=power(c,2);    d2=power(d,2);    c3=power(c,3);    d3=power(d,3);
    c4=power(c,4);    d4=power(d,4);    delta=c4^d4;
    AA=c3^c^d2^a;              AA=div(AA,delta);
    BB=d3^c2^d^a;              BB=div(BB,delta);
    CC=mul(c,d2)^c2^c^a;       CC=div(CC,delta);
    DD=mul(c2,d)^d^d2^a;       DD=div(DD,delta);
    for(i=0;i<4;i++){
        x3=mul(AA,s[3][i]);   x2=mul(BB,s[2][i]);
        x1=mul(CC,s[1][i]);   x0=mul(DD,s[0][i]);
        x[3][i]=x3^x2^x1^x0;
        x3=mul(DD,s[3][i]);   x2=mul(AA,s[2][i]);
        x1=mul(BB,s[1][i]);   x0=mul(CC,s[0][i]);
        x[2][i]=x3^x2^x1^x0;
        x3=mul(CC,s[3][i]);   x2=mul(DD,s[2][i]);
        x1=mul(AA,s[1][i]);   x0=mul(BB,s[0][i]);
        x[1][i]=x3^x2^x1^x0;
        x3=mul(BB,s[3][i]);   x2=mul(CC,s[2][i]);
        x1=mul(DD,s[1][i]);   x0=mul(AA,s[0][i]);
        x[0][i]=x3^x2^x1^x0;
    }
    for(i=0;i<4;i++){
        for(j=0;j<4;j++) s[i][j]=x[i][j];
```

```
    }
/*    fprintf(fpw,"***Inverse Mixcolumns out S(i,j) ***\n");
    for(i=0;i<4;i++){
        fprintf(fpw,"%2.2X, %2.2X, %2.2X, %2.2X \n",
            s[i][0],s[i][1],s[i][2],s[i][3]);
    } */
}
void addroundkey(int k){
    int i,j;
    for(i=0;i<4;i++){
        for(j=0;j<4;j++) s[i][j]=s[i][j]^w[i][j+k];
    }
}
void SPN_structure(void){
    int i,j;
    for(i=0;i<4;i++){
        for(j=0;j<4;j++) s[i][j]=m[i][j];
    }
    addroundkey(0);
    subbytes();   shiftrows();   mixcolumns();   addroundkey(4);
    subbytes();   shiftrows();   mixcolumns();   addroundkey(8);
    subbytes();   shiftrows();   mixcolumns();   addroundkey(12);
    subbytes();   shiftrows();   mixcolumns();   addroundkey(16);
    subbytes();   shiftrows();   mixcolumns();   addroundkey(20);
    subbytes();   shiftrows();   mixcolumns();   addroundkey(24);
    subbytes();   shiftrows();   mixcolumns();   addroundkey(28);
    subbytes();   shiftrows();   mixcolumns();   addroundkey(32);
    subbytes();   shiftrows();   mixcolumns();   addroundkey(36);
    subbytes();   shiftrows();   addroundkey(40);
}
void iSPN_structure(void){
    int i,j;
    for(i=0;i<4;i++){
        for(j=0;j<4;j++) s[i][j]=m[i][j];
    }
    addroundkey(40);   ishiftrows();   isubbytes();
    addroundkey(36);   imixcolumns();   ishiftrows();   isubbytes();
    addroundkey(32);   imixcolumns();   ishiftrows();   isubbytes();
    addroundkey(28);   imixcolumns();   ishiftrows();   isubbytes();
    addroundkey(24);   imixcolumns();   ishiftrows();   isubbytes();
    addroundkey(20);   imixcolumns();   ishiftrows();   isubbytes();
    addroundkey(16);   imixcolumns();   ishiftrows();   isubbytes();
    addroundkey(12);   imixcolumns();   ishiftrows();   isubbytes();
    addroundkey(8);    imixcolumns();   ishiftrows();   isubbytes();
    addroundkey(4);    imixcolumns();   ishiftrows();   isubbytes();
    addroundkey(0);
}
void main(void){
    int i,j;
    unsigned char moji;
    fpw=fopen("AESdata.txt","w");
    gf2n();   moji=0x30;
```

```
    for(i=0;i<4;i++){
        for(j=0;j<4;j++) m[i][j]=moji++;
    }
/*  key   */
    key[0][0]=key[0][1]=key[0][2]=key[0][3]=193;
    key[1][0]=key[1][1]=key[1][2]=key[1][3]=197;
    key[2][0]=key[2][1]=key[2][2]=key[2][3]=199;
    key[3][0]=key[3][1]=key[3][2]=key[3][3]=211;
    key_gen();
/*  Encryption  */
    SPN_structure();
    printf("\nInput =              Output = \n");
    for(i=0;i<4;i++){
        for(j=0;j<4;j++) printf("%2.2X, ",m[i][j]);
        printf("  ->    ");
        for(j=0;j<4;j++) printf("%2.2X, ",s[i][j]);
        printf("\n");
    }
/* Inverse Encryption */
    for(i=0;i<4;i++){
        for(j=0;j<4;j++) m[i][j]=s[i][j];
    }
    iSPN_structure();
    printf("\nInverse Input =      Output = \n");
    for(i=0;i<4;i++){
        for(j=0;j<4;j++) printf("%2.2X, ",m[i][j]);
        printf("  ->    ");
        for(j=0;j<4;j++) printf("%2.2X, ",s[i][j]);
        printf("\n");
    }
    fclose(fpw);
}
```

E.9 楕円曲線群 $EG\{F(p)\}$ の要素

```
#include <stdio.h>
#define B 1  // b=1
#define C 1  // c=1
void main(void){
    int p,n,x,y,cl,cr;
    while(1){
        printf("Primary Number = ");
        scanf("%d",&p);
        n=0;    if(p==0) break;
        for(x=0;x<p;x++){
            for(y=0;y<p;y++){
                cr=(x*x*x+B*x+C)%p;           cl=(y*y)%p;
                if(cr==cl){
                    n++;   printf("(%3d,%3d) ",x,y);
                    if((n%7)==0) printf("\n");
                }
```

```
                }
            }
        printf("e \n");    printf("Number of points = %d \n",n+1);
    }
}
```

このプログラムを利用して，楕円曲線のパラメータを $b=1$ および $c=7$ とし，素数を $p=257$ とした場合（楕円曲線群の部分群が一つだけの場合），楕円曲線を満たす点は以下のようになる。

```
(  1,  3),(  1,254),(  2, 70),(  2,187),(  5, 44),(  5,213),(  7, 10),
(  7,247),(  8, 28),(  8,229),(  9,105),(  9,152),( 10, 62),( 10,195),
( 11,  8),( 11,249),( 12,125),( 12,132),( 14,127),( 14,130),( 20, 46),
( 20,211),( 22, 59),( 22,198),( 23,115),( 23,142),( 24,100),( 24,157),
( 26, 90),( 26,167),( 27,106),( 27,151),( 30, 56),( 30,201),( 31, 70),
( 31,187),( 32, 93),( 32,164),( 35, 68),( 35,189),( 37,117),( 37,140),
( 38,113),( 38,144),( 39, 68),( 39,189),( 42, 11),( 42,246),( 43, 12),
( 43,245),( 44, 93),( 44,164),( 45,126),( 45,131),( 47,  7),( 47,250),
( 48, 44),( 48,213),( 49, 16),( 49,241),( 52, 49),( 52,208),( 53, 52),
( 53,205),( 54, 64),( 54,193),( 55, 71),( 55,186),( 58, 63),( 58,194),
( 60, 50),( 60,207),( 61,115),( 61,142),( 62, 71),( 62,186),( 65, 96),
( 65,161),( 68, 14),( 68,243),( 69, 41),( 69,216),( 70, 53),( 70,204),
( 73, 16),( 73,241),( 74,  4),( 74,253),( 77,106),( 77,151),( 78, 27),
( 78,230),( 79,126),( 79,131),( 80, 20),( 80,237),( 83, 56),( 83,201),
( 84, 47),( 84,210),( 85, 66),( 85,191),( 89, 63),( 89,194),( 94, 33),
( 94,224),(100, 67),(100,190),(103, 79),(103,178),(108, 28),(108,229),
(109, 76),(109,181),(110, 63),(110,194),(114, 46),(114,211),(116,  1),
(116,256),(117, 65),(117,192),(119, 81),(119,176),(120,109),(120,148),
(122, 23),(122,234),(123, 46),(123,211),(124,103),(124,154),(125, 91),
(125,166),(126,110),(126,147),(127, 22),(127,235),(129, 19),(129,238),
(130, 72),(130,185),(133,126),(133,131),(134, 89),(134,168),(135, 16),
(135,241),(138, 69),(138,188),(140, 71),(140,186),(141, 28),(141,229),
(142, 86),(142,171),(143, 89),(143,168),(144, 56),(144,201),(147, 97),
(147,160),(149,  1),(149,256),(152, 24),(152,233),(153,106),(153,151),
(154, 55),(154,202),(161,119),(161,138),(162,114),(162,143),(167,119),
(167,138),(168, 97),(168,160),(169, 36),(169,221),(171, 35),(171,222),
(173,115),(173,142),(175, 74),(175,183),(177, 34),(177,223),(178,103),
(178,154),(181, 93),(181,164),(183, 68),(183,189),(184, 23),(184,234),
(186,119),(186,138),(187, 17),(187,240),(190,102),(190,155),(192, 43),
(192,214),(193, 14),(193,243),(194, 27),(194,230),(195, 65),(195,192),
(196, 47),(196,210),(197, 37),(197,220),(198, 13),(198,244),(199, 97),
(199,160),(201, 61),(201,196),(202, 65),(202,192),(203, 95),(203,162),
(204, 44),(204,213),(207, 87),(207,170),(208, 23),(208,234),(209, 52),
(209,205),(210, 42),(210,215),(212,103),(212,154),(216,101),(216,156),
(218,  4),(218,253),(219, 98),(219,159),(221, 54),(221,203),(222,  4),
(222,253),(224, 70),(224,187),(228,  2),(228,255),(229, 30),(229,227),
(232, 88),(232,169),(234, 47),(234,210),(236,100),(236,157),(237, 89),
(237,168),(238,117),(238,140),(239,117),(239,140),(242, 27),(242,230),
(246, 83),(246,174),(247,  5),(247,252),(249,  1),(249,256),(251, 82),
(251,175),(252, 52),(252,205),(253, 14),(253,243),(254,100),(254,157),
e
```

Number of points = 281

E.10 楕円曲線群 $EG\{F(37)\}$ の要素による巡回群

```
#include <stdio.h>
#define PRIME 37
#define B 1
int x3,y3,lambda;
int div(int yy, int xx){
    int n;
    while(xx>=PRIME) xx=xx-PRIME;    while(0>xx) xx=xx+PRIME;
    while(yy>=PRIME) yy=yy-PRIME;    while(0>yy) yy=yy+PRIME;
    for(n=1;n<PRIME;n++){    if(((xx*n) % PRIME)==1) break;    }
    yy=yy*n;    while(yy>=PRIME) yy=yy-PRIME;
    return(yy);
}
void r_point(int x1, int y1, int x2, int y2){
    int xx,yy;
    if(x1==x2 && y1==y2){
        yy=3*x1*x1+B;    xx=2*y1;
        if(xx!=0){
            lambda=div(yy,xx);    x3=lambda*lambda-2*x1;
            while(0>x3) x3=x3+PRIME;
            while(x3>=PRIME) x3=x3-PRIME;
            y3=lambda*(x1-x3)-y1;
            while(0>y3) y3=y3+PRIME;
            while(y3>=PRIME) y3=y3-PRIME;
            while(0>y3) y3=y3+PRIME;
            while(y3>=PRIME) y3=y3-PRIME;
        }else{  x3=y3=0;    lambda=999; }
    }else{
        xx=x2-x1;    yy=y2-y1;
        if(xx!=0){
            lambda=div(yy,xx);    x3=lambda*lambda-x1-x2;
            while(0>x3) x3=x3+PRIME;
            while(x3>=PRIME) x3=x3-PRIME;
            y3=lambda*(x1-x3)-y1;
            while(0>y3) y3=y3+PRIME;
            while(y3>=PRIME) y3=y3-PRIME;
        }else{  x3=y3=0;    lambda=999; }
    }
}
void main(void){
    int k,n,x1,y1,x2,y2,ye;
    printf("P_point = ");
    scanf("%d%d",&x1,&y1);
    printf("P  =(%2d,%2d), ",x1,y1);
    k=0;    n=1;
    x2=x1;    y2=y1;    ye=PRIME-y1;
    while(1){
        r_point(x1,y1,x2,y2);    n++;    k++;
```

```
        printf("%2dP=(%2d,%2d), ",n,x3,y3);
        if((k % 5)==4) printf("\n");
        x2=x3;      y2=y3;
        if(x3==x1 && y3==ye) break;
    }
    printf("%2dP= e\n",n+1);
}
```

E.11　楕円曲線群 $EG\{F(p^n)\}$ の要素

```
#include <stdio.h>   //  for EG{F(2^4)}
#define N 4    // n=8
#define A 4    // g^5
#define B no   // B=no b=0
#define C 0    // C=no c=0
#define G 0    // g^0=1
#define P 2
#define MAX 1000
//   F(p^n)
int no,xx[10],aa[10],bb[10],al[MAX][11];
int value(void){
    int i,c,yy,v[10];
    v[0]=1;
    for(i=1;i<10;i++) v[i]=P*v[i-1];
    yy=bb[0];
    for(i=1;i<10;i++) if(bb[i]!=0) yy=yy+bb[i]*v[i];
    return(yy);
}
void shift_add(void){
    int i,k,xx;
/*  shift left */
    for(i=0;i<10;i++){ k=9-i; bb[k]=bb[k-1];}
    bb[0]=0;
/*  add */
    if(bb[N]!=0){
        for(i=0;i<N;i++){
            bb[i]=bb[i]+bb[N]*aa[i];
            while(bb[i]>=P) bb[i]=bb[i]-P;
        }
        bb[N]=0;
    }
}
int fpn_init(void){
    int i,k,m,nn;
    for(i=0;i<MAX;i++){
        for(k=0;k<11;k++) al[i][k]=0;
    }
    nn=1;
    for(i=0;i<N;i++) nn=nn*P;
    m=(nn-1)/(P-1);
```

```
    for(i=0;i<10;i++) aa[i]=bb[i]=0;
//  initial set
    xx[0]=1;  xx[2]=1;  xx[3]=1;  xx[4]=1;  xx[N]=1;  bb[0]=1;
    for(i=0;i<N;i++) if(xx[i]!=0) aa[i]=P-xx[i];
    k=0;    printf("  0,     a^1 -> a^%d:\n",nn-1);
    while(1){
        for(i=0;i<10;i++) al[k][i]=bb[i];
        nn=value();    printf("%4d,",nn);
        if((k%m) == (m-1)) printf("\n");
        if(nn==1 && k!=0) break;
        al[k][10]=nn;  shift_add();
        k++;
    }
    printf("  repeat \nPeriod = %d, No. of elements = %d \n\n",k,k+1);
    return(k);
}
int add(int x, int y){
    int i,k;
    if(x==no) return(y);  if(y==no) return(x);
    for(i=0;i<10;i++) bb[i]=0;
    for(i=0;i<N;i++) bb[i]=(al[x][i]+al[y][i])%P;
    k=value();   if(k==0) return(no);
    for(i=0;i<=no;i++) if(k==al[i][10]) break;
    return(i);
}
int sub(int x, int y){
    int i,k;
    if(x==no) return(y);  if(y==no) return(x);
    for(i=0;i<10;i++) bb[i]=0;
    for(i=0;i<N;i++) bb[i]=(P+al[x][i]-al[y][i])%P;
    k=value();   if(k==0) return(no);
    for(i=0;i<=no;i++) if(k==al[i][10]) break;
    return(i);
}
int mul(int x, int y){
    int k;
    if(x==no || y==no) return(no);
    k=(x+y)%no;    return(k);
}
int div(int x, int y){
    int k;
    if(x==no || y==no) return(no);
    k=(no+x-y)%no;  return(k);
}
void eg_points(int no){
    int n,x,y,xx,yy,k1,k2,k3,k4;
    n=0;
    for(x=0;x<=no;x++){
        for(y=0;y<=no;y++){
            k1=mul(y,y);   k2=mul(x,y);   k3=mul(G,k2);  yy=add(k1,k3);
            k1=mul(x,x);   k2=mul(k1,x);  k3=mul(A,k1);  k4=mul(B,x);
            k1=add(k2,k3); k2=add(k1,k4); xx=add(k2,C);
```

```
            if(xx==yy){
                if(x==no && y==no) break;
                if(x==no) printf("(    0 ,a[%3d]), ",y);
                else if(y==no) printf("(a[%3d],   0 ), ",x);
                else printf("(a[%3d],a[%3d]), ",x,y);
                n++; if((n%4)==0) printf("\n");
            }
        }
    }
    n++;   printf("e \n");     printf("Number of points = %d \n",n);
}
void main(void){
    no=fpn_init();  eg_points(no);
}
```

このプログラムを利用して，原始多項式が $f(x) = x^8 + x^4 + x^3 + x^2 + 1$ において，楕円曲線群 $EG\{F(2^8)\}$ の部分群が一つだけの場合（$a = \alpha^5,\ c = 0,\ g = 1$），楕円曲線を満たす点を求めると以下となる（ただし $(0,0)$ を除く）。ここで，(α^x, α^y) を (a[x],a[y]) で表す。

```
(a[  5],a[  5]),  (a[  5],    0 ) ,(a[  9],a[151]),  (a[  9],a[227]),
(a[ 10],a[ 15]),  (a[ 10],a[148]),  (a[ 11],a[221]),  (a[ 11],a[252]),
(a[ 15],a[ 16]),  (a[ 15],a[ 40]),  (a[ 18],a[ 22]),  (a[ 18],a[118]),
(a[ 20],a[163]),  (a[ 20],a[170]),  (a[ 21],a[194]),  (a[ 21],a[253]),
(a[ 22],a[  9]),  (a[ 22],a[108]),  (a[ 29],a[ 73]),  (a[ 29],a[244]),
(a[ 30],a[  0]),  (a[ 30],a[ 66]),  (a[ 33],a[ 74]),  (a[ 33],a[190]),
(a[ 36],a[  9]),  (a[ 36],a[113]),  (a[ 39],a[ 98]),  (a[ 39],a[121]),
(a[ 40],a[129]),  (a[ 40],a[243]),  (a[ 42],a[ 34]),  (a[ 42],a[234]),
(a[ 43],a[119]),  (a[ 43],a[156]),  (a[ 44],a[ 63]),  (a[ 44],a[136]),
(a[ 47],a[161]),  (a[ 47],a[213]),  (a[ 53],a[ 38]),  (a[ 53],a[ 71]),
(a[ 55],a[  8]),  (a[ 55],a[109]),  (a[ 57],a[ 31]),  (a[ 57],a[229]),
(a[ 58],a[120]),  (a[ 58],a[148]),  (a[ 60],a[ 26]),  (a[ 60],a[162]),
(a[ 61],a[ 10]),  (a[ 61],a[248]),  (a[ 63],a[ 76]),  (a[ 63],a[162]),
(a[ 65],a[ 37]),  (a[ 65],a[230]),  (a[ 66],a[ 24]),  (a[ 66],a[ 44]),
(a[ 69],a[ 28]),  (a[ 69],a[185]),  (a[ 71],a[ 28]),  (a[ 71],a[149]),
(a[ 72],a[ 10]),  (a[ 72],a[100]),  (a[ 77],a[130]),  (a[ 77],a[224]),
(a[ 78],a[159]),  (a[ 78],a[238]),  (a[ 79],a[ 41]),  (a[ 79],a[225]),
(a[ 80],a[ 47]),  (a[ 80],a[ 62]),  (a[ 81],a[136]),  (a[ 81],a[144]),
(a[ 83],a[ 48]),  (a[ 83],a[ 80]),  (a[ 84],a[ 14]),  (a[ 84],a[ 78]),
(a[ 86],a[144]),  (a[ 86],a[193]),  (a[ 87],a[ 26]),  (a[ 87],a[212]),
(a[ 88],a[108]),  (a[ 88],a[130]),  (a[ 89],a[ 43]),  (a[ 89],a[180]),
(a[ 91],a[ 22]),  (a[ 91],a[152]),  (a[ 93],a[164]),  (a[ 93],a[202]),
(a[ 94],a[ 39]),  (a[ 94],a[102]),  (a[ 95],a[127]),  (a[ 95],a[130]),
(a[ 97],a[232]),  (a[ 97],a[241]),  (a[101],a[ 91]),  (a[101],a[112]),
(a[106],a[108]),  (a[106],a[156]),  (a[107],a[ 75]),  (a[107],a[110]),
(a[109],a[ 44]),  (a[109],a[206]),  (a[110],a[ 29]),  (a[110],a[189]),
(a[114],a[145]),  (a[114],a[159]),  (a[115],a[142]),  (a[115],a[219]),
(a[116],a[ 19]),  (a[116],a[209]),  (a[117],a[ 57]),  (a[117],a[189]),
(a[120],a[ 33]),  (a[120],a[200]),  (a[121],a[ 62]),  (a[121],a[144]),
(a[122],a[ 38]),  (a[122],a[ 78]),  (a[125],a[ 31]),  (a[125],a[233]),
```

```
(a[126],a[141]), (a[126],a[159]), (a[130],a[  5]), (a[130],a[199]),
(a[132],a[ 30]), (a[132],a[251]), (a[133],a[172]), (a[133],a[239]),
(a[135],a[ 31]), (a[135],a[ 58]), (a[138],a[ 53]), (a[138],a[223]),
(a[142],a[ 10]), (a[142],a[ 70]), (a[144],a[  4]), (a[144],a[132]),
(a[147],a[126]), (a[147],a[136]), (a[149],a[206]), (a[149],a[232]),
(a[151],a[ 80]), (a[151],a[189]), (a[154],a[ 40]), (a[154],a[206]),
(a[155],a[  1]), (a[155],a[202]), (a[156],a[ 38]), (a[156],a[202]),
(a[158],a[198]), (a[158],a[242]), (a[159],a[134]), (a[159],a[135]),
(a[160],a[ 26]), (a[160],a[203]), (a[162],a[160]), (a[162],a[210]),
(a[163],a[ 13]), (a[163],a[156]), (a[166],a[ 40]), (a[166],a[150]),
(a[167],a[ 68]), (a[167],a[ 81]), (a[168],a[ 44]), (a[168],a[224]),
(a[169],a[ 66]), (a[169],a[140]), (a[171],a[ 28]), (a[171],a[178]),
(a[172],a[ 13]), (a[172],a[168]), (a[173],a[190]), (a[173],a[241]),
(a[174],a[ 64]), (a[174],a[190]), (a[175],a[ 83]), (a[175],a[102]),
(a[176],a[100]), (a[176],a[213]), (a[178],a[ 21]), (a[178],a[ 62]),
(a[181],a[ 80]), (a[181],a[127]), (a[182],a[ 54]), (a[182],a[194]),
(a[185],a[ 50]), (a[185],a[194]), (a[186],a[169]), (a[186],a[237]),
(a[188],a[ 66]), (a[188],a[183]), (a[190],a[ 22]), (a[190],a[102]),
(a[194],a[137]), (a[194],a[220]), (a[195],a[ 51]), (a[195],a[186]),
(a[201],a[ 13]), (a[201],a[162]), (a[202],a[ 20]), (a[202],a[183]),
(a[203],a[213]), (a[203],a[224]), (a[205],a[ 78]), (a[205],a[ 90]),
(a[207],a[100]), (a[207],a[158]), (a[209],a[ 14]), (a[209],a[ 86]),
(a[211],a[145]), (a[211],a[175]), (a[212],a[138]), (a[212],a[241]),
(a[213],a[113]), (a[213],a[117]), (a[214],a[ 25]), (a[214],a[244]),
(a[215],a[  9]), (a[215],a[157]), (a[218],a[187]), (a[218],a[232]),
(a[220],a[ 89]), (a[220],a[145]), (a[225],a[205]), (a[225],a[247]),
(a[228],a[ 61]), (a[228],a[148]), (a[229],a[ 49]), (a[229],a[173]),
(a[230],a[ 69]), (a[230],a[177]), (a[231],a[181]), (a[231],a[183]),
(a[232],a[ 11]), (a[232],a[113]), (a[233],a[127]), (a[233],a[166]),
(a[234],a[ 53]), (a[234],a[ 82]), (a[235],a[ 90]), (a[235],a[106]),
(a[240],a[103]), (a[240],a[149]), (a[242],a[ 52]), (a[242],a[149]),
(a[243],a[122]), (a[243],a[165]), (a[244],a[ 53]), (a[244],a[ 59]),
(a[245],a[ 14]), (a[245],a[244]), (a[249],a[111]), (a[249],a[116]),
(a[250],a[ 90]), (a[250],a[171]), (a[252],a[  3]), (a[252],a[188]),
  e
```

E.12 楕円曲線群 $EG\{F(p^n)\}$ の要素による巡回群

```
#include <stdio.h>  // for EG{F(2^4)}
#define N 4    // n=8
#define A 4    // g^5
#define B no   // B=no b=0
#define C 0    // C=no c=0
#define G 0    // g^0=1
#define P 2
#define MAX 1000
//   F(p^n)
int no,x3,y3,xx[10],aa[10],bb[10],al[MAX][11];
int value(void){
    int i,c,yy,v[10];
```

```
    v[0]=1;
    for(i=1;i<10;i++) v[i]=P*v[i-1];
    yy=bb[0];
    for(i=1;i<10;i++) if(bb[i]!=0) yy=yy+bb[i]*v[i];
    return(yy);
}
void shift_add(void){
    int i,k,xx;
/*  shift left */
    for(i=0;i<10;i++){ k=9-i; bb[k]=bb[k-1];}
    bb[0]=0;
/*  add */
    if(bb[N]!=0){
        for(i=0;i<N;i++){
            bb[i]=bb[i]+bb[N]*aa[i];
            while(bb[i]>=P) bb[i]=bb[i]-P;
        }
        bb[N]=0;
    }
}
int fpn_init(void){
    int i,k,m,nn;
    for(i=0;i<MAX;i++){
        for(k=0;k<11;k++) al[i][k]=0;
    }
    nn=1;
    for(i=0;i<N;i++) nn=nn*P;
    m=(nn-1)/(P-1);
    for(i=0;i<10;i++) aa[i]=bb[i]=0;
//  initial set
    xx[0]=1;  xx[2]=1;  xx[3]=1;  xx[4]=1;  xx[N]=1;  bb[0]=1;
    for(i=0;i<N;i++) if(xx[i]!=0) aa[i]=P-xx[i];
    k=0;    printf("   0,     a^1 -> a^%d:\n",nn-1);
    while(1){
        for(i=0;i<10;i++) al[k][i]=bb[i];
        nn=value();     printf("%4d,",nn);
        if((k%m) == (m-1)) printf("\n");
        if(nn==1 && k!=0) break;
        al[k][10]=nn;  shift_add();
        k++;
    }
    printf("  repeat \nPeriod = %d, No. of elements = %d \n\n",k,k+1);
    return(k);
}
int add(int x, int y){
    int i,k;
    if(x==no) return(y);  if(y==no) return(x);
    for(i=0;i<10;i++) bb[i]=0;
    for(i=0;i<N;i++) bb[i]=(al[x][i]+al[y][i])%P;
    k=value();   if(k==0) return(no);
    for(i=0;i<=no;i++) if(k==al[i][10]) break;
    return(i);
```

```
}
int sub(int x, int y){
    int i,k;
    if(x==no) return(y);   if(y==no) return(x);
    for(i=0;i<10;i++) bb[i]=0;
    for(i=0;i<N;i++) bb[i]=(P+al[x][i]-al[y][i])%P;
    k=value();   if(k==0) return(no);
    for(i=0;i<=no;i++) if(k==al[i][10]) break;
    return(i);
}
int mul(int x, int y){
    int k;
    if(x==no || y==no) return(no);
    k=(x+y)%no;  return(k);
}
int div(int x, int y){
    int k;
    if(x==no || y==no) return(no);
    k=(no+x-y)%no;  return(k);
}
void r_point(int x1, int y1, int x2, int y2){
    int lambda,yy,xx,k1,k2,k3,k4;
    if(x1==x2 && y1==y2){
        k1=mul(x1,x1);   k2=add(k1,k1);   k3=add(k1,k2);
        k1=mul(A,x1);    k2=add(k1,k1);   k4=add(k3,k2);
        k1=mul(G,y1);    k4=sub(k4,k1);   k1=add(y1,y1);
        k2=mul(G,x1);    k3=add(k1,k2);   lambda=div(k4,k3);
        k1=mul(lambda,lambda); k2=mul(G,lambda);
        k3=add(k1,k2);   k4=sub(k3,A);    k1=add(x1,x1);
        x3=sub(k4,k1);   k1=sub(x1,x3);   k2=mul(lambda,k1);
        k1=sub(k2,y1);   k2=mul(G,x3);    y3=sub(k1,k2);
    }else{
        k1=sub(y2,y1);   k2=sub(x2,x1);   lambda=div(k1,k2);
        k1=mul(lambda,lambda); k2=mul(G,lambda);
        k3=add(k1,k2);   k4=sub(k3,A);
        k1=sub(k4,x1);   x3=sub(k1,x2);
        k1=sub(x1,x3);   k2=mul(lambda,k1);
        k1=sub(k2,y1);   k2=mul(G,x3);    y3=sub(k1,k2);
    }
}
void main(void){
    int k,n,x1,y1,x2,y2,ye;
    no=fpn_init();
    printf("P_point = ");     scanf("%d%d",&x1,&y1);
    printf("  P=(a[%2d],a[%2d]), ",x1,y1);
    k=0;     n=1;     x2=x1;    y2=y1;
    while(1){
        r_point(x1,y1,x2,y2);   n++;   k++;
        if(x3==no && y3==no) break;
        if(x3==no){                 printf("%2dP=(    0 ,a[%3d]), ",n,y3);
        }else if(y3==no){     printf("%2dP=(a[%3d],    0 ), ",n,x3);
        }else{     printf("%2dP=(a[%3d],a[%3d]), ",n,x3,y3);
```

E.12 楕円曲線群 $EG\{F(p^n)\}$ の要素による巡回群

```
        }
        if((k % 4)==3) printf("\n");          if(x3==x1) break;
        x2=x3;     y2=y3;
    }
    printf("     P= e\n");
}
```

このプログラムを利用して，原始多項式が $f(x) = x^8 + x^4 + x^3 + x^2 + 1$ において，楕
円曲線群 $EG\{F(2^8)\}$ の部分群が一つだけの場合（$a = \alpha^5,\ c = 0,\ g = 1$），基準となる
点 (α^9, α^{151}) による巡回群を求めると以下となる。ここで，(α^x, α^y) を (a[x],a[y]) で
表す。

```
   P=(a[  9],a[151]),    2P=(a[ 18],a[ 22]),    3P=(a[ 42],a[234]),
  4P=(a[ 36],a[  9]),    5P=(a[ 77],a[224]),    6P=(a[ 84],a[ 14]),
  7P=(a[203],a[224]),    8P=(a[ 72],a[100]),    9P=(a[ 86],a[193]),
 10P=(a[154],a[ 40]),   11P=(a[190],a[ 22]),   12P=(a[168],a[ 44]),
 13P=(a[ 91],a[152]),   14P=(a[151],a[ 80]),   15P=(a[ 30],a[  0]),
 16P=(a[144],a[132]),   17P=(a[225],a[205]),   18P=(a[172],a[ 13]),
 19P=(a[ 10],a[ 15]),   20P=(a[ 53],a[ 38]),   21P=(a[176],a[100]),
 22P=(a[125],a[ 31]),   23P=(a[156],a[ 38]),   24P=(a[ 81],a[136]),
 25P=(a[126],a[141]),   26P=(a[182],a[ 54]),   27P=(a[ 29],a[ 73]),
 28P=(a[ 47],a[213]),   29P=(a[207],a[158]),   30P=(a[ 60],a[162]),
 31P=(a[202],a[ 20]),   32P=(a[ 33],a[190]),   33P=(a[121],a[144]),
 34P=(a[195],a[186]),   35P=(a[147],a[136]),   36P=(a[ 89],a[ 43]),
 37P=(a[205],a[ 90]),   38P=(a[ 20],a[163]),   39P=(a[110],a[ 29]),
 40P=(a[106],a[108]),   41P=(a[232],a[ 11]),   42P=(a[ 97],a[241]),
 43P=(a[122],a[ 78]),   44P=(a[250],a[ 90]),   45P=(a[213],a[113]),
 46P=(a[ 57],a[ 31]),   47P=(a[160],a[203]),   48P=(a[162],a[160]),
 49P=(a[181],a[ 80]),   50P=(a[252],a[  3]),   51P=(a[ 93],a[164]),
 52P=(a[109],a[ 44]),   53P=(a[117],a[189]),   54P=(a[ 58],a[120]),
 55P=(a[115],a[219]),   56P=(a[ 94],a[ 39]),   57P=(a[243],a[122]),
 58P=(a[159],a[135]),   59P=(a[ 44],a[ 63]),   60P=(a[120],a[200]),
 61P=(a[214],a[ 25]),   62P=(a[149],a[206]),   63P=(a[ 83],a[ 48]),
 64P=(a[ 66],a[ 24]),   65P=(a[138],a[223]),   66P=(a[242],a[149]),
 67P=(a[175],a[102]),   68P=(a[135],a[ 58]),   69P=(a[130],a[  5]),
 70P=(a[ 39],a[121]),   71P=(a[ 71],a[149]),   72P=(a[178],a[ 21]),
 73P=(a[228],a[148]),   74P=(a[155],a[202]),   75P=(a[158],a[198]),
 76P=(a[ 40],a[243]),   77P=(a[ 87],a[ 26]),   78P=(a[220],a[145]),
 79P=(a[ 11],a[252]),   80P=(a[212],a[241]),   81P=(a[235],a[106]),
 82P=(a[209],a[ 14]),   83P=(a[167],a[ 68]),   84P=(a[194],a[137]),
 85P=(a[233],a[166]),   86P=(a[244],a[ 59]),   87P=(a[211],a[145]),
 88P=(a[245],a[244]),   89P=(a[133],a[239]),   90P=(a[171],a[178]),
 91P=(a[ 79],a[ 41]),   92P=(a[114],a[145]),   93P=(a[163],a[ 13]),
 94P=(a[ 65],a[230]),   95P=(a[215],a[  9]),   96P=(a[ 69],a[185]),
 97P=(a[169],a[140]),   98P=(a[107],a[110]),   99P=(a[ 22],a[108]),
100P=(a[249],a[111]),  101P=(a[185],a[ 50]),  102P=(a[186],a[237]),
103P=(a[174],a[190]),  104P=(a[218],a[232]),  105P=(a[ 80],a[ 62]),
106P=(a[234],a[ 82]),  107P=(a[ 61],a[248]),  108P=(a[116],a[ 19]),
109P=(a[ 55],a[109]),  110P=(a[230],a[ 69]),  111P=(a[201],a[162]),
112P=(a[188],a[ 66]),  113P=(a[101],a[ 91]),  114P=(a[231],a[181]),
```

```
115P=(a[142],a[ 10]), 116P=(a[ 63],a[162]), 117P=(a[ 78],a[159]),
118P=(a[ 88],a[108]), 119P=(a[  5],a[  5]), 120P=(a[240],a[149]),
121P=(a[ 15],a[ 40]), 122P=(a[173],a[190]), 123P=(a[ 95],a[130]),
124P=(a[ 43],a[119]), 125P=(a[229],a[173]), 126P=(a[166],a[ 40]),
127P=(a[ 21],a[194]), 128P=(a[132],a[251]), 129P=(a[132],a[ 30]),
130P=(a[ 21],a[253]), 131P=(a[166],a[150]), 132P=(a[229],a[ 49]),
133P=(a[ 43],a[156]), 134P=(a[ 95],a[127]), 135P=(a[173],a[241]),
136P=(a[ 15],a[ 16]), 137P=(a[240],a[103]), 138P=(a[  5],    0 ),
139P=(a[ 88],a[130]), 140P=(a[ 78],a[238]), 141P=(a[ 63],a[ 76]),
142P=(a[142],a[ 70]), 143P=(a[231],a[183]), 144P=(a[101],a[112]),
145P=(a[188],a[183]), 146P=(a[201],a[ 13]), 147P=(a[230],a[177]),
148P=(a[ 55],a[  8]), 149P=(a[116],a[209]), 150P=(a[ 61],a[ 10]),
151P=(a[234],a[ 53]), 152P=(a[ 80],a[ 47]), 153P=(a[218],a[187]),
154P=(a[174],a[ 64]), 155P=(a[186],a[169]), 156P=(a[185],a[194]),
157P=(a[249],a[116]), 158P=(a[ 22],a[  9]), 159P=(a[107],a[ 75]),
160P=(a[169],a[ 66]), 161P=(a[ 69],a[ 28]), 162P=(a[215],a[157]),
163P=(a[ 65],a[ 37]), 164P=(a[163],a[156]), 165P=(a[114],a[159]),
166P=(a[ 79],a[225]), 167P=(a[171],a[ 28]), 168P=(a[133],a[172]),
169P=(a[245],a[ 14]), 170P=(a[211],a[175]), 171P=(a[244],a[ 53]),
172P=(a[233],a[127]), 173P=(a[194],a[220]), 174P=(a[167],a[ 81]),
175P=(a[209],a[ 86]), 176P=(a[235],a[ 90]), 177P=(a[212],a[138]),
178P=(a[ 11],a[221]), 179P=(a[220],a[ 89]), 180P=(a[ 87],a[212]),
181P=(a[ 40],a[129]), 182P=(a[158],a[242]), 183P=(a[155],a[  1]),
184P=(a[228],a[ 61]), 185P=(a[178],a[ 62]), 186P=(a[ 71],a[ 28]),
187P=(a[ 39],a[ 98]), 188P=(a[130],a[199]), 189P=(a[135],a[ 31]),
190P=(a[175],a[ 83]), 191P=(a[242],a[ 52]), 192P=(a[138],a[ 53]),
193P=(a[ 66],a[ 44]), 194P=(a[ 83],a[ 80]), 195P=(a[149],a[232]),
196P=(a[214],a[244]), 197P=(a[120],a[ 33]), 198P=(a[ 44],a[136]),
199P=(a[159],a[134]), 200P=(a[243],a[165]), 201P=(a[ 94],a[102]),
202P=(a[115],a[142]), 203P=(a[ 58],a[148]), 204P=(a[117],a[ 57]),
205P=(a[109],a[206]), 206P=(a[ 93],a[202]), 207P=(a[252],a[188]),
208P=(a[181],a[127]), 209P=(a[162],a[210]), 210P=(a[160],a[ 26]),
211P=(a[ 57],a[229]), 212P=(a[213],a[117]), 213P=(a[250],a[171]),
214P=(a[122],a[ 38]), 215P=(a[ 97],a[232]), 216P=(a[232],a[113]),
217P=(a[106],a[156]), 218P=(a[110],a[189]), 219P=(a[ 20],a[170]),
220P=(a[205],a[ 78]), 221P=(a[ 89],a[180]), 222P=(a[147],a[126]),
223P=(a[195],a[ 51]), 224P=(a[121],a[ 62]), 225P=(a[ 33],a[ 74]),
226P=(a[202],a[183]), 227P=(a[ 60],a[ 26]), 228P=(a[207],a[100]),
229P=(a[ 47],a[161]), 230P=(a[ 29],a[244]), 231P=(a[182],a[194]),
232P=(a[126],a[159]), 233P=(a[ 81],a[144]), 234P=(a[156],a[202]),
235P=(a[125],a[233]), 236P=(a[176],a[213]), 237P=(a[ 53],a[ 71]),
238P=(a[ 10],a[148]), 239P=(a[172],a[168]), 240P=(a[225],a[247]),
241P=(a[144],a[  4]), 242P=(a[ 30],a[ 66]), 243P=(a[151],a[189]),
244P=(a[ 91],a[ 22]), 245P=(a[168],a[224]), 246P=(a[190],a[102]),
247P=(a[154],a[206]), 248P=(a[ 86],a[144]), 249P=(a[ 72],a[ 10]),
250P=(a[203],a[213]), 251P=(a[ 84],a[ 78]), 252P=(a[ 77],a[130]),
253P=(a[ 36],a[113]), 254P=(a[ 42],a[ 34]), 255P=(a[ 18],a[118]),
256P=(a[  9],a[227]),     e
```

E.13　楕円曲線群 $EG\{F(257)\}$ による共通鍵暗号および復号

```
#include <stdio.h>    // YY
#define PRIME 257  // Prime number
#define B 1          // b=1
#define C 7          // c=1
#define X 192         // P=(X,Y)
#define Y 214
#define KEY 27        // Private key
#define NN 281        // The number of points
int x3,y3,lambda;
int div(int yy, int xx){
    int n;
    while(xx>=PRIME) xx=xx-PRIME;
    while(0>xx) xx=xx+PRIME;
    while(yy>=PRIME) yy=yy-PRIME;
    while(0>yy) yy=yy+PRIME;
    for(n=1;n<PRIME;n++) if(((xx*n) % PRIME)==1) break;
    yy=yy*n;
    while(yy>=PRIME) yy=yy-PRIME;
    return(yy);
}
void r_point(int x1, int y1, int x2, int y2){
    int xx,yy;
    if(x1==x2 && y1==y2){
        yy=3*x1*x1+B;    xx=2*y1;
        if(xx!=0){
            lambda=div(yy,xx);   x3=lambda*lambda-2*x1;
            while(0>x3) x3=x3+PRIME;
            while(x3>=PRIME) x3=x3-PRIME;
            y3=lambda*(x1-x3)-y1;
            while(0>y3) y3=y3+PRIME;
            while(y3>=PRIME) y3=y3-PRIME;
            while(0>y3) y3=y3+PRIME;
            while(y3>=PRIME) y3=y3-PRIME;
        }else{
            x3=y3=0;    lambda=999;
        }
    }else{
        xx=x2-x1;    yy=y2-y1;
        if(xx!=0){
            lambda=div(yy,xx);   x3=lambda*lambda-x1-x2;
            while(0>x3) x3=x3+PRIME;
            while(x3>=PRIME) x3=x3-PRIME;
            y3=lambda*(x1-x3)-y1;
            while(0>y3) y3=y3+PRIME;
            while(y3>=PRIME) y3=y3-PRIME;
        }else{
            x3=y3=0;    lambda=999;
        }
    }
}
```

```
void encrypto(int nx, int x, int y, int xa[], int ya[]){
    int n,x1,y1,x2,y2,ye;
    x1=x;     y1=y;      n=1;
    x2=x1;    y2=y1;     ye=PRIME-y1;
    printf("   P=(%3d,%3d), ",x,y);
    while(1){
        r_point(x1,y1,x2,y2);   n++;
        if(n==nx){ xa[0]=x3;   ya[0]=y3;}
        x2=x3;     y2=y3;
        if(x3==x1 && y3==ye) break;
    }
    printf("%3dP=(%3d,%3d)\n \n",nx,xa[0],ya[0]);
}
int iencrypto(int key, int x, int y, int xa, int ya){
    int n,x1,y1,x2,y2,ye,nx;
    x1=x;     y1=y;      n=1;
    x2=x1;    y2=y1;     ye=PRIME-y1;
    printf("   P=(%3d,%3d), ",xa,ya);
    while(1){
        r_point(x1,y1,x2,y2);   n++;
        if((x3==xa) && (y3==ya) ) nx=n;
        x2=x3;     y2=y3;
        if(x3==x1 && y3==ye) break;
    }
    printf("%3dP=(%3d,%3d)\n \n",nx,xa,ya);
    while(1){
        if((nx%key) == 0) break;
        nx=nx+NN;
    }
    nx=nx/key;
    return(nx);
}
void main(void){
    char ci,co;
    int ic,nd,xa,ya,xb,yb;
    encrypto(KEY,X,Y,&xa,&ya);
    printf("Input character = "); scanf("%c",&ci);
    ic=(int)ci;
    encrypto(ic,xa,ya,&xb,&yb);
    nd=iencrypto(KEY,X,Y,xb,yb);
    co=(char)nd;
    printf("d = %d,   d = %c \n",nd,co);
}
```

E.14　楕円曲線群 $EG\{F(257)\}$ による DH 暗号および復号

```
#include <stdio.h>    // YY
#define PRIME 257  //  Prime number
#define B 1    // b=1
#define C 7    // c=7
```

```
#define X 192     // P=(X,Y)
#define Y 214
#define KEY2 27    // Private key of B
#define KEY1 35    // Private key of A
#define NN 281     // The number of points
int x3,y3,lambda;
int div(int yy, int xx){
    int n;
    while(xx>=PRIME) xx=xx-PRIME;
    while(0>xx) xx=xx+PRIME;
    while(yy>=PRIME) yy=yy-PRIME;
    while(0>yy) yy=yy+PRIME;
    for(n=1;n<PRIME;n++){
        if(((xx*n) % PRIME)==1) break;
    }
    yy=yy*n;
    while(yy>=PRIME) yy=yy-PRIME;
    return(yy);
}
void r_point(int x1, int y1, int x2, int y2){
    int xx,yy;
    if(x1==x2 && y1==y2){
        yy=3*x1*x1+B;      xx=2*y1;
        if(xx!=0){
            lambda=div(yy,xx);    x3=lambda*lambda-2*x1;
            while(0>x3) x3=x3+PRIME;
            while(x3>=PRIME) x3=x3-PRIME;
            y3=lambda*(x1-x3)-y1;
            while(0>y3) y3=y3+PRIME;
            while(y3>=PRIME) y3=y3-PRIME;
            while(0>y3) y3=y3+PRIME;
            while(y3>=PRIME) y3=y3-PRIME;
        }else{
            x3=y3=0;    lambda=999;
        }
    }else{
        xx=x2-x1;      yy=y2-y1;
        if(xx!=0){
            lambda=div(yy,xx);    x3=lambda*lambda-x1-x2;
            while(0>x3) x3=x3+PRIME;
            while(x3>=PRIME) x3=x3-PRIME;
            y3=lambda*(x1-x3)-y1;
            while(0>y3) y3=y3+PRIME;
            while(y3>=PRIME) y3=y3-PRIME;
        }else{
            x3=y3=0;    lambda=999;
        }
    }
}
void encrypto(int nx, int x, int y, int xa[], int ya[]){
    int n,x1,y1,x2,y2,ye;
    x1=x;      y1=y;    n=1;
```

```
    x2=x1;    y2=y1;      ye=PRIME-y1;
    printf("    P=(%3d,%3d), ",x,y);
    while(1){
        r_point(x1,y1,x2,y2);    n++;
        if(n==nx){ xa[0]=x3;   ya[0]=y3;}
        x2=x3;     y2=y3;
        if(x3==x1 && y3==ye) break;
    }
    printf("%3dP=(%3d,%3d)\n \n",nx,xa[0],ya[0]);
}
int iencrypto(int x, int y, int xa, int ya){
    int n,x1,y1,x2,y2,ye,nx;
    x1=x;     y1=y;     n=1;
    x2=x1;    y2=y1;     ye=PRIME-y1;
    printf("    P=(%3d,%3d), ",xa,ya);
    while(1){
        r_point(x1,y1,x2,y2);    n++;
        if((x3==xa) && (y3==ya) ) nx=n;
        x2=x3;     y2=y3;
        if(x3==x1 && y3==ye) break;
    }
    printf("%3dP=(%3d,%3d)\n \n",nx,xa,ya);
    return(nx);
}
void main(void){
    char c,co;
    int ic,nd,xa,ya,xb,yb,xc,yc;
    encrypto(KEY1,X,Y,&xa,&ya);
    encrypto(KEY2,xa,ya,&xb,&yb);
     printf("Common key Q=(%d,%d)\n",xb,yb);
    encrypto(KEY2,X,Y,&xa,&ya);
    encrypto(KEY1,xa,ya,&xb,&yb);
     printf("Common key Q=(%d,%d)\n",xb,yb);
     printf("Input character ");   scanf("%c",&c);
    ic=(int)c;
    encrypto(ic,xb,yb,&xc,&yc);
     printf(" %d Q = (%d,%d) \n",ic,xc,yc);
    nd=iencrypto(xb,yb,xc,yc);
    co=(char)nd;
    printf("d = %d,    d = %c \n",nd,co);
}
```

E.15　楕円曲線群 $EG\{F(2^n)\}$ による共通鍵暗号および復号

　一般的な代数拡大体 $F(p^n)$ による楕円曲線群 $EG\{F(p^n)\}$ として作成した共通鍵暗号および復号のプログラム例である。$p > 2$ において楕円曲線群を構成するパラメータが求めることができれば，このパラメータを利用して一般的な代数拡大体 $F(p^n)$ による共通鍵暗号および復号を行なうことができる。

```
#include <stdio.h> // YY
#define MAX 1000
#define N 8
#define P 2
#define A 5       //  a=alpha^5
#define C no      // c=0
#define X 10      // P=(alpha^X, alpha^Y)
#define Y 148
#define KEY 27    // Private key
#define NN 257    // The number of points
FILE *fpw;
int iy,x3,y3,no;
int aa[10],bb[10],xx[10];
int PS[MAX],PP[MAX],al[MAX][11];

int value(void){
    int i,c,yy,v[10];
    v[0]=1;
    for(i=1;i<10;i++) v[i]=P*v[i-1];
    yy=bb[0];
    for(i=1;i<10;i++) if(bb[i]!=0) yy=yy+bb[i]*v[i];
    return(yy);
}
void shift_add(void){
    int i,k,xx;
/*  shift left */
    for(i=0;i<10;i++){ k=9-i; bb[k]=bb[k-1];}
    bb[0]=0;
/*  add */
    if(bb[N]!=0){
        for(i=0;i<N;i++){
            bb[i]=bb[i]+bb[N]*aa[i];
            while(bb[i]>=P) bb[i]=bb[i]-P;
        }
        bb[N]=0;
    }
}
int fpn_init(void){
    int i,k,m,nn;
    for(i=0;i<1000;i++){
        for(k=0;k<11;k++) al[i][k]=0;
    }
    nn=1;
    for(i=0;i<N;i++) nn=nn*P;
    m=(nn-1)/(P-1);
    for(i=0;i<10;i++) aa[i]=bb[i]=0;
//  initial set
    xx[0]=1;  xx[2]=1;  xx[3]=1;  xx[4]=1;
    xx[N]=1;  bb[0]=1;  // f(x)=x^8+x^4+x^3+x^2+1
    for(i=0;i<N;i++) if(xx[i]!=0) aa[i]=P-xx[i];
    k=0;    printf("   0,     a^1 -> a^%d:\n",nn-1);
    while(1){
```

```
        for(i=0;i<10;i++) al[k][i]=bb[i];
        nn=value();    printf("%4d,",nn);
        if((k%m) == (m-1)) printf("\n");
        if(nn==1 && k!=0) break;
        al[k][10]=nn;    shift_add();
        k++;
    }
    printf("  repeat \nPeriod = %d, No. of elements = %d \n\n",k,k+1);
    return(k);
}
int add(int x, int y){
    int i,k;
    if(x==no) return(y);  if(y==no) return(x);
    for(i=0;i<10;i++) bb[i]=0;
    for(i=0;i<N;i++) bb[i]=(al[x][i]+al[y][i])%P;
    k=value();    if(k==0) return(no);
    for(i=0;i<=no;i++) if(k==al[i][10]) break;
    return(i);
}
int sub(int x, int y){
    int i,k;
    if(x==no) return(y);  if(y==no) return(x);
    for(i=0;i<10;i++) bb[i]=0;
    for(i=0;i<N;i++) bb[i]=(P+al[x][i]-al[y][i])%P;
    k=value();    if(k==0) return(no);
    for(i=0;i<=no;i++) if(k==al[i][10]) break;
    return(i);
}
int mul(int x, int y){
    int k;
    if(x==no || y==no) return(no);
    k=(x+y)%no;    return(k);
}
int div(int x, int y){
    int k;
    if(x==no || y==no) return(no);
    k=(no+x-y)%no;  return(k);
}
void r_point(int x1, int y1, int x2, int y2){
    int lambda,yy,xx,k1,k2,k3,k4;
    if(x1==x2 && y1==y2){
        k1=mul(x1,x1);   k2=add(k1,k1);   k3=add(k1,k2);
        k1=mul(A,x1);    k2=add(k1,k1);   k4=add(k3,k2);
        k1=mul(G,y1);    k4=sub(k4,k1);   k1=add(y1,y1);
        k2=mul(G,x1);    k3=add(k1,k2);   lambda=div(k4,k3);
        k1=mul(lambda,lambda);   k2=mul(G,lambda);
        k3=add(k1,k2);   k4=sub(k3,A);    k1=add(x1,x1);
        x3=sub(k4,k1);   k1=sub(x1,x3);   k2=mul(lambda,k1);
        k1=sub(k2,y1);   k2=mul(G,x3);    y3=sub(k1,k2);
    }else{
        k1=sub(y2,y1);   k2=sub(x2,x1);   lambda=div(k1,k2);
        k1=mul(lambda,lambda);   k2=mul(G,lambda);
```

```
            k3=add(k1,k2);    k4=sub(k3,A);
            k1=sub(k4,x1);    x3=sub(k1,x2);
            k1=sub(x1,x3);    k2=mul(lambda,k1);
            k1=sub(k2,y1);    k2=mul(G,x3);    y3=sub(k1,k2);
    }
}
void point_sol(void){
    int i,n,x,y,xx,yy,k1,k2,k3,k4;
    n=0;
    for(i=0;i<MAX;i++) PS[i]=0;
    for(x=0;x<no;x++){
        for(y=0;y<no;y++){
            k1=mul(y,y);  k2=mul(x,y);  yy=add(k1,k2);
/*          */
            k1=mul(x,x);      k1=mul(k1,x);
            k2=mul(x,x);      k2=mul(k2,A);
            k3=add(k1,k2);  xx=add(k3,C);
/*          */
            if(xx==yy){ PS[n]=256*x+y;    n++; }
        }
    }
}
void junkai(int x1, int y1){
    int i,k,n,x2,y2,ye;
    for(i=0;i<MAX;i++) PP[i]=0;
    PP[1]=256*x1+y1;    k=2;   /* n=1; */
    printf("   P=(gf[%3d],gf[%3d]), ",x1,y1);
    x2=x1;   y2=y1;
    while(1){
        r_point(x1,y1,x2,y2);
        if(MAX>k) PP[k]=256*x3+y3;
        if(k>1000) break;
        if(x3==x1) break;
        k++;    x2=x3;      y2=y3;
    }
}
void encrypto(int nx, int x, int y, int xa[], int ya[]){
    int n;
    junkai(x,y);    n=PP[nx];
    xa[0]=n/256;    ya[0]=n%256;
    printf("%3dP=(gf[%d],gf[%d])\n \n",nx,xa[0],ya[0]);
}
int iencrypto(int key, int x, int y, int xa, int ya){
    int i,m,n,nx;
    junkai(x,y);    n=256*xa+ya;
    for(nx=1;nx<MAX;nx++){
        m=PP[nx];  if(m==0) break;
        if(m==n) break;
    }
    printf("%3dP=(gf[%d],gf[%d]) \n",nx,xa,ya);
    while(1){
        if((nx%key) == 0) break;
```

```
        nx=nx+NN;
    }
    nx=nx/key;
    printf("   out =   %d \n",nx);
    return(nx);
}
void main(void){
    char ci,co;
    int ic,nd,xa,ya,xb,yb;
    no=fpn_init();
    encrypto(KEY,X,Y,&xa,&ya);
    printf("Input character = "); scanf("%c",&ci);
    ic=(int)ci;
    encrypto(ic,xa,ya,&xb,&yb);
    nd=iencrypto(KEY,X,Y,xb,yb);
    co=(char)nd;
    printf("   d = %d,   d = %c \n",nd,co);
}
```

E.16　楕円曲線群 $EG\{F(2^n)\}$ による DH 暗号および復号

　一般的な代数拡大体 $F(p^n)$ による楕円曲線群 $EG\{F(p^n)\}$ として作成した DH 暗号および復号のプログラム例である。$p > 2$ において楕円曲線群を構成するパラメータを求めることができれば，このパラメータを利用して一般的な代数拡大体 $F(p^n)$ による DH 暗号および復号を行なうことができる。

```
#include <stdio.h>  // YY
#define MAX 1000
#define N 8
#define P 2
#define A 5      // a=alpha^5
#define C no     // c=0
#define X 10     // P=(alpha^X, alpha^Y)
#define Y 148
#define KEY2 27  // Private key of B
#define KEY1 35  // Private key of A
#define NN 257   // The number of points
FILE *fpw;
int iy,x3,y3,no;
int aa[10],bb[10],xx[10];
int PS[MAX],PP[MAX],al[MAX][11];
int value(void){
    int i,c,yy,v[10];
    v[0]=1;
    for(i=1;i<10;i++) v[i]=P*v[i-1];
    yy=bb[0];
    for(i=1;i<10;i++) if(bb[i]!=0) yy=yy+bb[i]*v[i];
    return(yy);
```

```
}
void shift_add(void){
    int i,k,xx;
/*  shift left */
    for(i=0;i<10;i++){ k=9-i; bb[k]=bb[k-1];}
    bb[0]=0;
/*  add */
    if(bb[N]!=0){
        for(i=0;i<N;i++){
            bb[i]=bb[i]+bb[N]*aa[i];
            while(bb[i]>=P) bb[i]=bb[i]-P;
        }
        bb[N]=0;
    }
}
int fpn_init(void){
    int i,k,m,nn;
    for(i=0;i<1000;i++){
        for(k=0;k<11;k++) al[i][k]=0;
    }
    nn=1;
    for(i=0;i<N;i++) nn=nn*P;
    m=(nn-1)/(P-1);
    for(i=0;i<10;i++) aa[i]=bb[i]=0;
//  initial set
    xx[0]=1;  xx[2]=1;  xx[3]=1;  xx[4]=1;
    xx[N]=1;  bb[0]=1;  // f(x)=x^8+x^4+x^3+x^2+1
    for(i=0;i<N;i++) if(xx[i]!=0) aa[i]=P-xx[i];
    k=0;    printf("    0,       a^1 -> a^%d:\n",nn-1);
    while(1){
        for(i=0;i<10;i++) al[k][i]=bb[i];
        nn=value();    printf("%4d,",nn);
        if((k%m) == (m-1)) printf("\n");
        if(nn==1 && k!=0) break;
        al[k][10]=nn;    shift_add();
        k++;
    }
    printf("  repeat \nPeriod = %d, No. of elements = %d \n\n",k,k+1);
    return(k);
}
int add(int x, int y){
    int i,k;
    if(x==no) return(y);   if(y==no) return(x);
    for(i=0;i<10;i++) bb[i]=0;
    for(i=0;i<N;i++) bb[i]=(al[x][i]+al[y][i])%P;
    k=value();    if(k==0) return(no);
    for(i=0;i<=no;i++) if(k==al[i][10]) break;
    return(i);
}
int sub(int x, int y){
    int i,k;
    if(x==no) return(y);   if(y==no) return(x);
```

```
        for(i=0;i<10;i++) bb[i]=0;
        for(i=0;i<N;i++) bb[i]=(P+al[x][i]-al[y][i])%P;
        k=value();   if(k==0) return(no);
        for(i=0;i<=no;i++) if(k==al[i][10]) break;
        return(i);
}
int mul(int x, int y){
        int k;
        if(x==no || y==no) return(no);
        k=(x+y)%no;  return(k);
}
int div(int x, int y){
        int k;
        if(x==no || y==no) return(no);
        k=(no+x-y)%no;  return(k);
}
void r_point(int x1, int y1, int x2, int y2){
        int lambda,yy,xx,k1,k2,k3,k4;
        if(x1==x2 && y1==y2){
            k1=mul(x1,x1);   k2=add(k1,k1);   k3=add(k1,k2);
            k1=mul(A,x1);    k2=add(k1,k1);   k4=add(k3,k2);
            k1=mul(G,y1);    k4=sub(k4,k1);   k1=add(y1,y1);
            k2=mul(G,x1);    k3=add(k1,k2);   lambda=div(k4,k3);
            k1=mul(lambda,lambda);  k2=mul(G,lambda);
            k3=add(k1,k2);   k4=sub(k3,A);    k1=add(x1,x1);
            x3=sub(k4,k1);   k1=sub(x1,x3);   k2=mul(lambda,k1);
            k1=sub(k2,y1);   k2=mul(G,x3);    y3=sub(k1,k2);
        }else{
            k1=sub(y2,y1);   k2=sub(x2,x1);   lambda=div(k1,k2);
            k1=mul(lambda,lambda);  k2=mul(G,lambda);
            k3=add(k1,k2);   k4=sub(k3,A);
            k1=sub(k4,x1);   x3=sub(k1,k2);
            k1=sub(x1,x3);   k2=mul(lambda,k1);
            k1=sub(k2,y1);   k2=mul(G,x3);    y3=sub(k1,k2);
        }
}
void point_sol(void){
        int i,n,x,y,xx,yy,k1,k2,k3,k4;
        n=0;
        for(i=0;i<MAX;i++) PS[i]=0;
        for(x=0;x<no;x++){
            for(y=0;y<no;y++){
                k1=mul(y,y);  k2=mul(x,y);   yy=add(k1,k2);
                k1=mul(x,x);  k1=mul(k1,x);  k2=mul(x,x);
                k2=mul(k2,A); k3=add(k1,k2); xx=add(k3,C);
                if(xx==yy){   PS[n]=256*x+y;    n++;      }
            }
        }
}
void junkai(int x1, int y1){
        int i,k,n,x2,y2,ye;
        for(i=0;i<MAX;i++) PP[i]=0;
```

```
    PP[1]=256*x1+y1;     k=2;     /* n=1;
    printf("   P=(gf[%3d],gf[%3d]), ",x1,y1); */
    x2=x1;    y2=y1;
    while(1){
        r_point(x1,y1,x2,y2);
        if(MAX>k) PP[k]=256*x3+y3;
        k++;            if(k>1000) break;
    if(x3==x1) break;
    x2=x3;      y2=y3;
    }
}
void encrypto(int nx, int x, int y, int xa[], int ya[]){
    int n;
    junkai(x,y);    n=PP[nx];     xa[0]=n/256;    ya[0]=n%256;
    printf("%3dP=(gf[%d],gf[%d])\n \n",nx,xa[0],ya[0]);
}
int iencrypto(int x, int y, int xa, int ya){
    int i,m,n,nx;
    junkai(x,y);    n=256*xa+ya;
    for(nx=1;nx<MAX;nx++){
        m=PP[nx];  if(m==0) break;  if(m==n) break;
    }
    printf("%3dP=(gf[%d],gf[%d])\n \n",nx,xa,ya);
    return(nx);
}
void main(void){
    char c,co;
    int ic,nd,xa,ya,xb,yb,xc,yc;
    no=fpn_init();
    encrypto(KEY1,X,Y,&xa,&ya);
    encrypto(KEY2,xa,ya,&xb,&yb);
    printf("Common key Q=(gf[%d],gf[%d])\n",xb,yb);
    encrypto(KEY2,X,Y,&xa,&ya);
    encrypto(KEY1,xa,ya,&xb,&yb);
    printf("Common key Q=(gf[%d],gf[%d])\n",xb,yb);
    printf("Input character = ");   scanf("%c",&c);
    ic=(int)c;
    encrypto(ic,xb,yb,&xc,&yc);
    printf(" %dQ=(gf[%d],gf[%d]) \n",ic,xc,yc);
    nd=iencrypto(xb,yb,xc,yc);
    co=(char)nd;
    printf(" d = %d,   d = %c \n",nd,co);
}
```

E.17   hash-1 のプログラム例

```
#include <stdio.h>         // YY
#define IVA 0x67452301
#define IVB 0xefcdab89
#define IVC 0x98badcde
#define IVD 0x10325476
```

```
#define IVE 0xc3d2e1f0
#define X0 0x00000000
#define X1 0x00000000
#define X2 0x00000000
#define X3 0x00000000
#define X4 0x00000000
#define X5 0x00000000
#define X6 0x00000000
#define X7 0x00000000
#define X8 0x00000000
#define X9 0x00000000
#define XA 0x00000000
#define XB 0x00000000
#define XC 0x00000000
#define XD 0x00000000
#define XE 0x00000000
#define XF 0x00000000
long OA,OB,OC,OD,OE;
long wk[16],key[80];
long func(int k, long x, long y, long z){
    long a,xx;
    xx=0xffffffff^x;
    if(20>k) a=(x&y)|(xx&z);    else if(40>k) a=x^y^z;
    else if(60>k) a=(x&y)|(x&z)|(y&z);    else a=x^y^z;
    return(a);
}
long rol(int i, long x){
    long ww,xw;
    int j;
    xw=x;
    for(j=0;j<i;j++){
        ww=xw; xw=xw<<1; if((0x80000000&ww) != 0) xw=0x01|xw;
    }
    return(xw);
}
void shash(int k, long IA, long IB, long IC, long ID, long IE){
    long WE,key;
    if(20>k) key=0x5a827999;
    else if(40>k) key=0x6ed9eba1;
    else if(60>k) key=0x8f1bbcdc;
    else key=0xca62c1d6;
    OB=IA; OC=rol(30,IB); OD=IC;              OE=ID;
    WE=IE^func(k,IB,IC,ID);     WE=WE^rol(5,IA);
    WE=WE^key;       WE=WE^wk[15];       OA=WE;
}
void hash_1(long A, long B, long C, long D, long E){
    long IA,IB,IC,ID,IE,ww,w1;
    int j,k;
    IA=A; IB=B; IC=C; ID=D; IE=E;
    for(k=0;k<80;k++){
        shash(k,IA,IB,IC,ID,IE);
        ww=wk[15];     ww=ww^wk[13];   ww=ww^wk[7];
```

233

```
        ww=ww^wk[2];   w1=ww;              ww=ww<<1;
        if((0x80000000&w1) !=0) ww=0x01|ww;
        for(j=0;j<15;j++) wk[15-j]=wk[14-j];
        wk[0]=ww;   IA=OA; IB=OB; IC=OC; ID=OD; IE=OE;
    }
    OA=IA^A; OB=IB^B; OC=IC^C; OD=ID^D; OE=IE^E;
}
void main(void){
    long IA,IB,IC,ID,IE;
    int i;
    wk[0]=X0;  wk[1]=X1;  wk[2]=X2;  wk[3]=X3;  wk[4]=X4;
    wk[5]=X5;  wk[6]=X6;  wk[7]=X7;  wk[8]=X8;  wk[9]=X9;
    wk[10]=XA; wk[11]=XB; wk[12]=XC; wk[13]=XD; wk[14]=XE;
    wk[15]=XF; IA=IVA;  IB=IVB;  IC=IVC;  ID=IVD;  IE=IVE;
    hash_1(IA,IB,IC,ID,IE);
    printf("OA = %8.8X \n",OA);
    printf("OB = %8.8X \n",OB);
    printf("OC = %8.8X \n",OC);
    printf("OD = %8.8X \n",OD);
    printf("OE = %8.8X \n",OE);
}
```

E.18　$F(2^8)$ 上での $S_{RD}(\alpha)$ の計算プログラム例

```
#include <stdio.h>
#define P 2
#define N 8
#define MAX 1000
int no,aa[MAX],bb[MAX],xx[MAX];
int srdx[MAX],isrdx[MAX],al[MAX][11];
int bitsu(int x){
    int i;
    i=0;
    if((x&0x80) != 0) i++; if((x&0x40) != 0) i++;
    if((x&0x20) != 0) i++; if((x&0x10) != 0) i++;
    if((x&0x08) != 0) i++; if((x&0x04) != 0) i++;
    if((x&0x02) != 0) i++; if((x&0x01) != 0) i++;
    return(i);
}
int SRD(int x){
    int i,y,yy,z[8];
    y=0;    if(x!=0){ i=255-x;    y=al[i][10]; }
    z[0]=0xf8&y; z[1]=0x7c&y; z[2]=0x3e&y; z[3]=0x1f&y;
    z[4]=0x8f&y; z[5]=0xc7&y; z[6]=0xe3&y; z[7]=0xf1&y;
    yy=0;
    i=bitsu(z[0]); if((0x01&i) != 0) yy=yy|0x01;
    i=bitsu(z[1]); if((0x01&i) != 0) yy=yy|0x02;
    i=bitsu(z[2]); if((0x01&i) != 0) yy=yy|0x04;
    i=bitsu(z[3]); if((0x01&i) != 0) yy=yy|0x08;
    i=bitsu(z[4]); if((0x01&i) != 0) yy=yy|0x10;
    i=bitsu(z[5]); if((0x01&i) != 0) yy=yy|0x20;
```

```
    i=bitsu(z[6]); if((0x01&i) != 0) yy=yy|0x40;
    i=bitsu(z[7]); if((0x01&i) != 0) yy=yy|0x80;
    yy=yy^0x63;    return(yy);
}
int value(void){
    int i,c,yy,v[10];
    v[0]=1;
    for(i=1;i<10;i++) v[i]=P*v[i-1];
    yy=bb[0];
    for(i=1;i<10;i++) if(bb[i]!=0) yy=yy+bb[i]*v[i];
    return(yy);
}
void shift_add(void){
    int i,k,xx;
/*  shift left */
    for(i=0;i<10;i++){ k=9-i; bb[k]=bb[k-1];}
    bb[0]=0;
/*  add */
    if(bb[N]!=0){
        for(i=0;i<N;i++){
            bb[i]=bb[i]+bb[N]*aa[i];
            while(bb[i]>=P) bb[i]=bb[i]-P;
        }
        bb[N]=0;
    }
}
int fpn_init(void){
    int i,k,m,nn;
    for(i=0;i<1000;i++){
        for(k=0;k<11;k++) al[i][k]=0;
    }
    nn=1;
    for(i=0;i<N;i++) nn=nn*P;
    m=(nn-1)/(P-1);
    for(i=0;i<10;i++) aa[i]=bb[i]=0;
//  initial set
    xx[0]=1;  xx[2]=1;  xx[3]=1;   xx[4]=1;
    xx[N]=1;  bb[0]=1;  //  f_1(x)=x^8+x^4+x^3+x^2+1
// xx[N]=xx[7]=xx[2]=xx[1]=xx[0]=bb[0]=1;f_2(x)=x^8+x^7+x^2+x+1
// xx[N]=xx[5]=xx[3]=xx[2]=xx[0]=bb[0]=1;f_3(x)=x^8+x^5+x^3+x^2+1
// xx[N]=xx[6]=xx[3]=xx[2]=xx[0]=bb[0]=1;f_4(x)=x^8+x^6+x^3+x^2+1
// xx[N]=xx[6]=xx[5]=xx[3]=xx[0]=bb[0]=1;f_5(x)=x^8+x^6+x^5+x^3+1
// xx[N]=xx[7]=xx[3]=xx[2]=xx[0]=bb[0]=1;f_6(x)=x^8+x^7+x^3+x^2+1
// xx[N]=xx[5]=xx[3]=xx[1]=xx[0]=bb[0]=1;f_7(x)=x^8+x^5+x^3+x+1
// xx[N]=xx[6]=xx[5]=xx[1]=xx[0]=bb[0]=1;f_8(x)=x^8+x^6+x^5+x+1
// xx[N]=xx[6]=xx[5]=xx[4]=xx[0]=bb[0]=1;f_9(x)=x^8+x^6+x^5+x^4+1
// xx[N]=xx[7]=xx[5]=xx[3]=xx[0]=bb[0]=1;f_{10}(x)=x^8+x^7+x^5+x^3+1
    for(i=0;i<N;i++) if(xx[i]!=0) aa[i]=P-xx[i];
    k=0;    printf("  0,     a^1 -> a^%d:\n",nn-1);
    while(1){
        for(i=0;i<10;i++) al[k][i]=bb[i];
        nn=value();      printf("%4d,",nn);
```

```
        if((k%m) == (m-1)) printf("\n");
        if(nn==1 && k!=0) break;
        al[k][10]=nn;   shift_add();
        k++;
    }
    printf("  repeat \nPeriod = %d, No. of elements = %d \n\n",k,k+1);
    return(k);
}
void main(void){
    int i,j,k,n;
    no=fpn_init();
    for(i=0;i<256;i++) srdx[i]=SRD(i);
    printf("S_RD(x)\n    ");
    for(i=0;i<16;i++) printf("   %1X",i);
    for(i=0;i<16;i++){
        printf("\n %1X: ",i);
        for(j=0;j<16;j++){
            k=16*i+j;    n=srdx[k];
            printf("%2.2X, ",n);
            isrdx[n]=k;
        }
    }
    printf("\nInverse S_RD(x)\n    ");
    for(i=0;i<16;i++) printf("   %1X",i);
    for(i=0;i<16;i++){
        printf("\n %1X: ",i);
        for(j=0;j<16;j++){
            k=16*i+j;    n=isrdx[k];    printf("%2.2X, ",0xff&n);
        }
    }
    printf("\n");
}
```

付録 **F**　問題解答例

第 1 章

問題 1.1　(1)　$-3 = -3 + 11 \equiv 8$ 　　　　$(\mathbf{mod}\, 11)$

(2)　$111 = 10 \times 11 + 1 \equiv 1$ 　　　　$(\mathbf{mod}\, 11)$

(3)　$-30 = -5 \times 7 + 5 \equiv 5$ 　　　　$(\mathbf{mod}\, 7)$

問題 1.2　(1)　$(100110011001)_2 \to f(x) = x^{11} + x^8 + x^7 + x^4 + x^3 + 1,$

$f(2) = 2048 + 256 + 128 + 16 + 8 + 1 = 2459$

(2)　$(101010101010)_2 \to f(x) = x^{11} + x^9 + x^7 + x^5 + x^3 + x,$

$f)2) = 2048 + 512 + 128 + 32 + 8 + 2 = 2728$

(3)　$(110011001100)_2 \to f(x) = x^{11} + x^{10} + x^7 + x^6 + x^3 + x^2,$

$f(2) = 2048 + 1024 + 128 + 64 + 8 + 4 = 3276$

問題 1.3　(1)　$f(x) = x^4 + x^2 + x + 1 = (x+1)(x^3 + x^2 + 1),$

(2)　$f(x) = x^4 + x^3 + x^2 + 1 = (x+1)(x^3 + x + 1)$

(3)　既約多項式

(4)　$f(x) = x^7 + x^3 + x + 1 = (x+1)(x^2 + x + 1)(x^4 + x + 1)$

問題 1.4

素数の範囲	度数	素数の範囲	度数
$0 \sim 50000$	5133	$50000 \sim 100000$	4460
$100000 \sim 150000$	4255	$150000 \sim 200000$	4136
$200000 \sim 250000$	4060	$250000 \sim 300000$	3953
$300000 \sim 350000$	3980	$350000 \sim 400000$	3883
$400000 \sim 450000$	3846	$450000 \sim 500000$	3832
$500000 \sim 550000$	3784	$550000 \sim 600000$	3776
$600000 \sim 650000$	3733	$650000 \sim 700000$	3712
$700000 \sim 750000$	3695	$750000 \sim 800000$	3713
$800000 \sim 850000$	3666	$850000 \sim 900000$	3657
$900000 \sim 950000$	3633	$950000 \sim 1000000$	3591

問題 1.5　$2 \times 3 \times 5 \times 7 \times 11 \times 13 + 1 = 30031 = 59 \times 509$

$2 \times 3 \times 5 \times 7 \times 11 \times 13 \times 17 + 1 = 510511 = 19 \times 97 \times 277$

$$2 \times 3 \times 5 \times 7 - 1 = 209 = 11 \times 19$$
$$2 \times 3 \times 5 \times 7 \times 11 \times 13 \times 17 - 1 = 510509 = 61 \times 8369$$
$$3 \times 5 \times 7 \times 11 + 2 = 1157 = 13 \times 89$$
$$3 \times 5 \times 7 \times 11 \times 13 \times 17 + 2 = 255257 = 47 \times 5431$$
$$3 \times 5 \times 7 \times 11 \times 13 \times 17 \times 19 + 2 = 4849847 = 113 \times 167 \times 257$$
$$2 \times 5 \times 7 \times 11 \times 13 + 3 = 10013 = 17 \times 19 \times 31$$
$$2 \times 5 \times 7 \times 11 \times 13 \times 17 + 3 = 170173 = 167 \times 1019$$
$$2 \times 5 \times 7 \times 11 \times 13 \times 17 \times 19 + 3 = 3233233 = 79 \times 40927$$
$$2 \times 5 \times 7 \times 11 - 3 = 767 = 13 \times 59$$
$$2 \times 3 \times 7 \times 11 \times 13 \times 17 \times 19 + 5 = 1939943 = 389 \times 4987$$
$$2 \times 3 \times 7 \times 11 \times 13 - 5 = 6001 = 17 \times 353$$
$$2 \times 3 \times 7 \times 11 \times 13 \times 17 - 5 = 102097 = 23 \times 4439 = 193 \times 529$$
$$2 \times 3 \times 7 \times 11 \times 13 \times 17 \times 19 - 5 = 1939933 = 71 \times 89 \times 307$$
$$2 \times 3 \times 5 \times 11 \times 13 \times 17 \times 19 + 7 = 1385677 = 41 \times 33797$$
$$2 \times 3 \times 5 \times 11 - 7 = 323 = 17 \times 19$$
$$2 \times 3 \times 5 \times 11 \times 13 \times 17 \times 19 - 7 = 1385663 = 163 \times 8501$$

なお，求め方については，第 13 章を参照．

第 2 章

問題 **2.1**　集合 G が群となるためには，まず $i \cdot e = e \cdot i = i$, $j \cdot e = e \cdot j = j$, $k \cdot e = e \cdot k = k$ である．さらに，$i \cdot j = j \cdot k = k \cdot i = e$ からそれぞれの逆元は $i^{-1} = j$, $j^{-1} = k$, $k^{-1} = i$ である．結合法則を使って，$i \cdot j \cdot k = i \cdot e = e \cdot k$, $j \cdot k \cdot i = j \cdot e = e \cdot i$, $k \cdot i \cdot j = k \cdot e = e \cdot j$ となる．$i \cdot e = e \cdot i = i$, $j \cdot e = e \cdot j = j$, $k \cdot e = e \cdot k = k$ から $i = j = k$ となる．

問題 **2.2**

$$k_1 a + k_2 e = a, \ k_1 e + k_2 b = b \quad \rightarrow \quad e = \frac{k_1 - 1}{k_2} \cdot a = \frac{k_2 - 1}{k_1} \cdot b$$
$$\rightarrow \quad k_1 = k_2 = 1 \quad \rightarrow \quad e = 0$$
$$a \text{ の逆元} \quad a^{-1} = -a$$

問題 **2.3**　加算の $1 + 1 = (-1)$, $(-1) + (-1) = 1$ を $1 + 1 = 0$, $(-1) + (-1) = 0$，減算の $(-1) - 1 = 1$, $1 - (-1) = (-1)$ を $(-1) - 1 = 0$, $1 - (-1) = 0$ としてもよい．なお，コンピュータ工学における三値論理（真理値表）は以下のようになる．

A	B	$\overline{A}(=0-A)$	$A \wedge B$	$A \vee B$	$A \oplus B$	$A \to B$
1	1	-1	1	1 ●	-1	1
1	-1	-1	-1	1 ●	1	-1
1	0	-1	0	1	0	0
-1	1	1	-1	1 ●	1	1
-1	-1	1	-1 ●	-1 ●	-1	1
-1	0	1	-1 ●	0 ●	0	1
0	1	0	0	1	0	1
0	-1	0	-1 ●	0 ●	0	-1
0	0	0	0	0	0	1 *or* 0

ここで，記号 $\wedge$, $\vee$, $\oplus$ はそれぞれ論理積（AND），論理和（OR），排他的論理和（EOR）である。また，排他的論理和の論理は一例である。論理和を加算および論理積を乗算とすると，上表の ● 印が体を構成する四則演算の定義と異なる。

問題 2.4

2^k の場合（要素数 10）

$$2^0 = 1 \quad (\bmod\, 11) = 1, \qquad 2^1 = 2 \quad (\bmod\, 11) = 2,$$
$$2^2 = 4 \quad (\bmod\, 11) = 4, \qquad 2^3 = 8 \quad (\bmod\, 11) = 8,$$
$$2^4 = 16 \quad (\bmod\, 11) = 5, \qquad 2^5 = 32 \quad (\bmod\, 11) = 10,$$
$$2^6 = 64 \quad (\bmod\, 11) = 9, \qquad 2^7 = 128 \quad (\bmod\, 11) = 7,$$
$$2^8 = 256 \quad (\bmod\, 11) = 3, \qquad 2^9 = 512 \quad (\bmod\, 11) = 6,$$
$$2^{10} = 1024 \quad (\bmod\, 11) = 1, \qquad 2^{11} = 2048 \quad (\bmod\, 11) = 2,$$
$$2^{12} = 4096 \quad (\bmod\, 11) = 4, \qquad 2^{13} = 8192 \quad (\bmod\, 11) = 8$$

3^k の場合（要素数 5）

$$3^0 = 1 \quad (\bmod\, 11) = 1, \qquad 3^1 = 3 \quad (\bmod\, 11) = 3,$$
$$3^2 = 9 \quad (\bmod\, 11) = 9, \qquad 3^3 = 27 \quad (\bmod\, 11) = 5,$$
$$3^4 = 81 \quad (\bmod\, 11) = 4, \qquad 3^5 = 243 \quad (\bmod\, 11) = 1,$$
$$3^6 = 729 \quad (\bmod\, 11) = 3, \qquad 3^7 = 2187 \quad (\bmod\, 11) = 9$$

5^k の場合（要素数 5）

$$5^0 = 1 \quad (\bmod\, 11) = 1, \qquad 5^1 = 5 \quad (\bmod\, 11) = 5,$$
$$5^2 = 25 \quad (\bmod\, 11) = 3, \qquad 5^3 = 125 \quad (\bmod\, 11) = 4,$$
$$5^4 = 625 \quad (\bmod\, 11) = 9, \qquad 5^5 = 3125 \quad (\bmod\, 11) = 1,$$
$$5^6 = 15625 \quad (\bmod\, 11) = 5, \qquad 5^7 = 78125 \quad (\bmod\, 11) = 3$$

第 3 章

問題 3.1　m が偶数の場合，必ず $\frac{1}{2}$ が発生する。

問題 3.2　付録 E E.2 のプログラムを実行すると作成できる。

問題 3.3　連立方程式の解は以下のようになる。

(1)　$\Delta = \begin{vmatrix} 1 & 2 \\ 2 & 3 \end{vmatrix} = 3 - 4 = -1$

$x = \dfrac{1}{\Delta} \cdot \begin{vmatrix} 4 & 2 \\ 1 & 3 \end{vmatrix} = \dfrac{1}{\Delta} \cdot (12 - 2) = \dfrac{10}{-1} = \dfrac{5 \times (-1) + 0}{1} = 0 \quad (\bmod\, 5)$

$y = \dfrac{1}{\Delta} \cdot \begin{vmatrix} 1 & 4 \\ 2 & 1 \end{vmatrix} = \dfrac{1}{\Delta} \cdot (1 - 8) = \dfrac{-7}{-1} = \dfrac{5 \times 1 + 2}{1} = 2 \quad (\bmod\, 5)$

(2)　$\Delta = \begin{vmatrix} 1 & 2 & 3 \\ 2 & 3 & 4 \\ 3 & 4 & 1 \end{vmatrix} = 3 + 24 + 24 - 27 - 16 - 4 = 4$

$x = \dfrac{1}{\Delta} \cdot \begin{vmatrix} 4 & 2 & 3 \\ 1 & 3 & 4 \\ 2 & 4 & 1 \end{vmatrix} = \dfrac{1}{\Delta} \cdot (12 + 16 + 12 - 18 - 2 - 64) = \dfrac{-44}{4}$

$= \dfrac{5 \times (-9) + 1}{4} = 4 \quad (\bmod\, 5)$

$y = \dfrac{1}{\Delta} \cdot \begin{vmatrix} 1 & 4 & 3 \\ 2 & 1 & 4 \\ 3 & 2 & 1 \end{vmatrix} = \dfrac{1}{\Delta} \cdot (1 + 48 + 12 - 9 - 8 - 8) = \dfrac{36}{4}$

$= \dfrac{5 \times 7 + 1}{4} = 4 \quad (\bmod\, 5)$

$= \dfrac{1}{\Delta} \cdot \begin{vmatrix} 1 & 2 & 4 \\ 2 & 3 & 1 \\ 3 & 4 & 2 \end{vmatrix} = \dfrac{1}{\Delta} \cdot (6 + 6 + 32 - 36 - 4 - 8) = \dfrac{-4}{4}$

$= \dfrac{5 \times (-1) + 1}{4} = 4 \quad (\bmod\, 5)$

問題 3.4　偶数項の多項式 $f(x)$ の x に 1 に代入すると偶数値となる。すなわち，偶数項の場合 $f(1) = 0$ である。従って，多項式は $x + 1$ の因子を持つことになる

問題 3.5　代数拡大体 $F(2^5)$ における最大周期 31 の原始多項式と要素の順番

(1)　$f(x) = x^5 + x^2 + 1$

1, 2, 4, 8, 16, 5, 10, 20, 13, 26, 17, 7, 14, 28, 29, 31, 27, 19, 3, 6, 12, 24, 21, 15, 30, 25, 23, 11, 22, 9, 18, 1

(2)　$f(x) = x^5 + x^3 + 1$

1, 2, 4, 8, 16, 9, 18, 13, 26, 29, 19, 15, 30, 21, 3, 6, 12, 24, 25, 27, 31, 23, 7, 14, 28, 17,

$11, 22, 5, 10, 20, 1$

(3) $f(x) = x^5 + x^3 + x^2 + x + 1$

$1, 2, 4, 8, 16, 15, 30, 19, 9, 18, 11, 22, 3, 6, 12, 24, 31, 17, 13, 26, 27, 25, 29, 21, 5, 10,$

$20, 7, 14, 28, 23, 1$

(4) $f(x) = x^5 + x^4 + x^2 + x + 1$

$1, 2, 4, 8, 16, 23, 25, 5, 10, 20, 31, 9, 18, 19, 17, 21, 29, 13, 26, 3, 6, 12, 24, 7, 14, 28,$

$15, 30, 11, 22, 27, 1$

(5) $f(x) = x^5 + x^4 + x^3 + x + 1$

$1, 2, 4, 8, 16, 27, 13, 26, 15, 30, 7, 14, 28, 3, 6, 12, 24, 11, 22, 23, 21, 17, 25, 9, 18, 31,$

$5, 10, 20, 19, 29, 1$

(6) $f(x) = x^5 + x^4 + x^3 + x^2 + 1$

$1, 2, 4, 8, 16, 29, 7, 14, 28, 5, 10, 20, 21, 23, 19, 27, 11, 22, 17, 31, 3, 6, 12, 24, 13, 26,$

$9, 18, 25, 15, 30, 1$

問題 3.6   原始多項式 $f(x) = x^4 + x + 1$ に表 3.3 の $\alpha^1 \sim \alpha^{15}$ を代入すると以下のように
なる。

$$
\begin{aligned}
f(\alpha^1) \;&=\; \alpha^4 + \alpha + 1 \;=\; 0 \qquad (\text{定義}) \\
f(\alpha^2) \;&=\; (\alpha^2)^4 + \alpha^2 + 1 \;=\; (\alpha^2 + 1) + \alpha^2 + 1 \;=\; 0 \\
f(\alpha^3) \;&=\; (\alpha^3)^4 + \alpha^3 + 1 \;=\; (\alpha^3 + \alpha^2 + \alpha + 1) + \alpha^3 + 1 \;=\; \alpha^2 + \alpha \;\neq\; 0 \\
f(\alpha^4) \;&=\; (\alpha^4)^4 + \alpha^4 + 1 \;=\; (\alpha + 1)^4 + (\alpha + 1) + 1 \;=\; (\alpha^4 + 1) + \alpha \;=\; 0 \\
f(\alpha^5) \;&=\; (\alpha^5)^4 + \alpha^5 + 1 \;=\; \alpha^4 (\alpha + 1)^4 + \alpha^2 + \alpha + 1 \\
&=\; (\alpha + 1)(\alpha^4 + 1) + \alpha^2 + \alpha + 1 \;=\; (\alpha^2 + \alpha) + \alpha^2 + \alpha + 1 \;=\; 1 \neq 0 \\
f(\alpha^6) \;&=\; (\alpha^6)^4 + \alpha^6 + 1 \;=\; \{\alpha^2(\alpha + 1)\}^4 + \alpha^3 + \alpha^2 + 1 \;=\; \alpha^8 (\alpha^4 + 1) + \alpha^3 + \alpha^2 + 1 \\
&=\; (\alpha^2 + 1)\,\alpha + \alpha^3 + \alpha^2 + 1 \;=\; \alpha^2 + \alpha + 1 \neq 0 \\
f(\alpha^7) \;&=\; (\alpha^7)^4 + \alpha^7 + 1 \;=\; (\alpha^3 + \alpha + 1)^4 + \alpha^3 + \alpha \;=\; (\alpha^{12} + \alpha^4 + 1) + \alpha^3 + \alpha \\
&=\; (\alpha^3 + \alpha^2 + \alpha + 1 + \alpha + 1 + 1) + \alpha^3 + \alpha \;=\; \alpha^2 + \alpha + 1 \neq 0 \\
f(\alpha^8) \;&=\; (\alpha^8)^4 + \alpha^8 + 1 \;=\; (\alpha^2 + 1)^4 + (\alpha^2 + 1) + 1 \;=\; (\alpha^8 + 1) + \alpha^2 \;=\; 0 \\
f(\alpha^9) \;&=\; (\alpha^9)^4 + \alpha^9 + 1 \;=\; \alpha^4(\alpha^2 + 1)^4 + \alpha^3 + \alpha + 1 \\
&=\; (\alpha + 1)(\alpha^8 + 1) + \alpha^3 + \alpha + 1 \;=\; (\alpha^3 + \alpha^2) + \alpha^3 + \alpha + 1 \;=\; \alpha^2 + \alpha + 1 \neq 0
\end{aligned}
$$

$$f(\alpha^{10}) = (\alpha^{10})^4 + \alpha^{10} + 1 = (\alpha^2 + \alpha + 1)^4 + \alpha^2 + \alpha = (\alpha^8 + \alpha^4 + 1) + \alpha^2 + \alpha$$
$$= (\alpha^2 + 1 + \alpha) + \alpha^2 + \alpha = 1 \neq 0$$
$$f(\alpha^{11}) = (\alpha^{11})^4 + \alpha^{11} + 1 = (\alpha^3 + \alpha^2 + \alpha)^4 + \alpha^3 + \alpha^2 + \alpha + 1$$
$$= (\alpha^{12} + \alpha^8 + \alpha^4) + \alpha^3 + \alpha^2 + \alpha + 1$$
$$= (\alpha^3 + \alpha^2 + \alpha + 1 + \alpha^2 + 1 + \alpha + 1) + \alpha^3 + \alpha^2 + \alpha + 1 = \alpha^2 + \alpha \neq 0$$
$$f(\alpha^{12}) = (\alpha^{12})^4 + \alpha^{12} + 1 = (\alpha^3 + \alpha^2 + \alpha + 1)^4 + \alpha^3 + \alpha^2 + \alpha$$
$$= (\alpha^{12} + \alpha^8 + \alpha^4 + 1) + \alpha^3 + \alpha^2 + \alpha$$
$$= (\alpha^3 + \alpha^2 + \alpha + 1 + \alpha^2 + 1 + \alpha + 1 + 1) + \alpha^3 + \alpha^2 + \alpha = \alpha^2 + \alpha \neq 0$$
$$f(\alpha^{13}) = (\alpha^{13})^4 + \alpha^{13} + 1 = (\alpha^3 + \alpha^2 + 1)^4 + \alpha^3 + \alpha^2 = (\alpha^{12} + \alpha^8 + 1) + \alpha^3 + \alpha^2$$
$$= (\alpha^3 + \alpha^2 + \alpha + 1 + \alpha^2 + 1 + 1) + \alpha^3 + \alpha^2 = \alpha^2 + \alpha + 1 \neq 0$$
$$f(\alpha^{14}) = (\alpha^{14})^4 + \alpha^{14} + 1 = (\alpha^{12} + 1) + \alpha^3 = (\alpha^3 + \alpha^2 + \alpha) + \alpha^3 = \alpha^2 + \alpha \neq 0$$
$$f(\alpha^{15}) = f(1) = 1^4 + 1 + 1 = 1 \neq 0$$

従って，既約多項式 $f(x)$ の 4 つの解は $\alpha,\ \beta = \alpha^2,\ \gamma = \alpha^4 = \alpha + 1,\ \delta = \alpha^8 = \alpha^2 + 1$ であり，$f(x)$ は次式で表される。

$$f(x) = x^4 + x + 1 = (x + \alpha)(x + \alpha^2)(x + \alpha^4)(x + \alpha^8)$$
$$= (x + \alpha)(x + \alpha^2)(x + \alpha + 1)(x + \alpha^2 + 1)$$

また，順序は以下のようになる。

$$\alpha \quad 1, \alpha^1, \alpha^2, \alpha^3, \alpha^4, \alpha^5, \alpha^6, \alpha^7, \alpha^8, \alpha^9, \alpha^{10}, \alpha^{11}, \alpha^{12}, \alpha^{13}, \alpha^{14}$$
$$\beta = \alpha^2 \quad 1, \alpha^2, \alpha^4, \alpha^6, \alpha^8, \alpha^{10}, \alpha^{12}, \alpha^{14}, \alpha^1, \alpha^3, \alpha^5, \alpha^7, \alpha^9, \alpha^{11}, \alpha^{13}$$
$$\gamma = \alpha^4 \quad 1, \alpha^4, \alpha^8, \alpha^{12}, \alpha^1, \alpha^5, \alpha^9, \alpha^{13}, \alpha^2, \alpha^6, \alpha^{10}, \alpha^{14}, \alpha^3, \alpha^7, \alpha^{11}$$
$$\delta = \alpha^8 \quad 1, \alpha^8, \alpha^1, \alpha^9, \alpha^2, \alpha^{10}, \alpha^3, \alpha^{11}, \alpha^4, \alpha^{12}, \alpha^5, \alpha^{13}, \alpha^6, \alpha^{14}, \alpha^7$$

問題 3.7 $F(3^4)$ の原始多項式は $x^4 + x + 2,\ x^4 + 2x + 2,\ x^4 + x^3 + 2,\ x^4 + 2x^3 + 2$ の 4 式である。これらの実行結果は付録 E E.5 を参照。

問題 3.8 $f(\alpha^k) = 0$ となる $\alpha^k\,(\mathrm{mod}\,f(\alpha))$ は以下となる。

$$x^3 + 3x + 3\ :\ \alpha,\quad \alpha^5 = 2\alpha^2 + 4\alpha + 4,\quad \alpha^{25} = 3\alpha^2 + 1$$
$$x^3 + 3x + 2\ :\ \alpha,\quad \alpha^5 = 3\alpha^2 + 4\alpha + 1,\quad \alpha^{25} = 2\alpha^2 + 4$$
$$x^3 + 4x + 2\ :\ \alpha,\quad \alpha^5 = 3\alpha^2 + \alpha + 3,\quad \alpha^{25} = 2\alpha^2 + 3\alpha + 2$$

$$x^3 + 4x + 3 \quad : \quad \alpha, \quad \alpha^5 = 2\alpha^2 + \alpha + 2, \quad \alpha^{25} = 3\alpha^2 + 3\alpha + 3$$

$$x^3 + x^2 + 2 \quad : \quad \alpha, \quad \alpha^5 = 2\alpha^2 + 2\alpha + 3, \quad \alpha^{25} = 3\alpha^2 + 2\alpha + 1$$

$$x^3 + 2x^2 + 3 \quad : \quad \alpha, \quad \alpha^5 = 4\alpha^2 + \alpha + 3, \quad \alpha^{25} = \alpha^2 + 3\alpha$$

$$x^3 + 3x^2 + 2 \quad : \quad \alpha, \quad \alpha^5 = \alpha^2 + \alpha + 2, \quad \alpha^{25} = 4\alpha^2 + 3\alpha$$

$$x^3 + 4x^2 + 3 \quad : \quad \alpha, \quad \alpha^5 = 3\alpha^2 + 2\alpha + 2, \quad \alpha^{25} = 2\alpha^2 + 2\alpha + 4$$

第 4 章

問題 4.1

$$PK_a = 12 + 3\,i, \qquad PK_b = 8 + 2\,i, \qquad CK_a = CK_b = 17 + 15\,i$$

問題 4.2

$$PK_a = 13 + 13\,\mathtt{i} + 15\,\mathtt{j} + 12\,\mathtt{k}, \qquad PK_b = 12 + 14\,\mathtt{i} + 7\,\mathtt{j} + 9\,\mathtt{k}$$

$$CK_a = CK_b = 5 + 5\,\mathtt{i} + 11\,\mathtt{j} + 2\,\mathtt{k}$$

問題 4.3 まず，$M = k \cdot n + r$ とおいたとき，M^4 を直接計算すると以下のようになる。

$$
\begin{aligned}
M^4 &= (k \cdot n)^4 + 4 \cdot (k \cdot n)^3 \cdot r + 8 \cdot (k \cdot n)^2 \cdot r^2 + 4 \cdot (k \cdot n) \cdot r^3 + r^4 \\
&= \{k^4 \cdot n^3 + 4 \cdot k^3 \cdot n^2 \cdot r + 8 \cdot k^2 \cdot n \cdot r^2 + 4 \cdot k \cdot r^3\} \cdot n + r^4 \equiv r^4 \pmod{n}
\end{aligned}
$$

一方，$\{\{M \cdot M \pmod{n}\} \cdot M \pmod{n}\} \cdot M \pmod{n}$ は以下のようになる。

$$
\begin{aligned}
&\{\{M \cdot M \pmod{n}\} \cdot M \pmod{n}\} \cdot M \pmod{n} \\
&= \{(k^2 \cdot n^2 + 2 \cdot k \cdot n \cdot r + r^2) \pmod{n}\} \cdot M \pmod{n}\} \cdot M \pmod{n} \\
&= \{r^2 \cdot (k \cdot n + r) \pmod{n}\} \cdot M \pmod{n} \\
&= r^3 \cdot (k \cdot n + r) \pmod{n} \equiv r^4 \pmod{n}
\end{aligned}
$$

従って，$M^k \pmod{n}$ において，個々の積毎に剰余を行っても同じ結果となる。この結果はコンピュータプログラミングを容易にする。

問題 4.4 まず，2 つの正整数 m および n において，最小公倍数を lcm，最大公約数 gcd とすれば，以下の関係となる。

$$lcm = m \cdot b = n \cdot a \quad \rightarrow \quad \frac{m}{n} = \frac{a}{b} = k_1 + \frac{m - k_1 n}{n} = k_1 + \frac{b_1}{a_1}$$

$$= k_1 + \cfrac{1}{k_2 + \cfrac{b_2}{a_2}} = \cdots = k_1 + \cfrac{1}{k_2 + \cfrac{1}{\ddots \cfrac{1}{k_n + \cfrac{b_n}{a_n}}}}$$

$$gcd = \frac{m}{a} = \frac{n}{b} \qquad \rightarrow \qquad \frac{m}{n} = \frac{a}{b} = k_1 + \frac{m - k_1 n}{n} = k_1 + \frac{b_1}{a_1}$$

$$= k_1 + \cfrac{1}{k_2 + \cfrac{b_2}{a_2}} = \cdots = k_1 + \cfrac{1}{k_2 + \cfrac{1}{\ddots \cfrac{1}{k_n + \cfrac{b_n}{a_n}}}}$$

ここで，$a_1 = n$，$b_1 = m - k_1 n$，$\frac{a_1}{b_1} = k_2 + \frac{b_2}{a_2}$，$\frac{a_2}{b_2} = k_3 + \frac{b_3}{a_3}$，$\cdots$，$\frac{a_{n-1}}{b_{n-1}} = k_n + \frac{b_n}{a_n}$ となり，同じ計算を繰り返す。すなわち，上式（互除法）は $\frac{a_n}{b_n}$ $(= k_{n+1})$ が割り切れるまで行う。そして，逆に始めの除算 $\frac{a}{b}$ まで戻り，a が求まれば $lcm = n \cdot a$ および $gcd = \frac{m}{a}$ によって求められる。従って，再帰プログラムによって求めることができ，最小公倍数 lcm および最大公約数 gcd を求めるプログラム例は以下のようになる。なお，再帰関数以外の方法では付録 E E.6 の RSA 公開鍵暗号のプログラム例の関数 lcm_comp( ) を参照されたい。

```c
#include <stdio.h>  //  by YY
int nn,bn,kk[100];
int func(int a, int b){
    int aa,k,an;
    if((a%b)!=0){
        k=0;  while(a>b){ k++; a=a-b; }
        kk[nn]=k;  nn++;    aa=func(b,a);
        nn--;  an=aa*kk[nn]+bn;  bn=aa;  return(an);
    }
    bn=1;  return(a/b);
}
void main(void){
    int m,n,a,lcm,gcd;
    m=6;  n=12;  nn=0;
    a=func(m,n); lcm=n*a;  gcd=m/a;
    printf("m=%d, n=%d, lcm=%d, gcd=%d\n", m,n,lcm,gcd);
}
```

問題 4.5 $D = 53$ となる。各暗号文については省略。

問題 4.6 逆行列を求めるとき，まず $| \mathbf{B} | = \Delta \,(\bmod\, p)$ を求め，これで除算を行う必要がある。具体的なプログラム例は付録 E E.7 の関数 inv_mat( ) を参照。

第 5 章

問題 5.1 第 9 章 9.3 および付録 E E.18 のプログラムを参照。

問題 5.2 付録 E E.8 参照

問題 5.3 すべて利用可能。

第 6 章

問題 6.1 まず，両辺を x で微分すると次式を得る。

$$2\,y \cdot \frac{dy}{dx} + g\,y + g\,x \cdot \frac{dy}{dx} + h \cdot \frac{dy}{dx} = 3\,x^2 + 2\,a\,x + b$$

従って，点 $P(x_1,\,y_1)$ での接線の傾き $\lambda = \frac{dy}{dx}$ は次式となる。

$$\lambda = \frac{dy}{dx} = \frac{3\,x_1^2 + 2\,a\,x_1 + b - g\,y_1}{2\,y_1 + g\,x_1 + h}$$

問題 6.2 付録 E E.12 のプログラムによって求めることができる。結果は省略。

問題 6.3 検証するプログラムは以下のようになる。このプログラムを利用して検証することができる。問題の検証は省略。

```c
#include <stdio.h>
#define PRIME 37
#define B 1
#define C 1
int x3,y3,lambda,x4,y4;
int div(int yy, int xx){
    int n;
    while(xx>=PRIME) xx=xx-PRIME;
    while(0>xx) xx=xx+PRIME;
    while(yy>=PRIME) yy=yy-PRIME;
    while(0>yy) yy=yy+PRIME;
    for(n=1;n<PRIME;n++){    if(((xx*n) % PRIME)==1) break;  }
    yy=yy*n;
    while(yy>=PRIME) yy=yy-PRIME;
    return(yy);
}
void r_point(int x1, int y1, int x2, int y2){
    int xx,yy;
    if(x1==x2 && y1==y2){
        y4=yy=3*x1*x1+B;    x4=xx=2*y1;
        if(xx!=0){
            lambda=div(yy,xx);
            x3=lambda*lambda-2*x1;
            while(0>x3) x3=x3+PRIME;
            while(x3>=PRIME) x3=x3-PRIME;
```

```
                y3=lambda*(x1-x3)-y1;
                while(0>y3) y3=y3+PRIME;
                while(y3>=PRIME) y3=y3-PRIME;
                while(0>y3) y3=y3+PRIME;
                while(y3>=PRIME) y3=y3-PRIME;
            }else{   x3=y3=0;   lambda=999;  }
        }else{
            x4=xx=x2-x1;     y4=yy=y2-y1;
            if(xx!=0){
                lambda=div(yy,xx);
                x3=lambda*lambda-x1-x2;
                while(0>x3) x3=x3+PRIME;
                while(x3>=PRIME) x3=x3-PRIME;
                y3=lambda*(x1-x3)-y1;
                while(0>y3) y3=y3+PRIME;
                while(y3>=PRIME) y3=y3-PRIME;
            }else{   x3=y3=0; lambda=999;  }
        }
    }
}
void main(void){
    int x1,y1,x2,y2;
    while(1){
        printf("P=");    scanf("%d %d",&x1,&y1);
        if(x1==0 && y1==0) break;
        printf("Q=");    scanf("%d %d",&x2,&y2);
        r_point(x1,y1,x2,y2);
        printf("R=(%4d,%4d) lambda=%d (%d,%d) \n",x3,y3,lambda,x4,y4);
    }
}
```

問題 6.4　検証するプログラムは以下のようになる。このプログラムを利用して検証することができる。問題の検証は省略。

```
#include <stdio.h>
#define MAX 15
#define A 4
#define C 15
int x3,y3,lambda;
int a[]={1,2,4,8,3,6,12,11,5,10,7,14,15,13,9,0,0,};
int add(int x, int y){
    int i,k,n;
    if(x==MAX) return(y);      if(y==MAX) return(x);
    k=a[x]^a[y];
    for(i=0;i<=MAX;i++){   n=i;      if(k==a[i]) break;   }
    return(n);
}
int mul(int x, int y){
    int k;
    if(x==MAX) return(x);      if(y==MAX) return(y);
    k=x+y;       if(k>=MAX) k=k-MAX;
    return(k);
}
```

246

```
int div(int x, int y){
    int k;
    if(x==MAX) return(x);    if(y==MAX) return(x);
    k=x-y;    if(0>k) k=k+MAX;
    return(k);
}
void r_point(int x1, int y1, int x2, int y2){
    int yy,xx,k1,k2,k3,k4;
    if(x1==x2 && y1==y2){
        k1=div(y1,x1);                lambda=add(x1,k1);
        k2=mul(lambda,lambda);
        k3=add(k2,lambda);        x3=add(k3,A);
        k1=add(x1,x3);                k2=mul(k1,lambda);
        k3=add(k2,y1);                y3=add(k3,x3);
    }else if(x1==x2){    x3=y3=99;
    }else{
        k1=add(y2,y1);        k2=add(x2,x1);
        if(k1==MAX){    k3=add(x1,x2);    x3=add(k3,A);    y3=add(y1,x3);
        }else{
            lambda=div(k1,k2);            printf("lambda=%d,  ",lambda);
            k1=mul(lambda,lambda);        printf("%d,   ",k1);
            k2=add(k1,lambda);            printf("%d,   ",k2);
            k3=add(k2,A);                 printf("%d,   ",k3);
            k4=add(k3,x1);                printf("%d,   ",k4);
            x3=add(k4,x2);                printf("x3=%d,   ",x3);
            k1=add(x1,x3);                printf("%d,   ",k1);
            k2=mul(lambda,k1);            printf("%d,   ",k2);
            k3=add(k2,y1);                printf("%d,   ",k3);
            y3=add(k3,x3);                printf("y3=%d \n",y3);
        }
    }
}
void main(void){
    int x1,y1,x2,y2;
    printf("P_point = ");    scanf("%d%d",&x1,&y1);
    printf("Q_point = ");    scanf("%d%d",&x2,&y2);
    r_point(x1,y1,x2,y2);
    if(x3==MAX && y3==MAX){    printf("R_point=(   0,   0) \n");
    }else if(x3==99){          printf("  e \n");
    }else if(x3==MAX){         printf("R_point=(   0,a[%2d])\n",y3);
    }else if(y3==MAX){         printf("R_oint=(a[%2d],    0)\n",x3);
    }else{                printf("R_point=(a[%2d],a[%2d])\n",x3,y3);
    }
}
```

問題 6.5 $c=0$ において，以下の $a=\alpha^A$ の場合，部分群が一つだけの場合の要素数が257（単位元 e を含む素数）の楕円曲線群となる。

$$\alpha^5, \quad \alpha^9, \quad \alpha^{10}, \quad \alpha^{11}, \quad \alpha^{15}, \quad \alpha^{18}, \quad \alpha^{20}, \quad \alpha^{21}, \quad \alpha^{22}, \quad \alpha^{29}, \quad \alpha^{30}, \quad \alpha^{33},$$
$$\alpha^{36}, \quad \alpha^{39}, \quad \alpha^{40}, \quad \alpha^{42}, \quad \alpha^{43}, \quad \alpha^{44}, \quad \alpha^{47}, \quad \alpha^{53}, \quad \alpha^{55}, \quad \alpha^{57}, \quad \alpha^{58}, \quad \alpha^{60},$$
$$\alpha^{61}, \quad \alpha^{63}, \quad \alpha^{65}, \quad \alpha^{66}, \quad \alpha^{69}, \quad \alpha^{71}, \quad \alpha^{72}, \quad \alpha^{77}, \quad \alpha^{78}, \quad \alpha^{79}, \quad \alpha^{80}, \quad \alpha^{81},$$
$$\alpha^{83}, \quad \alpha^{84}, \quad \alpha^{86}, \quad \alpha^{87}, \quad \alpha^{88}, \quad \alpha^{89}, \quad \alpha^{91}, \quad \alpha^{93}, \quad \alpha^{94}, \quad \alpha^{95}, \quad \alpha^{97}, \quad \alpha^{101},$$

$$\alpha^{106}, \quad \alpha^{107}, \quad \alpha^{109}, \quad \alpha^{110}, \quad \alpha^{114}, \quad \alpha^{115}, \quad \alpha^{116}, \quad \alpha^{117}, \quad \alpha^{120}, \quad \alpha^{121}, \quad \alpha^{122}, \quad \alpha^{125},$$
$$\alpha^{126}, \quad \alpha^{130}, \quad \alpha^{132}, \quad \alpha^{133}, \quad \alpha^{135}, \quad \alpha^{138}, \quad \alpha^{142}, \quad \alpha^{144}, \quad \alpha^{147}, \quad \alpha^{149}, \quad \alpha^{151}, \quad \alpha^{154},$$
$$\alpha^{155}, \quad \alpha^{156}, \quad \alpha^{158}, \quad \alpha^{159}, \quad \alpha^{160}, \quad \alpha^{162}, \quad \alpha^{163}, \quad \alpha^{166}, \quad \alpha^{167}, \quad \alpha^{168}, \quad \alpha^{169}, \quad \alpha^{171},$$
$$\alpha^{172}, \quad \alpha^{173}, \quad \alpha^{174}, \quad \alpha^{175}, \quad \alpha^{176}, \quad \alpha^{178}, \quad \alpha^{181}, \quad \alpha^{182}, \quad \alpha^{185}, \quad \alpha^{186}, \quad \alpha^{188}, \quad \alpha^{190},$$
$$\alpha^{194}, \quad \alpha^{195}, \quad \alpha^{201}, \quad \alpha^{202}, \quad \alpha^{203}, \quad \alpha^{205}, \quad \alpha^{207}, \quad \alpha^{209}, \quad \alpha^{211}, \quad \alpha^{212}, \quad \alpha^{213}, \quad \alpha^{214},$$
$$\alpha^{215}, \quad \alpha^{218}, \quad \alpha^{220}, \quad \alpha^{225}, \quad \alpha^{228}, \quad \alpha^{229}, \quad \alpha^{230}, \quad \alpha^{231}, \quad \alpha^{232}, \quad \alpha^{233}, \quad \alpha^{234}, \quad \alpha^{235},$$
$$\alpha^{240}, \quad \alpha^{242}, \quad \alpha^{243}, \quad \alpha^{244}, \quad \alpha^{245}, \quad \alpha^{249}, \quad \alpha^{250}, \quad \alpha^{252}$$

問題 6.6

$2^2 + 1 = 5 : prime,$ $2^3 + 1 = 9 = 3 \times 3,$

$2^4 + 1 = 17 : prime,$ $2^5 + 1 = 33 = 3 \times 11,$

$2^6 + 1 = 65 = 5 \times 13$ $2^7 + 1 = 129 = 3 \times 43,$

$2^8 + 1 = 257 : prime,$ $2^9 + 1 = 513 = 3 \times 19,$

$2^{10} + 1 = 1025 = 5 \times 41,$ $2^{11} + 1 = 2049 = 3 \times 683,$

$2^{12} + 1 = 4097 = 17 \times 241,$ $2^{13} + 1 = 8193 = 3 \times 2731,$

$2^{14} + 1 = 16385 = 5 \times 29 \times 113,$ $2^{15} + 1 = 32769 = 3 \times 11 \times 331,$

$2^{16} + 1 = 65537 : prime,$ $2^{17} + 1 = 131073 = 3 \times 43691,$

$2^{18} + 1 = 262145 = 5 \times 13 \times 37 \times 109,$ $2^{19} + 1 = 524289 = 3 \times 174763,$

$2^{20} + 1 = 1048577 = 17 \times 61681,$ $2^{21} + 1 = 2097153 = 3 \times 43 \times 5419,$

$2^{22} + 1 = 4194305 = 5 \times 397 \times 2113,$ $2^{23} + 1 = 8388609 = 3 \times 2796203,$

$2^{24} + 1 = 16777217 = 97 \times 257 \times 673,$ $2^{25} + 1 = 33554433 = 3 \times 11 \times 4051$

$2^2 - 1 = 3 : prime,$ $2^3 - 1 = 7 = 3 \times 3,$

$2^4 - 1 = 15 = 3 \times 5,$ $2^5 - 1 = 31 : prime,$

$2^6 - 1 = 63 = 3^2 \times 7$ $2^7 - 1 = 127 : prime,$

$2^8 - 1 = 255 = 3 \times 5 \times 17,$ $2^9 - 1 = 511 = 7 \times 73,$

$2^{10} - 1 = 1023 = 3 \times 11 \times 31,$ $2^{11} - 1 = 2047 = 23 \times 89,$

$2^{12} - 1 = 4095 = 3 \times 5 \times 7 \times 13,$ $2^{13} - 1 = 8191 : prime,$

$2^{14} - 1 = 16383 = 3 \times 43 \times 127,$ $2^{15} - 1 = 32767 = 7 \times 31 \times 151,$

$2^{16} - 1 = 65535 = 3 \times 5 \times 17 \times 257,$ $2^{17} - 1 = 131071 : prime,$

$2^{18} - 1 = 262143 = 3 \times 7 \times 19 \times 73,$ $2^{19} - 1 = 524287 : prime,$

$2^{20} + 1 = 1048575 = 3 \times 5 \times 11 \times 31 \times 41,$ $2^{21} - 1 = 2097151 = 7 \times 127 \times 337,$

$2^{22} - 1 = 4194303 = 3 \times 23 \times 89 \times 683,$ $2^{23} - 1 = 8388607 = 39 \times 178481,$

$2^{24} - 1 = 16777215 = 3 \times 5 \times 7 \times 13 \times 17 \times 241,$ $2^{25} - 1 = 33554431 = 31 \times 601 \times 1801$

第 7 章

問題 7.1 付録 E E.13 および E.14 を参考にして作成することができる。

問題 7.2 P を基準とする楕円曲線群 $EG\{F(p)\}$ から $Q = nP$ を生成する。次に，Q を基準とする楕円曲線群 $EG\{F(p)\}$ を新たに作成し，これから $dQ = dnP$ を生成する。

問題 7.3 付録 E E.13 参照

問題 7.4 付録 E E.15 および E.16 を参考にして作成することができる。

問題 **7.5**　付録 E E.16 参照

問題 **7.6**　付録 E E.15 参照

第 8 章

問題 **8.1**　$\mathbf{b}_1 = (-82, 159)^T, \mathbf{b}_2 = (169, -242)^T$

問題 **8.2**　$\mathbf{p} = (291, 207)$

問題 **8.3**　$\mathbf{t}$ の周囲にある 4 格子点と $\mathbf{t}$ との距離は $\sqrt{58}, \sqrt{5333}, \sqrt{15236}, \sqrt{9817}$ となり，$\mathbf{p}$ との距離は $\sqrt{58}$ となる。

問題 **8.4**　$(2, 5)$

問題 **8.5**

(1) $\begin{pmatrix} 1 & 0 & 3 \\ -1 & 2 & \frac{3}{2} \\ 1 & 2 & -\frac{3}{2} \end{pmatrix}, \begin{pmatrix} 1 & 2 & 0 \\ 0 & 1 & \frac{3}{4} \\ 0 & 0 & 1 \end{pmatrix}$ (2) $\begin{pmatrix} 0 & 1 & \frac{1}{2} \\ -1 & \frac{2}{5} & -1 \\ 2 & \frac{1}{5} & -\frac{1}{2} \end{pmatrix}, \begin{pmatrix} 1 & -\frac{3}{5} & -\frac{4}{5} \\ 0 & 1 & \frac{1}{2} \\ 0 & 0 & 1 \end{pmatrix}$

(3) $\begin{pmatrix} -1 & -\frac{4}{3} & 0 \\ -1 & \frac{2}{3} & 1 \\ 1 & -\frac{2}{3} & 1 \end{pmatrix}, \begin{pmatrix} 1 & -\frac{1}{3} & -\frac{1}{3} \\ 0 & 1 & -\frac{1}{2} \\ 0 & 0 & 1 \end{pmatrix}$

問題 **8.6**　(1) 3,　(2) $\sqrt{2}$,　(3) 6

問題 **8.7**

(1) $\begin{pmatrix} 1 & 0 & 3 \\ -1 & 2 & 1 \\ 1 & 2 & -2 \end{pmatrix}$,　(2) $\begin{pmatrix} 0 & 1 & 2 \\ -1 & 0 & -1 \\ 2 & 1 & 1 \end{pmatrix}$,　(3) $\begin{pmatrix} -1 & -1 & 1 \\ -1 & 1 & 1 \\ 1 & -1 & 1 \end{pmatrix}$

問題 **8.8**

$$\begin{pmatrix} 470 \\ 119 \end{pmatrix} \mapsto \begin{pmatrix} 0 \\ 2 \end{pmatrix} \mapsto \begin{pmatrix} 470 \\ 117 \end{pmatrix}, \quad \begin{pmatrix} 2 \\ 5 \end{pmatrix} = \begin{pmatrix} 5 & 92 \\ 76 & -7 \end{pmatrix}^{-1} \begin{pmatrix} 470 \\ 117 \end{pmatrix}$$

問題 **8.9**　(1) $(-2, 3, 5)^T = B^{-1}(6, 10, 2)^T$,　(2) $(-10, -1, 5)^T = B^{-1}(-6, 14, 6)^t$,

(3) $(-10, 6, 20)^T = B^{-1}(16, 36, 14)^T$

第 9 章

問題 **9.1**

$x\,y \vee \overline{x}\,z = $ 98badcf8, $x \oplus y \oplus z = $ 67452301, $x\,y \vee x\,z \vee y\,z = $ 98badcfe

問題 **9.2**　0x00000000 の場合

```
0x00000000, 0x00000000, 0x00000000, 0x00000000, 0x00000000,
0x00000000, 0x00000000, 0x00000000, 0x00000000, 0x00000000,
0x00000000, 0x00000000, 0x00000000, 0x00000000, 0x00000000,
0x00000000, 0x00000000, 0x00000000, 0x00000000, 0x00000000,
0x00000000, 0x00000000, 0x00000000, 0x00000000, 0x00000000,
0x00000000, 0x00000000, 0x00000000, 0x00000000, 0x00000000,
0x00000000, 0x00000000, 0x00000000, 0x00000000, 0x00000000,
0x00000000, 0x00000000, 0x00000000, 0x00000000, 0x00000000,
0x00000000, 0x00000000, 0x00000000, 0x00000000, 0x00000000,
0x00000000, 0x00000000, 0x00000000, 0x00000000, 0x00000000,
0x00000000, 0x00000000, 0x00000000, 0x00000000, 0x00000000,
0x00000000, 0x00000000, 0x00000000, 0x00000000, 0x00000000,
0x00000000, 0x00000000, 0x00000000, 0x00000000, 0x00000000,
0x00000000, 0x00000000, 0x00000000, 0x00000000, 0x00000000
```

0xFFFFFFFF の場合

```
0xFFFFFFFF, 0xFFFFFFFF, 0xFFFFFFFF, 0xFFFFFFFF, 0xFFFFFFFF,
0xFFFFFFFF, 0xFFFFFFFF, 0xFFFFFFFF, 0xFFFFFFFF, 0xFFFFFFFF,
0xFFFFFFFF, 0xFFFFFFFF, 0xFFFFFFFF, 0xFFFFFFFF, 0xFFFFFFFF,
0xFFFFFFFF, 0x00000000, 0x00000000, 0x00000000, 0xFFFFFFFF,
0xFFFFFFFF, 0xFFFFFFFF, 0x00000000, 0x00000000, 0xFFFFFFFF,
0x00000000, 0x00000000, 0x00000000, 0xFFFFFFFF, 0xFFFFFFFF,
0xFFFFFFFF, 0x00000000, 0x00000000, 0x00000000, 0xFFFFFFFF,
0x00000000, 0x00000000, 0xFFFFFFFF, 0x00000000, 0x00000000,
0x00000000, 0x00000000, 0x00000000, 0xFFFFFFFF, 0x00000000,
0x00000000, 0x00000000, 0x00000000, 0xFFFFFFFF, 0x00000000,
0xFFFFFFFF, 0xFFFFFFFF, 0x00000000, 0x00000000, 0xFFFFFFFF,
0x00000000, 0xFFFFFFFF, 0x00000000, 0xFFFFFFFF, 0xFFFFFFFF,
0x00000000, 0xFFFFFFFF, 0xFFFFFFFF, 0x00000000, 0x00000000,
0x00000000, 0x00000000, 0x00000000, 0xFFFFFFFF, 0xFFFFFFFF,
0xFFFFFFFF, 0xFFFFFFFF, 0xFFFFFFFF, 0x00000000, 0x00000000,
0xFFFFFFFF, 0x00000000, 0x00000000, 0xFFFFFFFF, 0xFFFFFFFF
```

問題 9.3　0x00000000 の場合

```
0x00000000, 0x00000000, 0x00000000, 0x00000000, 0x00000000,
0x00000000, 0x00000000, 0x00000000, 0x00000000, 0x00000000,
0x00000000, 0x00000000, 0x00000000, 0x00000000, 0x00000000,
0x00000000, 0x00000000, 0x00000000, 0x00000000, 0x00000000,
0x00000000, 0x00000000, 0x00000000, 0x00000000, 0x00000000,
0x00000000, 0x00000000, 0x00000000, 0x00000000, 0x00000000,
0x00000000, 0x00000000, 0x00000000, 0x00000000, 0x00000000,
0x00000000, 0x00000000, 0x00000000, 0x00000000, 0x00000000,
0x00000000, 0x00000000, 0x00000000, 0x00000000, 0x00000000,
0x00000000, 0x00000000, 0x00000000, 0x00000000, 0x00000000,
0x00000000, 0x00000000, 0x00000000, 0x00000000, 0x00000000,
0x00000000, 0x00000000, 0x00000000, 0x00000000, 0x00000000,
0x00000000, 0x00000000, 0x00000000, 0x00000000
```

0xFFFFFFFF の場合

```
0xFFFFFFFF, 0xFFFFFFFF, 0xFFFFFFFF, 0xFFFFFFFF, 0xFFFFFFFF,
0xFFFFFFFF, 0xFFFFFFFF, 0xFFFFFFFF, 0xFFFFFFFF, 0xFFFFFFFF,
0xFFFFFFFF, 0xFFFFFFFF, 0xFFFFFFFF, 0xFFFFFFFF, 0xFFFFFFFF,
0xFFFFFFFF, 0x1FC00000, 0x1FC00000, 0x1FF803E7, 0x1FF803E7,
0x1FE0F1FC, 0x1FE0F1FC, 0x199413CF, 0xF9ABEC30, 0xF77F86FC,
0xF77FEAFC, 0xFCFFD956, 0xFF5F2B56, 0xFEA78FEA, 0xFEA78441,
0x1AF4E554, 0x0852B795, 0xE59ED611, 0xECE1255D, 0xE48DE4FD,
0xE580DD8C, 0xEA147A37, 0x08F48ED4, 0x0DAF7738, 0x0E46F86B,
0x0060804B, 0x02C16CF3, 0x04C5F62D, 0x00E39F49, 0xEA378090,
0xF2B2322E, 0x1EE9FD0B, 0x19FB2654, 0xF9BAD1ED, 0xF3B7F00E,
0xF9719580, 0x14B58E7A, 0x1EAB5D10, 0x1A052112, 0x1F54AA57,
0xFFDDEF9D, 0xF458D6D8, 0xFDC54E05, 0x1016BA2A, 0x0E0B37CE,
0xEBE834A8, 0xE7603391, 0xE5D704EA, 0xF5E27C2C
```

問題 9.4　付録 E E.17 を参考にして作成するとよい。

第 10 章

問題 10.1　図 10.3 の構成をプログラミングするためには，ハッシュ関数 SHA–1 のプログラムが必要である。付録 E E.17 のプログラムを用いて実現するとよい。

第 11 章

問題 11.1

乱数列の度数分布表

	$k=1$	$k=2$	$k=3$	$k=4$	$k=5$	$k=6$	$k=7$	$k=8$	$k=9$	$k=10$
N_k	107	101	89	97	100	107	95	89	116	99
p_k	0.107	0.101	0.089	0.097	0.100	0.107	0.095	0.089	0.116	0.099

α を計算すると $\alpha = 6.32$ となる。従って，有意水準 5 % では $\gamma = 16.919 > \alpha$ となり，この擬似乱数列は一様分布であることを受け入れる。

問題 11.2　最初から 10000 個の擬似乱数列を $\{x_n\}$，n 個ずらした擬似乱数列を $\{y_n\}$ として，相関係数 ρ を求めるとそれぞれ次のようになる。

1000 個ずらす	$\rho = -0.000473,$	2000 個ずらす	$\rho = 0.000847,$
3000 個ずらす	$\rho = -0.006681,$	4000 個ずらす	$\rho = 0.003646,$
5000 個ずらす	$\rho = -0.001260,$	6000 個ずらす	$\rho = 0.003056,$
7000 個ずらす	$\rho = 0.027898,$	8000 個ずらす	$\rho = -0.013462,$
9000 個ずらす	$\rho = -0.002333$		

従って，いずれの場合も $0, 1 > |\rho|$ となり，無相関である。

問題 11.3　最初から 10000 個の擬似乱数列を $\{x_n\}$，n 個ずらした擬似乱数列を $\{y_n\}$ として，相関係数 ρ を求めるとそれぞれ次のようになる。

1000 個ずらす	$\rho = 0.004627,$	2000 個ずらす	$\rho = -0.012134,$
3000 個ずらす	$\rho = -0.005020,$	4000 個ずらす	$\rho = -0.003022,$
5000 個ずらす	$\rho = 0.007545,$	6000 個ずらす	$\rho = 0.008168,$
7000 個ずらす	$\rho = -0.010990,$	8000 個ずらす	$\rho = -0.000383,$
9000 個ずらす	$\rho = 0.001530$		

従って，いずれの場合も $0, 1 > |\rho|$ となり，無相関である。

問題 11.4

乱数列の度数分布表

	$k=1$	$k=2$	$k=3$	$k=4$	$k=5$	$k=6$	$k=7$	$k=8$	$k=9$	$k=10$
N_k	82	98	101	115	105	101	108	105	105	80
p_k	0.082	0.098	0.101	0.115	0.105	0.101	0.108	0.105	0.105	0.080

α を計算すると $\alpha = 10.94$ となる。従って，有意水準 5 % では $\gamma = 16.919 > \alpha$ となり，この擬似乱数列は一様分布であることを受け入れる。

第 12 章

問題 12.1

$$N = \quad 100 : \quad PSNR = 53.817165\,[dB], \quad N = \quad 200 : \quad PSNR = 54.420124\,[dB]$$
$$N = \quad 500 : \quad PSNR = 55.252785\,[dB], \quad N = \quad 1000 : \quad PSNR = 55.013264\,[dB]$$
$$N = \quad 2000 : \quad PSNR = 55.219337\,[dB], \quad N = \quad 5000 : \quad PSNR = 55.107494\,[dB]$$
$$N = 10000 : \quad PSNR = 55.206028\,[dB], \quad N = 20000 : \quad PSNR = 55.158672\,[dB]$$

この結果から，$PSNR$ がもっとも大きくなる N の値が存在することが分かる。

問題 12.2　例題 12.1 に従って求めると次のようになる。まず，$f_0 = \frac{1}{T} \approx \frac{22}{N} = 0.05\,[kHz]$（$T \approx 20\,[msec]$）であるから，$X_k$ は $50\,[Hz]$ 毎（$k\,f_0 = 50 \times k\,[Hz]$）の値となる。従って，$15\,[kHz]$ 以上に情報を埋め込む場合，$X_{300} \sim X_{440}$ に埋め込むことになる。情報を埋め込む方法として，スペクトル拡散法の 10 周波数を用いた周波数ホッピングを利用する

と, $10 \times \frac{T}{2} = 10 \times N\tau \approx \frac{4400}{44.1} \approx 100\,[msec]$ 毎に 1 ビットを埋め込むので, 3 分間の音楽コンテンツでは, 約 1800 ビット (約 180 キャラクタ) を埋め込むことができる。

問題 12.3 $PSNR = 21.680574\,[dB]$

問題 12.4

$A(u,v)$	値	$A'(u,v)$	$PSNR$	$A(u,v)$	値	$A'(u,v)$	$PSNR$
$A(0,0)$	87	88	21.731272	$A(0,1)$	-30	-31	21.678116
$A(0,2)$	21	22	21.652697	$A(0,3)$	22	23	21.663704
$A(0,4)$	1	2	21.703068	$A(0,5)$	-1	-2	21.651323
$A(1,0)$	-3	-4	21.666153	$A(1,1)$	10	11	21.663092
$A(1,2)$	-4	-5	21.630766	$A(1,3)$	0	1	21.585278
$A(1,4)$	0	1	21.584076	$A(1,5)$	0	1	21.357159
$A(2,0)$	11	12	21.671364	$A(2,1)$	15	16	21.696430
$A(2,2)$	-2	-3	21.697048	$A(2,3)$	-2	-3	21.719162
$A(2,4)$	2	3	21.538626	$A(2,5)$	-3	-4	21.493942
$A(3,0)$	-6	-7	21.658503	$A(3,1)$	-2	-3	21.670597
$A(3,2)$	3	4	21.688881	$A(3,3)$	-1	-2	21.548603
$A(3,4)$	0	1	21.697203	$A(3,5)$	0	1	21.212809
$A(4,0)$	1	2	21.663551	$A(4,1)$	1	2	21.721178
$A(4,2)$	0	1	21.718697	$A(4,3)$	-5	-6	21.591597
$A(4,4)$	-1	-2	21.567425	$A(4,5)$	0	1	20.867479
$A(5,0)$	0	1	21.536098	$A(5,1)$	0	1	21.361582
$A(5,2)$	2	3	21.486881	$A(5,3)$	0	1	21.460070
$A(5,4)$	0	1	21.245075	$A(5,5)$	0	1	20.776936

変更しない場合の $PSNR = 21.680574$ (問題 12.3 の結果) と比較すると, 一部を変更 (情報を埋め込む) しても $PSNR$ の値が大きく変わらないことが分かる。

第 13 章

問題 13.1 $\gcd(x^2 - 1, n) = 251,\ \gcd(x^2 + 1, n) = 229$

問題 13.2 $\gcd(x^2 - 1, n) = 359,\ \gcd(x^2 + 1, n) = 409$

問題 13.3 $2x^2 - 1$

問題 13.4 $2x$

問題 13.5 $4x^3 - 3x,\ 8x^4 - 8x^2 + 1,\ \ 16x^5 - 20x^3 + 5x$

問題 **13.6**

$$\begin{pmatrix} 0 & 0 & 0 & -\sqrt{-1} \\ 0 & 0 & \sqrt{-1} & 0 \\ 0 & -\sqrt{-1} & 0 & 0 \\ \sqrt{-1} & 0 & 0 & 0 \end{pmatrix}$$

問題 **13.7**

$$\begin{pmatrix} 0 & 0 & 0 & -1 \\ 0 & 0 & 1 & 0 \\ 0 & 1 & 0 & 0 \\ -1 & 0 & 0 & 0 \end{pmatrix}$$

問題 **13.8** 24

参考文献

[1] D．ミッチアンチオ，S．ゴールドヴァッサー，林彬訳，"暗号理論のための格子の数学"，シュプリンガー・ジャパン, (2006)

[2] A. Ekert and R. Jozsa, "Quantum computation and Shor's factoring algorithm", Reviews of Modern Physics, Vol. 68, No. 3, pp. 733–753, (1996)

[3] V. Vedral, A. Barenco, and A. Ekert, "Quantum networks for elementary arithmetic operations", Physical Review A, Vol. 54, pp. 147–153, (1996)

[4] 高木貞治, "初等整数論講義, 第 2 版", 共立出版, (1971)

[5] 細谷暁夫, "量子コンピュータの基礎：Lectures on quantum computation （臨時別冊・数理科学 SGC ライブラリ 4）", サイエンス社, (1999)

[6] P. W. Shor, "Algorithms for quantum computation: discrete logarithms and factoring," Proceedings 35th Annual Symposium on Foundations of Computer Science, Santa Fe, NM, USA, 1994, pp. 124-134, doi: 10.1109/SFCS.1994.365700.

[7] 吉岡良雄・ZiTongWang, "楕円曲線群とその性質", Bull. Fac. Sxi. Tech. Hirosaki Univ. Vol.5, pp.31–41, (2002)

[8] 吉岡良雄・長瀬智行, "確率・統計入門 (Introduction to Probability and Statistics)", 弘前大学出版会, (2014)

[9] 長瀬智行・佐々木隆幸, "擬似乱数列でつくる二重情報ハイディング", 情報処理学会論文誌, デジタルコンテンツ, Vol.8, No.1, pp.11-19, (Feb. 2020)

索 引

著者略歴

長瀬 智行 （ながせ ともゆき）

1994 年 3 月　東北大学大学院工学研究科博士後期過程修了，工学博士

現在　　　　　弘前大学大学院理工学研究科・准教授

2001 年 10 月〜2002 年 9 月　San Diego State University, USA, Visiting Lecturer

研究分野：　情報セキュリティ，コンピュータネットワーク

著書：　T. Nagase and Y. Yoshioka, "Introduction to Networks Engineering", 弘前大学出版会，2008 年 3 月.

吉岡・長瀬, "複素関数入門 (Introduction to Complex Functions)"，弘前大学出版会，2015 年 3 月.

吉岡・長瀬, "電気系の複素関数入門 (Introduction to Complex Functions for Electrical Engineering)"，弘前大学出版会，2017 年 3 月.

吉岡・長瀬, "通信工学"，弘前大学出版会，2019 年 8 月.

吉岡 良雄 （よしおか よしお）

1978 年 3 月　東北大学大学院工学研究科博士課程修了，工学博士

現在　　　　　弘前大学・名誉教授

研究分野：　コンピュータネットワーク，待ち行列システム

著書：　吉岡, "電気系の確率とその応用"，森北出版，1987 年 4 月.

吉岡, "図解　ネットワークの基礎"，オーム社，1991 年 6 月.

吉岡, "待ち行列と確率分布"，森北出版，2004 年 2 月.

別宮 耕一 （べつみや こういち）

1999 年 3 月　名古屋大学大学院理学研究科博士後期課程数学専攻単位取得満期退学，

2002 年 3 月　博士（数理学）（九州大学）

現在　　　　　弘前大学大学院理工学研究科・准教授

研究分野：　組合せ論

暗号技術を支える数学 第2版

The Mathematics behind Cryptography　Second Edition

2021年3月30日　初版第1刷発行

共　著　長瀬 智行・吉岡 良雄
　　　　別宮 耕一
装丁者　長瀬 智行・別宮 耕一
発行所　弘前大学出版会　

〒036-8560　青森県弘前市文京町1
Tel. 0172-39-3168　Fax. 0172-39-3171

印刷・製本　青森コロニー印刷

ISBN 978-4-907192-95-2